GaN and SiC Power Devices
From Fundamentals to Applied Design
and Market Analysis

氮化镓与碳化硅功率器件
基础原理及应用全解

（意）毛里齐奥·迪保罗·埃米利奥　著
（Maurizio Di Paolo Emilio）

邓二平　吴立信　丁立健　译

化学工业出版社
·北京·

内容简介

本书是关于宽禁带（WBG）半导体器件及其设计、应用等主题的综合性参考书籍，能够满足读者对基础及前沿知识的需求。本书内容以实用性为出发点，阐释了氮化镓（GaN）和碳化硅（SiC）半导体的原理、制造工艺、特性表征、市场现状以及针对关键应用的设计方法。针对 GaN 器件，从材料特性、芯片设计、制造工艺和外特性各方面深入分析，重点介绍了仿真手段和各种典型应用，最后还介绍了目前主流的技术和 GaN 公司。针对 SiC 器件，主要介绍了芯片工艺、芯片技术、可靠性等，并对核心应用，如新能源汽车、储能等方面进行了介绍。

本书既适合电力电子、微电子、功率器件设计与制造等领域的研究及技术人员阅读，也可作为高等院校相关专业本科生和研究生的教学参考书。此外，也适合对半导体、电力电子等技术感兴趣的管理者、投资者阅读，以拓宽视野。

First published in English under the title
GaN and SiC Power Devices: From Fundamentals to Applied Design and Market Analysis, edition: 1
by Maurizio Di Paolo Emilio
ISBN 978-3-031-50653-6
Copyright © Maurizio Di Paolo Emilio，2024
This edition has been translated and published under licence from
Springer Nature Switzerland AG.

本书中文简体字版由 Springer Nature Switzerland AG 授权化学工业出版社独家出版发行。

本书仅限在中国内地（大陆）销售，不得销往中国香港、澳门和台湾地区。未经许可，不得以任何方式复制或抄袭本书的任何部分，违者必究。

北京市版权局著作权合同登记号：01-2025-1068

图书在版编目（CIP）数据

氮化镓与碳化硅功率器件：基础原理及应用全解 /（意）毛里齐奥·迪保罗·埃米利奥著；邓二平，吴立信，丁立健译. -- 北京：化学工业出版社，2025.7.
ISBN 978-7-122-47754-5

Ⅰ. TN303

中国国家版本馆 CIP 数据核字第 20254NJ032 号

责任编辑：毛振威　　　　　　　　　　　装帧设计：韩　飞
责任校对：宋　玮

出版发行：化学工业出版社
　　　　　（北京市东城区青年湖南街 13 号　邮政编码 100011）
印　　装：三河市君旺印务有限公司
787mm×1092mm　1/16　印张 13　字数 267 千字
2025 年 7 月北京第 1 版第 1 次印刷

购书咨询：010-64518888　　　　　　　　售后服务：010-64518899
网　　址：http://www.cip.com.cn
凡购买本书，如有缺损质量问题，本社销售中心负责调换。

定　　价：99.00 元　　　　　　　　　　版权所有　违者必究

译者序

半导体技术的演进始终与材料科学的突破密不可分。从第一代硅（Si）与锗（Ge）主导的集成电路时代，到第二代砷化镓（GaAs）等化合物半导体支撑的高频通信，再到如今以氮化镓（GaN）和碳化硅（SiC）为代表的第三代宽禁带半导体，每一次材料的革新都推动了电力电子技术的跨越式发展。

第三代半导体材料因其宽带隙特性（GaN 和 SiC 远高于硅的 1.1eV），展现出高击穿电场、高热导率、高电子饱和迁移率等显著优势。尽管同为第三代半导体，GaN 与 SiC 的应用领域各具特色。例如，SiC 的热导率使其在高温、高功率场景中表现卓越，而 GaN 的高电子迁移率则更适合高频、高密度集成的应用。上述特性使得 GaN 与 SiC 在效率、体积和可靠性上全面超越传统硅器件，成为新能源汽车、5G 通信、可再生能源等领域的核心材料。

尽管前景广阔，GaN 与 SiC 的产业化仍面临多重挑战。

材料制备：SiC 晶圆存在缺陷和掺杂工艺难题，而 GaN 的衬底材料（如硅基异质外延）因晶格失配导致缺陷密度高，需依赖 MOCVD 等复杂工艺优化。

器件可靠性：GaN 的常开型（D-mode）器件需通过级联结构或 p 型栅工艺实现常关操作，且缺乏雪崩击穿能力；SiC 则需解决栅氧界面稳定性问题。

成本与产业生态：SiC 衬底成本居高不下，而 GaN 的产业链尚未完全成熟，需通过规模化生产和工艺创新降低成本。

本中文版图书翻译自 *GaN and SiC Power Devices：From Fundamentals to Applied Design and Market Analysis*，聚焦于 GaN 和 SiC 这两种材料的物理特性、器件设计及前沿应用，旨在为该专业的师生和从事功率半导体器件的研发、生产和应用的工程技术人员提供从理论到实践的全方位讲解。本书着重探讨了宽禁带器件及其应用的复杂性，提供了从基本原理到应用实施和市场动态的全面信息。通过相关章节，介绍了功率变换和电子器件的核心内容，强调了 GaN 和 SiC 在重塑功率器件及其系统方面发挥的关键作用。

在本书的翻译过程中得到了合肥工业大学功率器件团队和化学工业出版社的支持和协助，在此衷心感谢，也借此机会对学生华文博、徐胜前、张永康及张浩天等人的协助表示感谢。

译者

原书前言

在不断革新的功率器件及技术发展领域,人们持续追求高效率、高可靠性和高性能。宽禁带(Wide-band Gap,WBG)材料,尤其是氮化镓(Gallium Nitride,GaN)和碳化硅(Silicon Carbide,SiC)对功率变换和电子器件开创新时代的重要意义不容忽视。这些材料已成为创新的先锋,促进了功率器件的发展,不仅满足了当今严格的能源需求,更为可持续和电气化的未来铺平了道路。

本书深入探讨了宽禁带器件及其应用的复杂性,提供了从基本原理到应用实施以及市场动态的全面信息。介绍了功率变换和电子器件的核心内容,强调了 GaN 和 SiC 在重塑功率器件及其系统方面发挥的关键作用。本书总结了我过去几年的编辑工作,虽然涵盖了许多概念,但有些概念可能没有详细探讨。对于部分没有详细探究的概念,建议参考其他资料。

在每章最后,都会提供推荐的参考文献,它们可提供宝贵的见解以及未来对相关主题扩展的探究。鉴于该主题的宽泛性,强烈建议读者在个人书单中收录几本关于 GaN 和 SiC 的关键书籍。这些重要书籍将成为深入了解这些材料及其应用的宝贵资源。

本书前两章介绍了功率变换和硅(Si)基功率器件的基本原理。这是因为要想全面理解宽禁带材料带来的变革潜力,就必须理解传统技术。

第 3 章深入探讨宽禁带材料,了解 GaN 和 SiC 独特的材料性质和优势,对于理解这些材料为何近些年得到重点关注和投资至关重要。

第 4 章探讨了 GaN 材料性质和潜在应用,为第 5 章做引入。第 5 章重点介绍 GaN 功率器件,并剖析其结构设计、制造和性能表现。

第 6 章重点展现了 GaN 不仅仅是实验室的珍贵品,而在现实世界已经有应用。从功率器件和射频应用到功率变换等领域,GaN 正在众多行业得到关注。

同样地,第 7 章介绍了另一种具有革命性潜力的宽禁带材料 SiC。然后,第 8 章介绍了 SiC 器件及其功能和应用。第 9 章重点展示了 SiC 在各行各业的应用价值。

第 10 章讨论了现代电子设计的基石——仿真技术,从总体上阐明了计算机工具和建模如何帮助工程师充分发挥 GaN 和 SiC 的潜力,也将对基本的仿真进行概述。第 11 章以鸟瞰视角审视了宽禁带市场,研究该行业的当前趋势、挑战和机遇。

在第 12 章中,我们将思考"功率器件的未来",这段旅程远未结束,正在不断发展,令人振奋。该章将介绍一些致力于宽禁带器件研发的公司。GaN 和 SiC 有望在塑造下一代功率变换技术方面发挥关键作用。

我希望这本书能成为学生、工程师和行业专业人士理解宽禁带材料的宝贵资源。当我们开始这项智力工作时，希望它能成为创造性思维的催化剂，为促进合作而努力，激发那些和我一样致力于突破功率变换和电子器件极限的人的创造力。

宽禁带半导体行业正在投入大量资源来开发可靠且极高效的技术，以推动能源革命朝着可持续和更环保的方向发展。

我们必须向所有在功率器件领域运营的公司致以特别的认可和衷心的祝贺，特别是那些从事 GaN 和 SiC 技术的公司，祝贺他们取得的卓越成就和优异成绩。

功率器件是应对气候危机的唯一解决方案，因为它可通过提高能源生产和运输效率来显著减少二氧化碳排放。

——Frank Heidemann，SET 公司（NI 旗下）副总裁

Maurizio Di Paolo Emilio 博士，科技作家、编辑
意大利，佩斯卡拉

致谢

我想花一点时间来表达我对你们每一个人最深切的感激之情。你们坚定不移的支持、耐心和鼓励是我追求梦想的动力源泉，无论怎么感谢都是不够的。我想向 Alex Lidow 表示感谢，他是 Efficient Power Conversion（EPC）公司的首席执行官，他在第 6 章中提供了宝贵的支持；感谢我的朋友 Saumitra Jagdale、Marcello Colozzo、Giovanni Di Maria 和 Stefano Lovati，他们分别在第 3、6、9、10 章中贡献了部分段落。感谢 Stefano，他审阅了这份手稿。特别感谢 Charles B. Glaser 编辑总监出版了这本书。

对于我所有的家人，你们的鼓励是我展翅高飞的风。你们让我明白梦想值得追求，因为你们对我的信任，我才能够取得今天的成就。你们在我长时间工作时的耐心，以及在我需要优先考虑事业时的理解，对我来说意义重大。特别感激我的妻子 Julia 和我们的孩子 Elisa 与 Federico。

在内心深处挖掘对某事的热爱，精心培育这份热爱并将其化为现实。那时，你将抵达生命的"量子"境界。

——Maurizio Di Paolo Emilio

目录

第 1 章
功率变换
001~006

1.1 引言	001
1.2 变流技术	002
1.3 电力电子变流器	002
1.4 效率	003
1.5 应用	005
参考文献	005

第 2 章
硅功率器件
007~013

2.1 材料和器件	008
2.2 MOSFET	008
2.3 功率 MOSFET 的电气特性	009
2.4 功率 MOSFET 的损耗	012
参考文献	013

第 3 章
宽禁带材料
014~025

3.1 引言	014
3.2 碳化硅（SiC）	015
3.3 氮化镓（GaN）	018
3.3.1 GaN 的特性	019
3.3.2 横向与纵向 GaN 结构	021
3.4 SiC 和 GaN 的晶体结构	021
3.5 金刚石与氧化镓	023
参考文献	025

第 4 章
GaN
026~034

4.1 GaN 的特性	026
4.2 衬底与材料	027
4.2.1 蓝宝石衬底	028
4.2.2 Si 衬底	029
4.2.3 Qromis 衬底技术（QST）	030
4.3 传输特性	030

	4.4　GaN 的缺陷与杂质	032
	参考文献	033

第 5 章
GaN 功率器件
035~066

5.1	GaN 功率器件概述	035
5.2	电学特性	037
5.3	GaN 建模	039
5.4	外延与掺杂	040
5.5	远程外延技术在 GaN 与 SiC 薄膜领域的潜力	041
5.6	GaN HEMT 的制造	046
5.7	拓扑结构	050
5.8	驱动特性	056
5.9	平面型 GaN 器件	057
5.10	垂直型 GaN 器件	058
5.11	可靠性	059
5.12	动态导通电阻	061
5.13	栅极退化	062
5.14	封装	063
5.15	热管理	065
参考文献		066

第 6 章
GaN 应用
067~087

6.1	探索汽车产业	067
	6.1.1　功率模块	068
	6.1.2　逆变模块	069
	6.1.3　直流-直流变换器	070
	6.1.4　电机控制	070
6.2	GaN 增强激光雷达（LiDAR）的工作性能	070
	6.2.1　飞行时间 LiDAR	070
	6.2.2　GaN 半导体在 LiDAR 中的应用	072
6.3	GaN 在 RF 领域的革新	072
	6.3.1　GaN 在军事中的应用	072
	6.3.2　GaN 在电信业中的应用	073
6.4	太空应用	074
	6.4.1　GaN 中的辐射效应	074
	6.4.2　电气性能	075
	6.4.3　太空用 DC-DC 设计	075
	6.4.4　电机控制	077

	6.4.5 挑战与竞争格局	078
6.5	电机驱动	080
	6.5.1 典型解决方案	080
	6.5.2 GaN 在电机驱动中的优势	082
6.6	隔离式 GaN 驱动器	082
6.7	电源供应：数字控制	083
6.8	低温应用	083
6.9	LED 技术	084
6.10	无线充电技术	085
	参考文献	087

第 7 章
SiC
088~104

7.1	引言	088
7.2	SiC 的特性	088
7.3	SiC 晶圆制造与缺陷分析	093
7.4	器件工艺	098
7.5	沟槽栅 MOSFET 和平面栅 MOSFET	101
7.6	器件可靠性	102
	参考文献	103

第 8 章
SiC 功率器件
105~119

8.1	SiC MOSFET	105
8.2	SiC 模块	112
8.3	SiC 肖特基二极管	117
	参考文献	119

第 9 章
SiC 应用
120~135

9.1	电动汽车	120
	9.1.1 电动汽车动力系统	120
	9.1.2 电动汽车充电器	121
	9.1.3 电动汽车逆变器	122
	9.1.4 高压保护	123
9.2	SiC 技术案例	124
	9.2.1 微芯科技（Microchip Technology）的 SiC 技术	124
	9.2.2 安森美（onsemi）的 SiC 技术	125
9.3	可再生能源	125
	9.3.1 太阳能逆变器	126
	9.3.2 风力机	127

	9.4 储能技术	128
	9.5 并网储能	129
	9.6 光伏电池的效率	130
	9.7 电机驱动技术	131
	9.7.1 电机控制基础概述	131
	9.7.2 伺服驱动	132
	9.8 工业驱动领域	133
	9.9 其他应用领域	134
	参考文献	135

第 10 章
宽禁带器件仿真

136~150

	10.1 使用 LTspice 估算 SiC MOSFET 的开关损耗	136
	10.1.1 开关损耗	136
	10.1.2 静态分析	137
	10.1.3 动态分析	138
	10.2 GaN 器件的 LTspice 仿真	140
	10.2.1 GaN 器件测试实例一：GaN System GS61008P	140
	10.2.2 制造商提供的库	141
	10.2.3 LTspice 上的符号	141
	10.2.4 开关速度测试	142
	10.2.5 GaN 器件测试实例二：eGaN FET EPC2001	144
	10.3 SiC 二极管的仿真	146
	10.3.1 SiC 二极管	146
	10.3.2 正向电压	147
	10.3.3 容抗	148
	参考文献	150

第 11 章
宽禁带半导体市场及解决方案

151~181

	11.1 BelGaN	151
	11.2 Cambridge GaN Devices	153
	11.3 EPC	154
	11.4 英飞凌（Infineon Technologies）	155
	11.5 英诺赛科（Innoscience）	156
	11.6 安世半导体（Nexperia）	157
	11.7 Odyssey Semiconductor Technologies	159
	11.8 Tagore	160
	11.9 德州仪器	161

11.10	Transphorm	163
11.11	VisIC Technologies	164
11.12	Wise-integration	165
11.13	X-FAB	166
11.14	Power Integrations	167
11.15	纳微半导体（Navitas Semiconductor）	168
11.16	瑞萨电子（Renesas Electronics）	169
11.17	罗姆半导体（Rohm Semiconductor）	171
11.18	意法半导体（STMicroelectronics）	171
11.19	利普思半导体	172
11.20	微芯科技（Microchip Technology）	174
11.21	安森美（onsemi）	175
11.22	Qorvo	176
11.23	赛米控丹佛斯（Semikron Danfoss）	177
11.24	瑞能半导体	179
11.25	Wolfspeed	180
	参考文献	181

第 12 章
功率器件的未来：代工服务
182~193

12.1	汉磊科技	183
12.2	世界先进半导体	186
12.3	联颖光电	189

结语
194~195

第1章

功率变换

功率器件的主要应用可以结合功率变换的基本原理进行讨论。电力电子技术是通过最优的方式调整和提供电压与电流来实现电力变换和管理,以满足负载和终端用户的需求。

1.1 引言

越来越多的人开始使用电力以使环境更加清洁,这对不同种类电力的需求也随之增加。借助功率半导体开关和控制机制,电源可以从一种形式转换为另一种形式,从而实现电力的调节和控制。虽然开关电源是功率器件在关注高功率密度、高可靠性和高效率的热门应用,但随着交通电气化的快速发展,电机控制器正得到更多关注。精度和效率是涉及功率调节应用的核心特征。

电力的生产必须根据电网的交流电压要求进行处理,特别是对于可再生能源的情况。例如,太阳能电池产生直流(Direct Current,DC)电能,其输出功率取决于工作电压和入射太阳辐照度。必须充分利用电池输出的电力,并尽可能高效地将其传输至电网。为了使太阳能电池在其峰值功率水平运行,连接到电网的接口应提供与电网兼容的交流电。为了减少功率损耗,直流电转换为交流电的过程也必须更高效。功率半导体器件通过开关动作和先进控制系统实现输入和输出参数的灵活控制,从而实现上述目标。

得益于功率半导体器件的改进,如今可以设计并生产各种新型器件,如碳化硅(Silicon Carbide,SiC)、氮化镓(Gallium Nitride,GaN)、场效应晶体管(Field Effect Transistor,FET)以及功率二极管。这些器件的优越性在于其宽禁带(Wide-band Gap,WBG)特性,使它们能够在高电压下工作,具有更好的耐热性能,并且效率更高。与硅(Silicon,Si)基器件相比,这些器件的主要优势在于它们能够处理更高的电压。

1.2 变流技术

功率器件的核心应用是通过电子器件处理电力，其中电力电子变流器是不可或缺的组件。变流器通常配备有功率输出端口、控制输入端口以及功率输入端口。控制输入负责选择对输入功率的处理方式，从而生成调节后的输出功率，变流器还可执行多种基本操作。鉴于变流器损耗影响整个系统，而其故障会直接影响用户，因此变流器必须高度可靠，且需采用损耗极小的器件制成，如半导体开关等。

一个直流-直流（DC-DC）变流器是将直流输入电压转换为不同幅值的直流输出电压，可能具有相反的极性或输入输出隔离。通过交流-直流（AC-DC）变流器，可将交流输入电压整流成直流输出电压，可控参数包括交流输入电流波形和直流输出电压。与之相反，将直流输入电压转换为可调的交流输出电压的过程，称为直流-交流（DC-AC）逆变。交流-交流（AC-AC）周期转换是将交流输入电压转换为幅值和频率可调的交流输出电压。控制环节在这种变换过程中总是必要的，为应对输入电压和负载电流的变化，通常都倾向于提供稳定输出的电压。高效率是任何功率变换应用都需要的。

因此，电力电子变流器可以根据其操作类型分类如下：

① 交流到直流变换器（整流器）；
② 直流到交流变换器（逆变器）；
③ 直流到直流变换器（斩波器）；
④ 交流到交流变换器（变频器）。

还可以根据功率器件的开关特性、栅极控制信号需求及其可控性水平进行分类：

① 不可控整流器件（如二极管），电源决定开关器件的状态（开通或关断）；
② 半可控器件，如晶闸管，可以通过栅极控制信号开通，但其关断方式由功率回路决定；
③ 全控器件，如双极晶体管（BJT）、金属氧化物半导体场效应晶体管（MOSFET）、绝缘栅双极晶体管（IGBT）。

这些器件通过控制信号实现开通和关断。

1.3 电力电子变流器

电力电子变流器是电力电子系统的重要组成部分，通过功率半导体器件的高频开关切换来实现电压和电流的转换，从而在输出端提供调节后的电力。理想的器件能够瞬时切换电压和电流，在关断时表现为无穷大的电阻，而在导通时则表现为零电阻。在电力电子变流器中，器件会产生两种不同类型的功率损耗：开关损耗和导通损耗。

开关损耗发生在器件的开通和关断过程中。例如，当器件开通时，其电压从关闭状态时的电压下降至零，同时器件电流从零升至负载电流水平。由于这个过程需要一定的时间，并且电压和电流在过程中发生变化，因此会产生功率损耗。当器件关断时，这一过程则相反，开关损耗因上述两个过程而形成。开关频率的增加会导致开关损耗的增加。为了降低这些损耗，通常采用配置额外电容和电感的零电压开关和零电流开关等技术来实现。

导通损耗则是由于器件导通时产生的有限导通电压所引起的。随着更先进的半导体器件的推出和器件结构的不断发展，导通损耗正在逐渐减少。

开关控制由控制电路（有时称为补偿电路）来完成。控制模块接收参考信号和反馈信号的输入，并将其转换为开关信号输出。在当今主要使用数字控制器的情况下，反馈信号会从模拟信号转换为数字信号，并提供给信号处理器。运行在 CPU 上的软件实现了补偿逻辑，并据此产生正确的开关信号。

1.4 效率

变流器的效率通过输出功率 P_{out} 和输入功率 P_{in} 来定义：

$$\eta = \frac{P_{\text{out}}}{P_{\text{in}}}$$

变流器中的功率损耗 P_{loss} 是输入功率 P_{in} 与输出功率 P_{out} 之间的差值，并且可以与输出功率相关联，表述为

$$Q = \frac{P_{\text{out}}}{P_{\text{loss}}} = \frac{\eta}{1-\eta}$$

品质因数 Q 对于评估变流器整体质量的重要性不容忽视。变流器中的组件将损耗 P_{loss} 转化为热量，这些热量必须被散发出去。在大多数应用中，冷却系统的散热能力限制了可输出的最大功率，因此也就决定了系统输出的最大功率。如果功率损耗显著，那么将需要一个既昂贵又必要的大型冷却系统。此外，变流器内部的电路元件可能会在高温下运行，进而降低系统的可靠性。事实上，在高输出功率下运行时，某些冷却技术可能无法为变流器组件提供足够的散热。

因此，提高系统效率对于实现更大的输出功率至关重要。显而易见的是，通过提高效率，可以增加系统输出功率。在这一点上，Q 值是衡量某一变流器技术成果的有效指标。由于功率损耗很小，变流器的组件可以高密度地集成，且只需配备小型冷却系统。这使得变流器不仅体积小、重量轻，而且仅会使温度略微升高。

可用的电子元件类型包括电阻性、电容性器件，线性模式和开关模式的半导体器件，以及磁性器件（如电感器和变压器）。

在电力电子变流器中，电容器和磁性器件因为功耗最小而成为关键组件，半导体器件也是如此。当半导体器件处于关断状态时，其电流为零，因此不会产生功率损耗。当半导体器件处于导通（饱和）状态时，其电压降和相应的功率损耗都很低。在这两种情况下，半导体器件的功耗都很小。因此，在设计中，必须考虑开关模式的半导体器件以及电容元件和电感元件。

现在我们来探讨一个简单的 DC-DC 变流器。输入电压 V_g 为 100V，要求输出 50V 给一个有效电阻为 5Ω 的负载，以使直流负载电流为 10A。

使用一个可变电阻并调节其值，直到达到所需的输出电压，是一种低效的方法。更实用的方法是使用线性串联稳压器，其中使用线性模式功率晶体管代替可变电阻。反馈系统控制线性模式功率晶体管的基极电流，以达到所需的输出电压。还可以使用单刀双掷开关（Single Pole Double Throw，SPDT）代替线性模式晶体管。当开关打开时，开关输出电压等于变流器的电压；当开关关断时，电压为零。由于开关位置定期换向，电压控制器呈现为一个频率为 f_s 的矩形波，其周期为 $T_s=1/f_s$。开关处于导通状态的时间百分比称为占空比 D，因此 $0 \leq D \leq 1$。具有开关状态的半导体器件可用于实现 SPDT 开关。

开关改变了电压的直流分量，根据傅里叶分析，我们知道周期波形的平均值就是直流分量。在理想情况下，开关不会消耗任何功率。当开关接触闭合时，电压为零，因此没有功率损耗。当开关触点断开时，电流和功率损耗都为零。因此，如果我们使用一个理想的无损耗器件，就能够改变直流电压分量。开关输出电压波形 $v_s(t)$ 除了包含所需的直流分量 V_s 外，还包括不希望出现的开关频率谐波。在大多数应用中，这些谐波需要被消除。这可以通过使用低通滤波器来实现。

为了调节输出电压，我们引入了一个控制系统。由于输出电压取决于开关的占空比，因此我们可以创建一个控制系统来修改占空比，从而使输出电压跟随一个预定的参考值。所开发的变流器功率级被称为"降压变流器"，因为它可以降低直流电压。其他电力变换也可以通过变流器来完成，如升压变流器可以产生远高于输入电压的输出电压。使用开关器件和无源元件构成的变流器，通常可以将任何给定的输入电压转换为所需的任何输出电压（见图 1.1）。

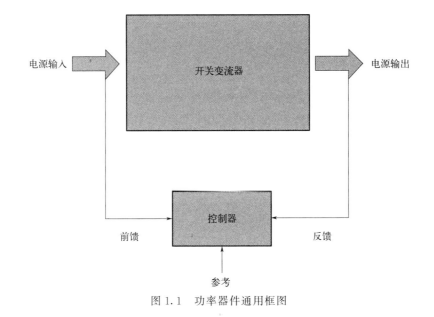

图 1.1　功率器件通用框图

1.5 应用

功率器件已经改变了多种电机和非电机应用中的控制策略。

通过改变交流电压、频率、转子电阻、滑差功率回收机制等因素,可控制感应电机的速度。使用交流调节器来调节每相上的电压,是控制感应电机速度最经济的方法,这种技术可用于电压控制。整流器/变流器和逆变器可用于实现电压/频率(V/f)控制。随着电力电子技术的发展,转子内的斩波器被用于实现转子电阻的静态变化。通过功率器件来实现感应电机的制动方法有三种,分别为动态制动、反接制动和再生制动。

下面列举了功率器件的一些具体应用。

直流电机的速度控制:电枢控制和励磁控制是调节直流电机速度的两种主要技术。电枢控制通过调节电枢电压,同时保持励磁电压恒定。励磁控制则是通过改变励磁电压,而保持电枢电压恒定。

电源调节器:传统的稳压电源和受控稳压电源是两种不同类型的直流电源调节器,广泛应用于实验室、医疗器件电子电路等场景。

不间断电源(Uninterruptible Power System,UPS):基本的 UPS 结构由整流器、逆变器和电池组成。当正常电源不可用时,电池为逆变器提供电力。

高压直流(High Voltage Direct Current,HVDC)输电:由于直流发电机的限制,直流高压的产生受限。因此,在传输端,通过变流器将交流电转换为直流电,然后进行传输;而在另一端,通过逆变器将直流电再次转换为交流电。HVDC 使用单极和双极系统进行输电,由于 HVDC 系统的串联电抗为零,因此不存在稳定性问题,从而可以实现更高的 HVDC 工作电压。

由于能源电力有限,确保以最小的损耗将电力传输到负载至关重要。随着功率器件研究的不断进展,业界开发了如 GaN 和 SiC 等更高效的材料。电力电子技术的主要优势包括通过电力电子接口连接电源到电网,实现更洁净的电力生产,高功率密度电源,功率转换效率高达 99%,以及无线电力传输。

参考文献

[1] B. J. Baliga, Fundamentals of Power Semiconductor Devices (Springer Science+Business, 2008).

[2] M. Di Paolo Emilio, Microelectronic Circuit Design for Energy Harvesting Systems (Springer, 2017).

[3] R. Erickson, D. Maksimovic, Fundamentals of Power Electronics (Springer, 2001).

[4] D. Hart, Introduction to Power Electronics (Prentice Hall, New York, 1997).

[5] A. Hefner, S. Ryu, B. Hull, D. Berning, C. Hood, J. Ortiz-Rodriguez, A. Rivera-Lopez, T. Duong, A. Akuffo, M. Hernandez-Mora, Recent advances in high-voltage, high frequency silicon-carbide power devices, in Record of the 2006 IEEE Industry Applications.

[6] J. Kassakian, M. Schlecht, G. Vergese, Principles of Power Electronics (Addison-Wesley, Reading, MA, 1991).

[7] P. Krein, Elements of Power Electronics, 2nd edn. (Oxford University Press, New York, 2014)

[8] A. Lidow, J. Strydom, M. D. Rooij, D. Reusch, GaN Transistors for Efficient Power Conversion, 2nd edn. (Wiley, 2014).

[9] N. Mohan, T. Undeland, W. Robbins, Power Electronics: Converters, Applications, and Design, 3rd edn. (Wiley, New York, 2002).

[10] W. E. Newell, Power electronics-emerging from limbo, in IEEE Power Electronics Specialists Conference (1973), pp. 6 12.

[11] M. Rashid, Power Electronics: Circuits, Devices, and Applications, 2nd edn. (PrenticeHall, Englewood, NJ, 1993).

第2章
硅功率器件

在当代社会，有效的电能生产、管理和分配至关重要。硅（Si）基双极功率器件及其后续升级产品作为20世纪50年代真空管的替代品可实现上述功能。尽管存在尺寸、控制和保护方面的限制，但晶体管技术的不断发展，可满足日益增长的功率密度需求。

晶体管的形状、尺寸和类型多种多样，大致可分为两类：场效应晶体管（Field Effect Transistor，FET）和双极晶体管（Bipolar Junction Transistor，BJT）。它们主要存在两个方面的区别。首先，在BJT中，电流的导通是由多数载流子和少数载流子共同参与的，而在FET中，只有多数载流子参与导电。其次，BJT是电流型控制器件，这意味着集电极和发射极之间的电流由基极电流决定；而在FET中，相当于BJT基极的栅极电压控制电流在其余两个端子之间的流动。

FET的两种主要类型是结型场效应晶体管（Junction Field Effect Transistor，JFET）和金属氧化物半导体场效应晶体管（Metal Oxide Semiconductor Field Effect Transistor，MOSFET）。在MOSFET中，当没有电流进入栅极时，它像JFET一样表现为一个电压控制的电阻器，源极和漏极之间的沟道电流由较低的栅极电压控制。表2.1列出了JFET和MOSFET的区别。

表 2.1 JFET 和 MOSFET 的区别

参数	JFET	MOSFET
端子	JFET是一个三端器件，其端子分别为源极（S）、漏极（D）和栅极（G）	MOSFET是一个四端器件，其端子分别为源极（S）、漏极（D）、栅极（G）和主体极（B）
工作模式	JFET仅在耗尽模式下工作	MOSFET可以在增强型和耗尽型模式下工作
沟道	JFET有一个连续的沟道，该沟道始终存在	MOSFET只有在耗尽型中存在连续沟道，但在增强型中不存在
输入阻抗	JFET的输入阻抗为 $10^9 \Omega$	MOSFET输入阻抗为 $10^{14} \Omega$
控制机制	电流控制	电压控制

20世纪70年代，Si MOSFET作为一种新型的电子器件被开发出来并用于功率开

关领域，这些器件如今广泛应用于工作电压低于 100V 的高频系统中。此外，通过 MOS 和双极性物理原理的结合，产生了绝缘栅双极晶体管（Insulated Gate Bipolar Transistor，IGBT），由于其出色的功率密度、友好的用户界面和高可靠性，成为了所有中高功率器件的首选技术。

20 世纪 90 年代，二维电荷耦合理论被提出以显著降低 Si 功率器件的导通电阻，有两种方法，其中一种采用了交替排列的 p 型和 n 型 Si 区的垂直结构，能够承受大约 600V 的阻断电压。

2.1 材料和器件

功率器件广泛应用于各个经济领域，涵盖了多种功率等级和频率范围。例如，控制兆瓦级（MW）功率的机车驱动、工业应用，以及各种高压应用。

当工作在低供电电压时，MOSFET 可能是高频应用的首选。例如，它们广泛应用于个人电脑和笔记本电脑的供电，以及智能手机和汽车电子领域的电源管理。直到最近，晶闸管（Thyristor）是市面上唯一符合高压直流（HVDC）领域电压和电流等级需求的器件。此后，IGBT 性能的显著提升使得晶闸管不再是 HVDC 输电领域的首选。IGBT 还应用于中等频率和功率等级应用，如电动列车、电动混合动力汽车、家用电器和工业电机驱动。

在过去十年中，行业已开发出具有高达 6500V 阻断电压和超过 1000A 电流能力的 Si IGBT 模块。因此，在 HVDC 应用中，Si IGBT 能够替代晶闸管。对于需要 300～3000V 工作电压并具有显著电流处理能力的各种系统，Si IGBT 是最佳选择。当电流需求小于 1A 时，可以在一个单片芯片上集成多个 Si 器件，以增加如通信和显示器件等系统的功能。对于如汽车电子和开关电源等应用，当电流大于几安培时，采用分立功率 MOSFET 并搭配适当的控制集成电路会更具成本效益。

2.2 MOSFET

Si MOSFET 是一种用于开关和放大信号的器件，通常集成在单一芯片中，可用于模拟和数字电路。MOSFET 技术大幅减小了计算机的尺寸和功耗。这类器件在功率器件领域应用广泛，具有三个终端：源极（S）、栅极（G）、漏极（D），以及一个附加的主体极（B）。MOSFET 通过控制源极和漏极之间的电压和电流来工作，类似于一个开关，具有 p 沟道和 n 沟道两种类型。

通常，MOSFET 可工作在三种不同区域：
① 截止区：MOSFET 处于关断状态，电流无法通过。
② 饱和区：MOSFET 处于开通状态，作为闭合的开关运行，允许最大电流通过漏源沟道。

③ 线性区：漏源沟道中的电流随电压的增加而增加，器件作为放大器运行。

通过栅极和漏极之间的电场可控制流经器件的电流。与双极晶体管相比，MOSFET 的温度系数为正。这意味着当温度升高时，通过它的电流减小，从而防止了雪崩效应。这一特性作为一种保护措施，使得可以将多个 MOSFET 并联在一个电路中。MOSFET 的结构由半导体衬底（通常为 Si）和绝缘栅金属氧化层构成，栅极、源极和漏极这三个端子由不同的层构成。在栅极金属层上施加电压后，栅氧化层充当导电沟道，使电流能够穿过另外两个层。当栅极没有电压或供电不足时，MOSFET 就会关断。

尽管如此，Si MOSFET 并不是电路中的理想元件。例如，开关损耗是半导体器件中能源浪费的主要来源之一，每次逻辑状态（开-关或关-开）转换时都会产生这种损耗。这是因为换流过程不是瞬间完成的，而是存在很小的延时，即便切换速度很快，开关过程中依然会有损耗，尤其在逻辑状态转换时，该阶段是至关重要的。最近发现例如碳化硅（SiC）和氮化镓（GaN）材料能够提供比前几代更好的开关器件，逐步取代了许多应用中的 Si 器件。

2.3 功率 MOSFET 的电气特性

MOSFET 具有四个端子：漏极（D）、源极（S）、栅极（G），以及一个可选的基极或称作主体极（B）。此外，市面上存在 n 沟道（nMOS）和 p 沟道（pMOS）两种 MOSFET，并可分为两种类型：耗尽型和增强型。

无论是增强模式还是耗尽模式，栅极电压都会通过改变电场影响电荷载流子的流动（如 n 沟道中的电子和 p 沟道中的空穴）。

在耗尽模式下，MOSFET 类似于一个"常开"开关，需要栅源电压（V_{GS}）来关断器件。而增强模式的 MOSFET 则类似于"常关"开关，需要栅源电压来打开器件。

由于 MOSFET 在未加栅极偏置电压时通常为关断状态，它们也被称为"开通"器件。在耗尽模式下，如果栅极电压为正，沟道宽度增加，导致通过沟道的漏极电流 I_D 增加。如果栅极施加负电压，沟道宽度缩小，MOSFET 可能进入截止区。

增强模式下的 MOSFET 类似于常开开关。当 n 沟道栅极端施加正电压（$+V_{GS}$）时，沟道导通，漏极电流流过沟道。随着栅极电压增加，沟道宽度和漏极电流增加。相反，如果偏压电压为负（$-V_{GS}$）或为零，沟道将不可导通，晶体管可能关断。因此，可以说增强型 MOSFET 的栅极电压决定了沟道的开关状态（见图 2.1）。

MOSFET 芯片通常采用两种主要的技术类型：平面栅和沟槽栅（见图 2.2）。

沟槽栅技术可以在同等芯片面积上显著降低导通电阻（$R_{DS(on)}$），减少整体导通损耗。此外，沟槽 MOSFET 的转移特性更陡峭，允许更快的开关速度——栅源电压的微小变化会显著增加漏源电流。

为了制造平面栅 MOSFET，必须通过使用不同氧化物、掺杂浓度和电阻率等进行一系列操作，而传统的高压平面栅 MOSFET 的阻断电压（$V_{(BR)DSS}$）取决于芯片的厚

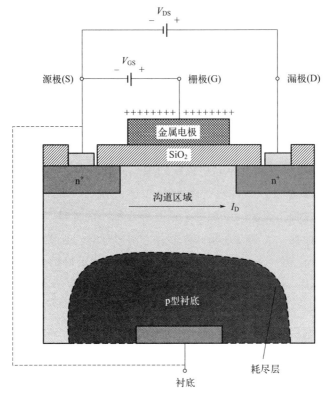

图 2.1 MOSFET 结构

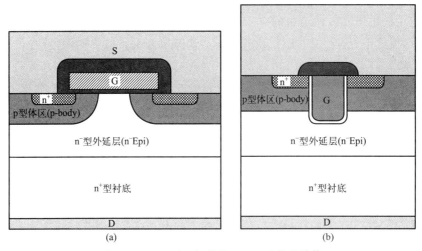

图 2.2 （a）平面栅结构；（b）沟槽栅结构

度和掺杂。同时，阻断电压与导通电阻 $R_{DS(on)}$ 是直接耦合的，所以 $R_{DS(on)}$ 存在一个物理极限，不能无限降低。在平面结构的限制下，超结（SJ）MOSFET 通过在晶圆上刻蚀深沟和窄沟来克服这一限制。通过这种设计，能够抑制耗尽区的发展，允许更高的掺杂浓度，从而大幅降低 $R_{DS(on)}$。

参数

在大多数功率 MOSFET 中，为了防止寄生双极晶体管的意外开通，n^+ 区和 p 体结通过源极表面金属化实现短接。当没有施加栅极电压时，功率 MOSFET 能够通过反向偏置的 p 体和 n 外延结承受高漏极电压，这被称为击穿电压。阈值电压（$V_{GS(th)}$）定义为能够在源极和漏极之间形成导电沟道的最小栅极电压。

跨导（g_{fs}）是 MOSFET 的增益，通常用下式表示：

$$g_{fs}=\frac{\Delta I_{DS}}{\Delta V_{GS}}=\frac{\mu_n C_{OX} W}{L_{CH}}$$

该参数通常在饱和区使用固定的 V_{DS} 进行测量。跨导受器件的栅极宽度（W）、沟道长度（L_{CH}）、迁移率（μ_n）和栅电容（C_{OX}）的影响。随着温度的升高，由于载流子迁移率的降低，g_{fs} 的值会减小。

无论是平面栅还是沟槽栅，其最高结温 $T_{J(max)}$ 取决于器件本身的电气特性以及所使用的封装。封装的散热能力取决于其热特性，MOSFET 的散热能力由结到环境和壳体的热阻决定。MOSFET 驱动特定负载的能力由连续漏极电流 I_D 确定，但 MOSFET 的封装可能会对该值有所限制。MOSFET 的栅源电容决定了栅极端的电荷，当栅极电荷较小时，MOSFET 更容易驱动。MOSFET 的最佳可靠开关频率受总栅极电荷的影响，随着栅极电荷的减少，频率提高。更高的工作频率允许使用尺寸较小、值较低的电容和电感，从而显著降低系统成本。设计人员可以通过栅极电荷来确定在指定时间内打开器件所需的驱动电路电流。

结-环境热阻 $R_{\theta JA}$ 定义为器件结到环境的热阻，结-引脚热阻 $R_{\theta JL}$ 定义为器件结到漏极引脚的热阻，而结-壳热阻 $R_{\theta JC}$ 则定义为器件结到外壳的热阻，都可以通过以下公式计算：

$$R_{\theta Jx}=\frac{T_J-T_X}{P_D}$$

其中，T_J 是器件的结温，可以通过测量不同结温下的正向压降，从结温校准曲线中读取；T_X 则是环境温度、引脚温度或外壳温度，具体取决于正在测量的是 $R_{\theta JA}$、$R_{\theta JL}$ 还是 $R_{\theta JC}$；P_D 是器件的功耗，功耗通过输入电压和电流计算得出。功耗 P_D 和 P_{DSM} 是器件安全运行允许的最大功耗，通过以下公式计算：

$$P_D=\frac{T_{J(max)}-T_C}{R_{\theta JC(max)}}$$

$$P_{DSM}=\frac{T_{J(max)}-T_A}{R_{\theta JA(max)}}$$

P_D 基于结-壳热阻，需要保持在 25℃；P_{DSM} 则基于结-环境热阻进行计算。导通电阻 $R_{DS(on)}$ 和栅极电荷 Q_G 是相互关联的。需要注意的是，在应用中必须对 $R_{DS(on)}$

和 Q_G 进行权衡，具体应用决定了哪个参数更为重要。用于高频领域功率 MOSFET 的品质因数（FOM）取决于 $R_{DS(on)}Q_G$。

一旦明确了栅极驱动电流，栅极电荷就可以用来预测功率 MOSFET 的开关时间，而只有器件的寄生电容与此相关，温度、供电电压和漏极电流对其影响很小。同时，功率 MOSFET 的栅极对其驱动呈现出类似于 RC 网络的阻抗，等效的 R 被称为栅极电阻 R_G。

栅源极之间的最小偏置电压，即阈值电压（$V_{GS(th)}$），是形成源漏极之间导电沟道的必要条件，通常在 250mA 的漏源电流下进行测量。在电池供电系统中，$R_{DS(on)}$ 和 $V_{GS(th)}$ 的发展趋势是越小越好，因为功耗尤其关键。为了实现较低的 $V_{GS(th)}$——即栅源极触发 MOSFET 导通的电压，栅氧化层厚度必须减小，栅氧化层的质量和完备性因此成为了重要的挑战。

功率 MOSFET 的主要功能是确保较低的导通损耗和开关损耗，而导通损耗、鲁棒性和雪崩能力是电源管理应用中的关键特性。导通损耗等于工作电流乘以功率 MOSFET 的导通电阻。

体二极管是器件设计中不可或缺的一部分，尽管平面栅和沟槽栅器件经过了几次改进，但这两种最常用的功率 MOSFET 目前仍在使用。给定源极电流值时，体漏二极管的最大正向压降被称为"体二极管正向电压"。

MOSFET 的 dV/dt 是源漏电压上升的最高允许速率。如果超过该速率，器件可能会进入电流导通模式，在某些情况下，如果栅源端电压高于器件的阈值电压，可能会导致灾难性失效。dV/dt 引发的导通可能通过两种途径发生：第一种情况是由于栅漏电容 C_{GD} 的反馈效应以及 C_{GS} 和 C_{GD} 形成的电容分压器，这种分压器在漏极电压快速变化时可能产生足够强的脉冲，使电压超过 V_{th}，从而使器件导通；第二种机制是寄生双极晶体管（BJT）。在 BJT 的基极和 MOSFET 的漏极之间存在一个电容 C_{DB}，该电容连接到体二极管的耗尽区并延伸到漂移区。当源漏端出现电压变化时，该电容会通过基极电阻 R_B 引发电流。

MOSFET 的开关行为受器件三个端子之间的寄生电容影响，即栅源电容（C_{GS}）、栅漏电容（C_{GD}）和漏源电容（C_{DS}）。MOSFET 的电容不仅是非线性的，还与直流偏置电压相关。

2.4 功率 MOSFET 的损耗

MOSFET 导通期间损耗 P_c 计算的解析模型与 RMS 电流的平方以及导通电阻（$R_{DS(on)}$）相关，同时还需要考虑到在特定工作点下的结温（T_J）：

$$P_c = R_{DS(on)(T_J)} I_{RMS}^2$$

功率 MOSFET 的导通电阻由以下几个组成部分构成：

$$R_{DS(on)} = R_{source} + R_{ch} + R_A + R_J + R_D + R_{sub} + R_{wcml}$$

其中，R_{source} 是扩散电阻，R_{ch} 是沟道电阻，R_A 是积累层电阻，R_J 是位于两个体区之间的"JFET"区电阻，R_D 是漂移区电阻，R_{sub} 是衬底电阻，R_{wcml} 是键合线电阻、源漏金属层与 Si 之间的接触电阻、金属层以及引线框架的电阻之和。这些电阻在高压器件中通常可以忽略不计，但在低压器件中可能变得显著。

导通电阻对平面栅、沟槽栅 MOSFET 都很重要，因为它决定了功率损耗，以及功率半导体的发热情况。导通电阻越低，器件运行温度越低，功率损耗也越小。在许多应用中，低导通电阻还消除了为实现低导通电阻而并联 MOSFET 的需求，提高了可靠性并降低了系统成本。

开关损耗估算如下：

$$P_{sw} = \frac{1}{2}(t_{on}V_{DS}I_{on} + t_{off}V_{DS}I_{off})F_{sw}$$

其中，F_{sw} 是开关频率，V_{DS} 是 MOSFET 的漏源电压，I_{on} 和 I_{off} 分别是 MOSFET 开通和关断时的电流，t_{on} 和 t_{off} 是开通和关断时的重叠时间。开通、关断时间 t_{on}、t_{off} 由 Q（栅源电荷和栅漏电荷之和）与开通和关断时的栅极电流之比决定：

$$I_{Gon} = \frac{V_{GS} - V_{pl}}{R_G}$$

$$I_{Goff} = \frac{V_{pl}}{R_G}$$

其中，V_{GS} 是栅极电压，V_{pl} 是米勒平台电压，R_G 是外部和内部栅极电阻的总和。

参考文献

[1] B. J. Baliga, Fundamentals of Power Semiconductor Devices (Springer Science+Business, 2008).

[2] M. Di Paolo Emilio, Microelectronic Circuit Design for Energy Harvesting Systems (Springer, 2017).

[3] R. Erickson, D. Maksimovic, Fundamentals of Power Electronics (Springer, 2001).

[4] D. Hart, Introduction to Power Electronics (Prentice Hall, New York, 1997).

[5] A. Hefner, S. Ryu, B. Hull, D. Berning, C. Hood, J. Ortiz-Rodriguez, A. Rivera-Lopez, T. Duong, A. Akuffo, M. Hernandez-Mora, Recent advances in high-voltage, high frequency silicon-carbide power devices, in Record of the 2006 IEEE Industry Applications.

[6] B. J. Baliga, Wide Bandgap Semiconductor Power Devices (Woodhead Publishing).

[7] J. Kassakian, M. Schlecht, G. Vergese, Principles of Power Electronics (Addison-Wesley, Reading, MA, 1991).

[8] P. Krein, Elements of Power Electronics, 2nd edn. (Oxford University Press, New York, 2014).

[9] A. Lidow, J. Strydom, M. D. Rooij, D. Reusch, GaN Transistors for Efficient Power Conversion, 2nd edn. (Wiley, 2014).

[10] N. Mohan, T. Undeland, W. Robbins, Power Electronics: Converters, Applications, and Design, 3rd edn. (Wiley, New York, 2002).

[11] W. E. Newell, Power electronics-emerging from limbo, in IEEE Power Electronics Specialists Conference (1973), pp. 6-12.

[12] M. Rashid, Power Electronics: Circuits, Devices, and Applications, 2nd edn. (PrenticeHall, Englewood, NJ, 1993).

第3章

宽禁带材料

宽禁带（Wide-band Gap，WBG）指的是电子能隙明显大于1eV（电子伏特）的材料。与窄禁带宽度的硅（Si）材料相比，宽禁带材料由于多种因素在电力电子变流器中更具吸引力。本章深入探讨宽禁带材料的精彩世界，并分析它们为何能得到功率器件领域的青睐。

3.1 引言

宽禁带材料具有显著大于1eV的电子能带隙，这使得它们与传统的窄禁带半导体材料（例如Si）区别开来。宽禁带材料在功率器件领域的应用得益于其独特的属性，这些属性有望彻底改变该领域。

图3.1对比了几种宽禁带材料与Si的材料特性。总体来说，宽禁带材料具有更大的能隙、更高的击穿场强、更好的热导率、更高的熔点和更快的电子迁移率。得益于这

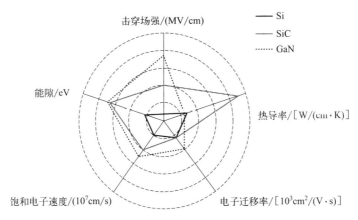

图3.1 Si、SiC和GaN相关材料特性

些特性，基于宽禁带材料的功率器件可以比 Si 器件更高的电压、开关频率和温度下工作。

例如，如果宽禁带器件的击穿电场比 Si 更大，在相同的阻断电压下，宽禁带功率器件可以采用更薄的漂移层，并具有更高的掺杂浓度。相比于 Si 的多数载流子器件，具有更薄阻断层和更高掺杂浓度的单极器件（如肖特基二极管和 MOSFET）的比导通电阻会更低。

宽禁带器件具有更高的击穿场强和电子迁移率，因此具有高开关速度。首先，在宽禁带单极器件如 MOSFET 中，在相同的击穿电压下，较低的导通电阻使得芯片尺寸可以缩小。由于更小尺寸带来的结电容减少，开关速度得以提高。其次，在开关瞬态，电荷以饱和漂移速度进出结电容。由于宽禁带的电子饱和漂移速度比 Si 更大，宽禁带器件的开关速度更快。此外，较高的热导率使得宽禁带器件更易散热，因此在特定的结温下，器件可以处理更高的功率。更大的能隙和更高的热导率也使得宽禁带器件能够在高温下工作。

许多Ⅲ-Ⅴ族和Ⅱ-Ⅵ族化合物半导体（即由元素周期表中Ⅲ族、Ⅴ族和Ⅱ族、Ⅵ族元素组成的半导体）具有大的禁带宽度。碳化硅（SiC）和氮化镓（GaN）是宽禁带半导体材料的两个潜在候选材料，它们在理论上表现出最佳特性，如高阻断电压能力、高温工作区和高开关速度，同时在原始材料（如晶圆和外延层）的商业可用性和技术工艺成熟度方面表现优异。因此，SiC 和 GaN 是目前市场上或研发中的几乎所有宽禁带半导体功率器件的主要材料（见表 3.1）。

表 3.1 材料特性

材料	Si	4H-SiC	GaN
带隙(禁带宽度)/eV	1.1	3.2	3.4
临界磁场/(10^6 V/cm)	0.3	3	3.5
电子迁移率/[cm^2/(V·s)]	1450	900	2000
电子饱和速度/(10^6 cm/s)	10	22	25
热导率/[W/(cm·K)]	1.5	5	1.3

3.2 碳化硅（SiC）

尽管 Si 是电子产品中最常用的半导体，但其局限性正逐渐显现，尤其是在高功率领域。在这些应用中，半导体自身的禁带宽度或能隙属性是至关重要的。较高的能隙使得电子器件可以尺寸更小、运行更快且更可靠。此外，与其他半导体材料的应用场景相比，它还能在更高的温度、电压和频率下工作。Si 的禁带宽度约为 1.12eV，SiC 的禁带宽度则接近 Si 的 3 倍，达到 3.26eV。

基于 SiC 的功率器件凭借其卓越的物理和电气特性，正在推动电力电子领域的深刻变革。尽管这种材料已被人们熟知多年,但直到最近才作为半导体使用,这在很大程度上归功于大尺寸、高质量晶圆的供应。近年来,科研工作者致力于开发特殊且新颖的高温晶体成形技术。虽然 SiC 有多种多晶型态(也称为多晶型),但其中 4H-SiC 的六方晶体结构最适合高功率应用。

SiC 是一种非常适合功率领域的半导体材料,尤其是它能够承受比硅更高的电压。SiC 半导体器件具有更高的热导率、更高的电子迁移率和更低的功率损耗。SiC 二极管和晶体管还能在更高的频率和温度下运行,而不会影响可靠性。SiC 器件,如肖特基二极管、FET/MOSFET 的主要应用包括变流器、逆变器、电源、充电器和电机控制系统。

随着高质量 SiC 晶圆的成熟,大面积 SiC 功率器件能够以相当高的良率生产。目前,150mm 直径的 SiC 晶圆已经在商业上广泛供应,多家主流 SiC 器件制造商正在努力向 200mm 直径的 SiC 晶圆生产迈进。当前绝大多数 SiC 功率场效应管是在 150mm 直径的晶圆上生产的。从 150mm 晶圆转型到 200mm 晶圆,每片晶圆的芯片数量将增加约 85%。

商用的 SiC MOSFET 主要基于两种结构:平面双扩散金属氧化物半导体(DMOS)结构和沟槽结构,如图 3.2 所示。

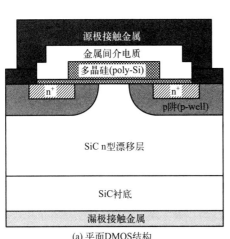
(a) 平面DMOS结构

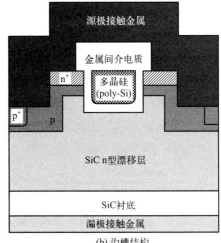
(b) 沟槽结构

图 3.2 SiC MOSFET 的一般结构

SiC MOSFET 的特性与 SiC 材料的一维(1D)极限紧密匹配,尤其是在平面 DMOS 结构中,这表明这些器件的导通电阻主要受漂移层电阻的影响。

由于在一维极限下,比导通电阻($R_{\text{ON,sp}}$)与击穿电压的平方成正比,因此较低击穿电压的器件将具有较低的电阻(归一化处理)。6.5kV 器件的 $R_{\text{ON,sp}}$ 大约是 3.0kV 器件的 4 倍。换句话说,较低电压的器件(如 3.3kV)在现代技术下具有更低的 $R_{\text{ON,sp}}$

或归一化的正向压降。

沟槽结构可用于缓解这种"高电压带来的惩罚",其结构可以在整个温度范围内将导通电阻降低一半。此外,整体开关损耗还可减少30%。

肖特基势垒二极管(Schottky Barrier Diodes,SBD)因其极快的开关速度和极低的导通损耗,在低击穿电压(1700V)的SiC二极管中非常受欢迎。然而,其高漏电流和低阻断电压限制了其在高压领域的应用。SiC器件采用了先进的封装技术,以减小寄生效应、重量和尺寸,并实现在高温下工作。对于电压等级为1000~1200V的隔离型SiC MOSFET,采用了具有专用开尔文引脚的TO-247-4封装。由于开尔文引脚的引入以及所带来共源极寄生电感的降低,开关性能显著提高,使其能够快速开关,且损耗低。此外,在1200~1700V功率模块中,寄生电感可降低为5nH,以实现高于400A电流的输出能力。基于Easy1B PressFIT封装的轻量化SiC功率模块也可用于高密度变流系统。

对于紧凑型和快速SiC器件来说,短路承受能力是一个挑战。与短路承受时间超过10μs的传统Si器件相比,SiC MOSFET的典型短路承受时间约为3μs。最近,针对中等电压水平(>3.3kV)的SiC MOSFET,已经开发出具有更强短路能力的器件。这些新型器件被证明能够承受长达13μs的短路电流,这极大地提高了SiC MOSFET在基于电压源的高功率变流器中的可靠性。

SiC MOSFET的体二极管在物理上与Si MOSFET的p-n结体二极管相似。由于SiC少数载流子的寿命比Si载流子短,反向恢复电荷得以降低。通常会添加专门的SiC SBD来抵消由MOSFET体二极管产生的反向恢复。特别是在常温下,SBD结电容的充电超过了MOSFET体二极管引入的反向恢复电荷。随着温度升高,反向恢复电荷急剧增加,因此开关能量损耗可能比使用SBD的情况下更大。

此外,从功率模块中移除SBD可以减小尺寸,增加整个功率变换系统的功率密度,并降低成本。功率器件(尤其是MOSFET)必须能够承受极高的电压。由于SiC的电场击穿强度约为硅的10倍,SiC可以实现600V到几千伏的击穿电压。与Si相比,SiC可以使用更高的掺杂浓度,并可以形成非常薄的漂移层,漂移层越薄,电阻越低。理论上,高电压可以将漂移层的单位面积电阻降低到Si的1/300。

在过去,IGBT和双极晶体管主要用于高功率应用,以降低高击穿电压下的导通电阻。然而,这些器件的开关损耗较大,导致热量积聚,限制了它们在高频率下的使用。通过利用SiC,可以制造出具有高电压、低导通电阻且能快速工作的SBD和MOSFET。

纯SiC材料是电绝缘体,通过控制掺入杂质或掺杂剂,SiC可以表现出半导体特性。通过掺铝(Al)、硼(B)或镓(Ga)杂质可制成p型半导体,而通过掺氮(N)或磷(P)杂质则可制成n型半导体。基于电压或红外线、可见光和紫外线的强度等变量,SiC在某些情况下可以导电,而在其他情况下则不导电。与其他材料相比,SiC能够在较广范围内实现器件制造所需的p型和n型区域。因为SiC能够克服Si的限制,所以是一种非常有用的功率器件材料。另一个关键指标是热导率,即半导体散发其产生的热量的能力。在散热能力不足的情况下，半导体的最大工作电压和温度将受到限制。在这方面，SiC 也优于 Si：Si 的热导率为 490W/(m·K)，而 Si 仅为 150W/(m·K)。

与 Si MOSFET 类似，SiC MOSFET 也具有内部体二极管。当二极管在承载正向电流时关断，会产生不良的反向恢复特性，这是体二极管的一个主要缺点。因此，反向恢复时间（t_{rr}）成为定义 MOSFET 特性的重要指标。

另一个关键特性是 SiC MOSFET 的短路承受时间（Short Circuit Withstand Time，SCWT）。由于 SiC MOSFET 芯片有源区面积小且电流密度较高，其承受可能导致热击穿的短路能力通常低于 Si 器件。随着 V_{GS} 的下降，饱和电流和短路承受时间增加。当 V_{dd} 降低时，产生的热量减少，短路承受时间增加。由于 SiC MOSFET 关断所需的时间极短，在 V_{GS} 关断速率较高时，较高的 di/dt 可能导致很高的电压尖峰。因此，应采用缓和的关断方式，逐步降低栅极电压以避免过电压尖峰。

3.3 氮化镓（GaN）

GaN 和 SiC 都是宽禁带材料。虽然这些材料都表现出了卓越的性能，但它们的特性、应用和栅极驱动要求有所不同。SiC 可以在高功率和超高电压（超过 650V）应用中与 IGBT 竞争。同样，GaN 可以在电压高达 650V 的功率应用中与现有的 MOSFET 和超结（SJ）MOSFET 竞争。尽管 GaN 潜在的高频和高压性能优于 SiC（因为它具有更大的击穿电场和更高的电子迁移率，参见表 3.1），但 GaN 晶圆制造技术仍是垂直型器件的一个重要障碍。目前，被称为异质结场效应晶体管（HFET），也称作高电子迁移率晶体管（HEMT）的横向器件提供了一种可行的替代方案，这种器件是在 GaN 和 AlGaN 异质结之间形成高迁移率层。HEMT 已实现在 Si、SiC 或者蓝宝石衬底上生产，其中 Si 比其他竞争材料便宜得多，且其导电特性作为衬底具有独特优势。

GaN 技术有两个变体：硅基氮化镓（GaN-on-Si）和碳化硅基氮化镓（GaN-on-SiC）。GaN-on-SiC 为太空和军事雷达领域作出了重大贡献。现如今，射频工程师正在寻找充分发挥 GaN-on-SiC 优势的新应用和解决方案。

HEMT 不同于 MOSFET，GaN 和 AlGaN 异质结处因压电极化产生的二维电子气（Two-dimensional Electron Gas，2DEG）为导电沟道，且没有特定的掺杂和 pn 结，图 3.3 展示了其基本结构。首先，在衬底晶圆上形成多层缓冲层，以减轻接下来厚 GaN 层外延沉积的晶格应力。然后沉积 AlGaN 顶层，并在两者之间形成 2DEG 层。2DEG 是一个厚的原生电子层，产生一个从漏极到源极的低阻抗电流导通路径。当施加负电压时，在 AlGaN 顶层上沉积的肖特基栅极会通过耗尽 2DEG 来关断器件。因此，HEMT 是耗尽型（常开）器件。出于安全可靠的考虑，在功率变换系统中，耗尽型器件不太受欢迎。实现常关 HEMT 的方法主要包括非绝缘栅增强模式、绝缘栅增强模式和级联结构。

数十年来，大多数功率电子器件都是 Si 基的，这是一种可以廉价制造且几乎没有缺陷的半导体。Si 的理论性能极限几乎已完全达到，暴露出其材料的局限性，如有限

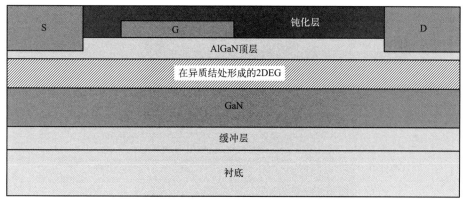

图 3.3 GaN HEMT 基本器件结构

的电压阻挡和热传导能力、效率问题和不可忽略的导通损耗。宽禁带半导体如 GaN，在效率、开关频率、温度和电压方面优于 Si。

GaN 的禁带宽度约为 3.4eV，大约是 Si 的 3 倍（1.1eV）。这意味着需要更多能量才能激发半导体中导带的价电子。这一特性限制了 GaN 在超低电压领域中的使用，但它允许在较高的击穿电压下工作，并在高温下具有更好的热稳定性。GaN 是 Si 的理想替代材料，可用于制造高效率的电压变换器、功率 MOSFET 和肖特基二极管，因为它显著提高了功率变换的效率。GaN 相比 Si 具有显著优势，包括更高的能效、更小的尺寸、更轻的重量和更低的总成本。

3.3.1 GaN 的特性

在图 3.4 的上半部分，展示了 GaN 晶体管的耗尽型（D-mode）结构。源极（S）和漏极（D）穿过 AlGaN 顶层，与构成 2DEG 的底层形成欧姆接触。直到 2DEG 层的电子耗尽，源漏极一直保持短路沟道，此时半绝缘 GaN 层开始作用，阻断电流流动。为了实现这一点，栅极（G）必须放置在 AlGaN 层上方。通常，栅极由直接放置在层表面的肖特基接触组成，通过给该电极施加负电压，肖特基势垒反向极化，促进下层电子的流动。因此，必须同时给漏极和源极施加负压才能使器件处于关断状态。该结构的主要缺点是它通常处于导通状态，这在通电阶段可能导致设计上的问题。不过，D-mode 结构的显著优势是其栅极特性与传统的低压 Si MOSFET 相同，因此可以使用现有 MOSFET 的栅极驱动。

在高功率应用中，则采用增强型（E-mode）结构（eGaN，见图 3.4 下部）。当未提供栅极电压时，增强型 GaN 晶体管通常处于关断状态，不会有电流流动。该器件由在 Si 晶圆上形成的 GaN 异质结组成，通过在高强度 GaN 层上沉积一层薄的 AlGaN 层来形成导电沟道。AlGaN 和 GaN 界面处产生压电效应，形成高迁移率的 2DEG。器件

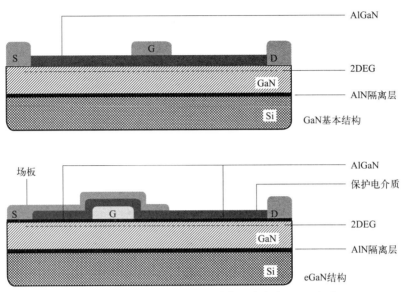

图 3.4 GaN 耗尽型和增强型结构（参考自 EPC 公司）

的顶层由绝缘层和金属保护层构成，通过给栅极施加正电压，结构允许 FET 转换为导通状态。

GaN HEMT 具有出色的导通电阻（$R_{DS(on)}$）和优异的品质因数（FOM）。根据电压和电流等级，GaN 的品质因数可能低至超结 FET 的 1/4～1/10。因此，GaN 适用于高频应用。使用具有低 $R_{DS(on)}$ 值的 GaN HEMT，可以减少导通损耗并提高效率。

GaN HEMT 没有内部体二极管，因此没有反向恢复电荷。这些器件本身具有反向导电能力，其特性因栅极电压而异。在系统级，反向导电能力相较于传统 IGBT 具有优势，因为不需要并联二极管。GaN 通过消除反向恢复损耗，支持高频率下的高效运行。例如，超结 MOSFET 在连续导通模式（CCM）下的无桥图腾柱功率因数校正（PFC）中无法使用，因为其反向恢复损耗很大。通过使用 GaN 晶体管作为高频开关，可以最小化反向恢复损耗并显著减少相关的开关损耗。

GaN 具有更高的击穿场强，因此其击穿电压高于 Si。GaN 的击穿场强为 3.3MV/cm，而 Si 的仅为 0.3MV/cm，这使得 GaN 在高电压和高功率应用中对损坏的抵抗力提高了 10 倍。制造商和设计师可以在功率应用中使用 GaN 来获得非常小的尺寸。GaN 的电子迁移率为 $2000cm^2/(V \cdot s)$，远高于 Si 的 $1500cm^2/(V \cdot s)$。因此，GaN 晶体中的电子移动速度比 Si 中的快近 30%。这种显著的特性使 GaN 在射频（RF）应用中具有优势，因为它能够承受比 Si 更高的开关频率。

GaN 的热导率 [1.3W/(cm·K)] 低于 Si [1.5W/(cm·K)]。然而，GaN 的高效性能降低了电路的热负荷，使其相比 Si 运行的温度更低，这改善了热管理效率，减少了对外部散热器的需求。

GaN 的开关速度比 Si 快,因此需要更高的变换速率(dV/dt 接近 100V/ns 或更高),这显著减少了开关损耗。

增强型 GaN HEMT 不一定需要负电压关断,虽然负电压可以保护栅极免受电压尖峰影响,但它增加了反向导通损耗。负关断电压有时用作防止通电或瞬态期间误导通的方法。事实上,许多市售的 eGaN 栅极驱动不具有负关断电压,因为它增加了反向导通损耗,并且增加了成本和复杂性。

3.3.2 横向与纵向 GaN 结构

使用 GaN-on-Si 技术制造的 GaN HEMT 是中功率应用的最佳选择,能够实现高效的功率变换、紧凑的外形尺寸和合理的成本。此外,小尺寸和高开关频率减少或消除了昂贵且笨重的无源元件和散热器。

GaN-on-Si 技术的优点在于 Si 是一种丰富且廉价的材料,并且 Si 晶圆可以大规模供应。当一种半导体生长在另一种材料上时,会在生长的晶体层中引入大量的晶体缺陷。对于 GaN-on-Si,缺陷密度大约为 $10^8 \sim 10^{10} \mathrm{cm}^{-2}$,这些缺陷在高电压下严重影响器件的运行可靠性。因此,电压等级超过 900V 的 GaN HEMT 尚未商用,绝大多数的击穿电压约为 650V。

具有横向电流流动结构的 GaN HEMT 在高功率应用中具有局限性,因为在高电压和高电流需求下,芯片面积会变得过大,无法制造。由于对芯片面积要求过高,横向 HEMT 器件通常无法实现非常高的击穿电压(kV 范围内)。

近年来,高质量 GaN 衬底的出现,使得制造具有更高击穿电压、更大电流输出能力和极小尺寸的垂直结构氮化镓基氮化镓(GaN-on-GaN)功率器件成为可能。垂直型 GaN 提供紧凑的器件,击穿电压范围为 100V~4kV,开关频率为几兆赫兹(MHz)。垂直型导电器件要求衬底和漂移区为相同材料,这需要使用纯 GaN 衬底。尽管价格昂贵且直径不超过 100mm,GaN 衬底能够在缺陷密度为 $10^3 \sim 10^5 \mathrm{cm}^{-2}$ 的材料中制造出垂直导电的 GaN 晶体管。如此低的缺陷密度使 GaN 晶体管在超过 1000V 的电压下仍具有高可靠性。

因此,垂直型 GaN 器件可以处理最苛刻的功率应用,包括数据中心电源、服务器,以及电动汽车、太阳能逆变器、电机和高速列车中的功率变换应用。高开关频率还允许缩小大型磁性元件和电容器的尺寸,同时保持极高的效率。

3.4 SiC 和 GaN 的晶体结构

晶体结构是一种开放结构,其中单个原子/分子通过静电作用或特定的量子效应形成键。共价键在其中尤为重要:一个原子的价电子与相邻原子的价电子结合。例如,金刚石由碳(C)原子组成,这些碳原子与四个相邻原子形成四个共价键,相同的结构存在于 Si 和锗（Ge）中。共价键的性质解释了这些晶体的电学行为。众所周知，与金刚石是绝缘体不同，Si 和 Ge 是半导体。此外，Si 和 C 可以结合形成适用于电力电子应用的结构，即 SiC，由等量的 Si 和 C 组成，天然存在于一种稀有矿物莫桑石中。

在另一种同样稀有的矿物纤锌矿中，存在特定比例的锌和硫化铁的组合，GaN 也有着类似的晶体结构。

这些矿物的稀有性意味着需要人工合成 SiC/GaN。

从几何学的角度来看，半导体物理中最有趣的晶体结构是：（a）面心立方（fcc）结构，（b）密排六方（hcp）结构，见图 3.5。

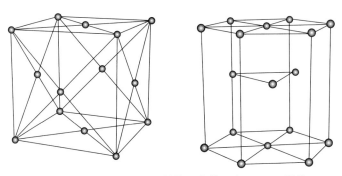

图 3.5　面心立方（fcc）结构和密排六方（hcp）结构

在自然界中，这两种结构的广泛性源于一种拓扑特性：它们代表了在最小化间隙体积的情况下，给定数量的相同球体的唯一可能排列方式（球体代表原子或分子）。例如，金刚石具有面心立方结构，Ge 和 Si 以相同的结构结晶。硫化锌以金刚石结构结晶，锌（Zn）和硫（S）原子合理分布。SiC 和 GaN 都能以硫化锌结构结晶，当然，使用的是不同原子并调节了晶格常数。例如，硫化锌的晶格常数为 5.41Å❶，而 SiC 的为 4.35Å。更高的结合能以及晶格常数的调节，导致这些半导体带隙增加。具体来说，SiC 的带隙为 3.26eV，而 GaN 的带隙为 3.4eV。

SiC 在自然界中以矿物（莫桑石）的形式存在较少，因此工业上通过 C 和 Si 的等比例合成来生产，以获得两种化学元素的相同浓度。SiC 最具应用价值的晶体形式是 α型（α-SiC）和 β 型（β-SiC），α 型具有六方结构，而 β 型具有面心立方结构。在相关文献中，通常使用 H-SiC 和 C-SiC 来区分 α 型和 β 型，即六方（hexagonal）和立方（cubic）对称性。SiC 还具有有趣的热学特性，如低热膨胀系数和高升华温度。

相比之下，GaN 在自然界中以纤锌矿（锌和铁的硫化物）的形式存在，但由于其稀有性，通常通过合成方式生产。与 SiC 相比，GaN 具有更高的电子迁移率，因此在射频电子领域性能更佳。

---

❶　$1\text{Å} = 10^{-10}\text{m}$。

3.5 金刚石与氧化镓

金刚石以其出色的强度、硬度以及光学、热学特性而闻名。天然金刚石（钻石）的稀有性和结构不可预测性，限制了其工程应用。20世纪50年代，高压高温技术被用于生产人造合成金刚石；而在20世纪80年代，化学气相沉积（Chemical Vapor Deposition，CVD）被用于制造晶圆级金刚石。这些合成技术的进步使得生产具有可预测性和一致性的人造合成金刚石成为可能。目前，全球工业中使用的合成金刚石约是用作宝石的天然金刚石的开采量的150倍。

最初，天然金刚石的视觉特征被用来对其进行分类。大多数金刚石的吸收边约为330nm，而少数为220nm。这种分类系统已演变，但在广义上，仍然适用于合成金刚石。

对功率和带宽需求的不断增加，正在推动半导体热管理的极限向更高频率的过渡，为CVD金刚石提供了机会，使其成为实现更有效热控制的最佳解决方案。

为了通过CVD形成金刚石衬底，将各种原子（如C和H）引入生长室并加热至2000℃以上，通常使用微波能量或热丝来实现。必须选择合适的材料及其晶向，并用金刚石粉末清洁，还需要进行一系列实验来确定在生长过程中衬底的最佳温度——大约800℃。

在整个生长过程中，腔体中的材料会被等离子体刻蚀，可能掺入正在生长的金刚石中。特别是来自腔体和二氧化硅衬底的Si经常会污染CVD金刚石。

CVD法的一个优势是能够在大面积表面上合成金刚石，尤其是在各种形状的衬底上，同时精确控制化学杂质，从而控制所生产金刚石的特性。金刚石是自然界中已知最硬的物质，也是最佳的导热体，因其卓越的耐热性、耐辐射性和耐酸性而闻名，同时还是一种优越的电绝缘体。

温度和沟道中的焦耳热效应与GaN的性能和可靠性密切相关。通过集成SiC和金刚石等材料，GaN能够更好地管理热量，从而降低器件的工作温度。对于GaN-on-SiC器件，将温度降低25℃，其使用寿命将增加约10倍。GaN器件已广泛应用于光电子、射频和汽车领域。

金刚石的击穿场强是Si的30倍，热导率是Si的14倍，其导热能力使其能够有效传递热量。具体来讲，金刚石的热导率约为21W/(cm·K)，带隙为5.47eV，击穿场强为10MV/cm，电子迁移率为2200cm^2/(V·s)。

高热导率、高电阻率和小型化等是金刚石基氮化镓（GaN-on-Diamond）在器件和系统层面所具有的基本特性。正是因为这些优势，GaN-on-Diamond功率放大器特别适合高功率射频应用，如商用基站、卫星通信系统、军事雷达系统和气象雷达系统等。

沟道衬底的高温限制了GaN HEMT的最大输出功率，从而会降低系统性能和可靠性。目前热导率最高的金刚石与GaN进行结合，有助于沟道附近的散热。

在过去十年中,氧化镓(Ga_2O_3)在技术上的快速进步使其成为半导体技术的前沿。Ga_2O_3的基本材料特性——高临界场强、宽范围的电导率、低迁移率和基于溶体的块体生长——有望在主要应用领域(即功率器件)以实惠的价格提供必要的高性能。

业界需要下定决心去攻克影响性能的一些技术挑战,以充分发挥突破性半导体技术的潜力。自2016年日本京都大学孵化的公司Flosfia确定Ga_2O_3值得研发以来,超宽禁带半导体领域的技术取得了重大进步。

功率器件越来越多地使用SiC和GaN等宽禁带材料,研究人员也生产出一种新型超宽禁带材料Ga_2O_3,但目前价格昂贵。与过去基于结的设计方法不同,现在更加重视基础材料的研究,以提升功率器件的整体性能。Ga_2O_3以5eV的超宽禁带、强导电性和电场维持能力、高临界场强(迄今为止测得的最高值为8MV/cm)以及其他独特的固有特性脱颖而出。

Ga_2O_3材料的灵活性体现在可通过各种加工方式表征多种特性,例如,注入Si可进一步降低材料的电阻率。该材料还可通过调控,使卤化物蒸汽外延后的掺杂浓度控制在$10^{15} \sim 10^{19} cm^{-3}$。同样,利用该材料制作标准化特征也较为容易。例如,在非常低的退火温度下利用钛、铝和镍等常见金属可形成欧姆接触和肖特基接触。该材料还可使用常规制造技术制成晶圆并进行研磨。栅极电介质可由多种电介质材料构成,如使用原子层沉积技术获得的Al_2O_3。

α-Ga_2O_3的晶体管具有最佳的性能系数,比4H-SiC好3倍,比GaN好20%。由于这些优于目前可用宽禁带材料的优势,Ga_2O_3被认为是一种性能更佳、实用且价格合理的替代品,然而目前其广泛商业化还存在障碍。

Ga_2O_3作为功率器件的关键组件会因为其极差的导热性阻碍有效的热传递,通过超薄芯片可以提升其散热能力,优化这类器件的散热。由于价带对空穴传输的影响较小,Ga_2O_3是没有p型的。这样可以有效避免pn结雪崩,这对于在嘈杂电源环境或重感性负载(如UPS)的情况下使用的设备是一个问题。芯片边缘的电场会影响器件的额定值和可靠性,因此操作不当会导致器件性能和可靠性下降,而缺少p型可能会使问题变得更严重。同样,由于缺少p型,使增强型(E-mode)晶体管的设计受限。人们正在研究几种芯片终端技术,包括斜面终端和利用p型氧化物的终端。然而,受限于工艺的严格控制,这类解决方案的实用性受到了质疑。

晶圆尺寸较小也是一个问题,因为更大的晶圆尺寸可以提高晶体质量、降低失效率和其他工艺制造成本。目前,用于Ga_2O_3器件制造的最大晶圆尺寸为100mm,但行业标准为150mm,越来越多的企业正在向200mm直径的方向发展。为了利用现有先进制造基础设施,Ga_2O_3的制造也必须向这些晶圆尺寸发展。此外,关于Ga_2O_3器件可靠性的研究很少,缺乏可用的数据。

经济因素也必须考虑,例如,在批量生产Ga_2O_3晶体时,昂贵的稀有金属坩埚也会有部分损失。现在半导体技术通常需要比实际更大的衬底,这往往使问题变得更糟糕,加速了这些坩埚的损耗。据报道,中国研究人员已经发明了有助于抵消这一问题影响的技术,进一步将生产成本降低至约 1/10,这项技术是否会得到广泛应用还有待观察。

基于 Ga_2O_3 材料的器件设计、制造和商业化正受到广泛关注和研究。随着商业化越来越成熟,将推动衬底制造技术的快速发展。尽管现在有大量展示样品,但优化和升级器件困难重重,阻碍了器件的大规模生产。材料的可用性是器件的必要条件,因此,材料的批量可用性直接决定器件加速研发的进程。

参考文献

[1] B. J. Baliga, Fundamentals of Power Semiconductor Devices (Springer Science+Business, 2008).
[2] M. Di Paolo Emilio, Microelectronic Circuit Design for Energy Harvesting Systems (Springer, 2017).
[3] R. Erickson, D. Maksimovic, Fundamentals of Power Electronics (Springer, 2001)
[4] F. (Fred) Wang, Z. Zhang, E. A. Jones, Characterization of Wide Bandgap Power Semiconductor Devices (IET Digital Library).
[5] D. Hart, Introduction to Power Electronics (Prentice Hall, New York, 1997).
[6] A. Hefner, S. Ryu, B. Hull, D. Berning, C. Hood, J. Ortiz-Rodriguez, A. Rivera-Lopez, T. Duong, A. Akuffo, M. Hernandez-Mora, Recent advances in high-voltage, high frequencysilicon-carbide power devices, in Record of the 2006 IEEE Industry Applications.
[7] B. J. Baliga, Wide Bandgap Semiconductor Power Devices (Woodhead Publishing).
[8] J. Kassakian, M. Schlecht, G. Vergese, Principles of Power Electronics (Addison-Wesley, Reading, MA, 1991).
[9] P. Krein, Elements of Power Electronics, 2nd edn. (Oxford University Press, New York, 2014).
[10] A. Lidow, J. Strydom, M. D. Rooij, D. Reusch, GaN Transistors for Efficient Power Conversion, 2nd edn. (Wiley, 2014).
[11] N. Mohan, T. Undeland, W. Robbins, Power Electronics: Converters, Applications, and Design, 3rd edn. (Wiley, New York, 2002).
[12] W. E. Newell, Power electronics-emerging from limbo, in IEEE Power Electronics Specialists Conference (1973), pp. 6-12.
[13] M. Rashid, Power Electronics: Circuits, Devices, and Applications, 2nd edn. (PrenticeHall, Englewood, NJ, 1993).
[14] F. Wang, Z. Zhang, 'Overview of silicon carbide technology: device, converter, system, and application.' CPSS Trans. Power Electron. Appl. 1(1), 13-32 (2016).

第4章 GaN

氮化镓（GaN）是一种宽禁带（WBG）半导体材料，近年来由于其卓越的特性和在电子、光电子及功率器件中的广泛应用而备受关注。

4.1 GaN 的特性

（1）带隙能量

GaN 具有约 3.4eV 的宽禁带能量。这种宽禁带是半导体的基本特性，对其电气行为起关键作用。相比传统硅（Si）半导体的约 1.1eV，GaN 的带隙能量显著更大。其重要性如下：

① 高能电子-空穴对：宽禁带意味着在 GaN 中生成电子-空穴对所需的能量比 Si 更大，这使得 GaN 器件在不发生击穿的情况下能够承受更高电压。

② 光电子应用：宽禁带使 GaN 适用于光电子应用，如发光二极管（LED）和激光二极管。当电子和空穴在 GaN 中复合时，它们在电磁波谱的紫外线、可见光甚至蓝光区域发射高能光子。

（2）高电子迁移率

GaN 表现出极高的电子迁移率，通常超过 $2000cm^2/(V·s)$，远高于 Si 的迁移率。迁移率指的是材料中载流子（电子）受到电场作用时的移动速度。其重要性如下：

① 更快的电子迁移：高电子迁移率意味着电子在 GaN 材料中受到电场作用时移动速度更快，这对于高频和高速应用尤为重要。

② 减少热量产生：电子移动更快使得导通损耗较低，从而减少了 GaN 器件在运行时产生的热量，这对高效功率器件至关重要。

（3）宽温度范围

GaN 器件可以在从低温到几百摄氏度的宽温度范围内可靠运行。其重要性如下：

① 在恶劣环境中的可靠性：GaN 器件通常用于温度变化极大的应用，如航天探索、

汽车系统和军事电子器件。

② 简化热管理：GaN 器件在高温下不易退化，减少了对复杂热管理系统的需求。

（4）高击穿电压

GaN 器件能够承受较高电压而不发生击穿或电气故障，其击穿电压明显高于 Si 器件。其重要性如下：

① 电压处理能力：GaN 器件非常适合应对高电压尖峰或持续高电压的应用，如功率转换器和放大器。

② 可靠性：高击穿电压提高了 GaN 器件在严苛环境中的可靠性和稳健性。

总结：GaN 具有卓越的宽禁带、高电子迁移率、宽温度范围和高击穿电压等特性，这使其成为众多电子和光电子应用的理想材料。其独特的特性组合使其能够开发出高效、可靠和多功能的器件，广泛应用于各行业。

4.2 衬底与材料

GaN 功率器件代表了半导体技术的重要进步，尤其在功率器件和高频领域。这些器件通常有两种结构：①基于 Si 或 SiC 衬底的平面器件；②直接由自支撑衬底 GaN 材料有源层构成的垂直型器件。

垂直结构的 GaN 器件相比平面导电器件具有众多优势。首先，它具有更高的击穿电压，允许在给定的器件面积输出更大的电流。同时，电场沿垂直方向均匀分布，增加了器件的导电性且提升了击穿电压。此外，垂直结构消除了电流坍塌效应，因为器件内部的高电场减弱了表面态的影响，从而实现更稳定的操作。

尽管垂直型 GaN 器件具有上述优势，大多数商用器件仍使用平面结构，这主要是由于垂直型 GaN 器件的材料制备和制造成本较高。Si 仍然是大规模生产中的热门衬底材料，因为其晶圆尺寸大、成本效益高且技术成熟。

纯 GaN 材料的生长面临巨大挑战，目前市场上尚无可商用的Ⅲ族氮化物材料的大面积衬底。因此，研究人员往往采用在异质衬底上进行外延生长的方法，但这种方法存在晶格常数失配、热应力及热导率和极性差异等挑战。

由这些失配引起的应变可能会通过压电极化在薄膜内产生内建电场。因此，克服这些材料特性的失配，对于实现Ⅲ族氮化物器件及应用所需的理想电子和光学性能至关重要。

在功率器件领域，碳化硅基氮化镓（GaN-on-SiC）已成为一种前景广阔的半导体材料，其结合了 GaN 的宽禁带与 SiC 的高热导率，具备更高的工作电压、有效的电子传输、高速开关及提升的器件可靠性等优势。

典型的 GaN-on-SiC 结构由 SiC 衬底、缓冲层（用于解决晶格失配问题）及作为器件工作区的 GaN 层组成。然而，与热管理和可靠性相关的问题仍然存在，特别是在缓冲层的厚度方面。

为了解决这些问题，研究人员尝试使用如 SiC 或金刚石等高热导率的衬底材料作为散热基板。然而，晶格和热膨胀系数的失配使得异质外延变得具有挑战性。此外，传统的低热导率内层材料也加剧了热阻问题。

用于生长 GaN 外延层的衬底需要在晶圆代工的便利性、热导率和成本之间进行权衡。较大晶圆尺寸的 GaN-on-Si 具有一定优势，而蓝宝石基氮化镓虽然相对便宜，但可能不被广泛接受。高质量的 GaN 通常需要使用昂贵的衬底，如纯 GaN 和 SiC。

为了应对成本问题，研究人员探索了去除外延层以实现衬底重复利用的工艺。然而，现有的去除方法处理速度慢，且容易导致表面粗糙或开裂，限制了其实用性。在需要低位错密度、高热性能以及高频操作的应用（如汽车、射频和数据中心）中，尽管成本较高，GaN-on-SiC 仍是优选方案。一旦高质量的 GaN 外延层生长完成，将不再需要 SiC 衬底，从而为功率和射频应用提供了更好的性能。

GaN 功率器件的开发涉及材料特性、衬底选择和成本考虑等方面的复杂挑战。业界持续研究如何克服这些障碍，推动在各种应用中实现更高效、可靠且经济的 GaN 半导体解决方案。

4.2.1 蓝宝石衬底

选择蓝宝石（β-Al_2O_3）作为衬底来生长Ⅲ族氮化物（特别是 GaN），主要是由于其具有多种有利的材料特性。蓝宝石因其从可见光到深紫外（UV）光谱的光学透明性、高温稳定性，以及在 Si 技术中的绝缘体上硅（SOI）晶圆制造中已建立的预生长清洁工艺而广泛应用。

然而，尽管具备这些优点，蓝宝石与 GaN 之间的晶格失配仍然是一个挑战。蓝宝石具有六方晶胞，晶格常数为 $a=0.4765$nm 和 $c=1.2982$nm，与 GaN 之间的晶格常数失配高达 30%。当 GaN 在 c 面（0001）蓝宝石上生长时，蓝宝石和 GaN 的晶向是平行的，但 GaN 晶胞围绕 c 轴旋转 30°，以减少晶格常数失配。

尽管如此，晶格失配仍然高达 16%，导致在衬底上生长的氮化物层中形成大量线位错（大约 10^{10} cm^{-2}）。这种失配在 GaN 外延层从沉积温度冷却到室温的过程中会产生巨大的双轴压应力。蓝宝石 c 面与 GaN 之间的热膨胀系数（Coefficient of Thermal Expansion，CTE）失配约为 39%，这进一步加剧了 GaN 层中的应力。尽管晶格失配会导致 GaN 处于拉伸状态，但在生长温度下高密度位错的存在导致松弛，使得 CTE 失配成为应力产生的主要因素。

为了解决这些挑战，通常的做法是在蓝宝石上先生长一层低温缓冲层（如 AlN 或 GaN），然后在更高温度下生长较厚的 GaN 层。这样生长的层通常为 Ga 面 GaN，导致产生从界面到表面的电场。该电场对使用这些材料的器件结构设计有重要影响。需要注意的是，尽管晶格失配是一个重要考虑因素，但当失配较大时，CTE 失配则变得更加关键。此外，这些数值与温度高度相关，在估算材料中的残余应力时需要仔细考虑。

4.2.2 Si 衬底

Si 所具有的成本效益和加工的潜在简便性，使得 GaN 在 Si 衬底上的外延生长备受关注。然而，这种方法面临着多个挑战，研究人员已经尝试了多种方法来解决这些问题。一个主要问题是 Si 与 GaN 之间存在约 17% 的大晶格失配，以及约 54% 的 CTE 失配。这些差异导致在 Si 上的 GaN 有源层中产生高密度位错，因此开发有效的缓冲层方案势在必行。

为了应对这些挑战，常见的策略是在生长 GaN 层之前引入一层氮化铝（AlN）缓冲层。该 AlN 层有多种作用，它可防止 Si 衬底与生长环境发生不必要的反应，缓解晶格失配引起的应力，并帮助改善后续层的表面粗糙度。使用 AlN 作为缓冲层至关重要，是因为 GaN 不易润湿 Si，没有缓冲层的直接生长会导致形成氮化硅（SiN_x）和高密度位错。

最佳的过渡层方案如图 4.1 所示，包含一个 160nm 厚的 AlN 层，随后是 40nm 厚的 $Al_{0.3}Ga_{0.7}N$ 层。该 AlGaN 层提高了初始 AlN 层的表面光滑度，并为 AlN/GaN 超晶格（Superlattices，SL）结构和 AlGaN/GaN 沟道层的生长提供了平坦表面。SL 结构引入了压应力，以抵消热膨胀失配导致的拉应力，从而减少晶圆弯曲。

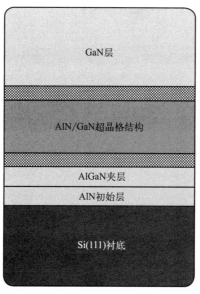

图 4.1　用于生长高质量 GaN 和 Si 衬底的过渡层示意图

SL 结构中各层的厚度需要经过精心优化，以实现 GaN 层的部分松弛，产生整体压应力。研究人员提出了具体的层厚，如 100 对 AlN/GaN（5nm/20nm）SL 和一个 50nm 厚的 $Al_{0.2}Ga_{0.8}N$ 层，随后生长 2μm 厚的 GaN 层，以在 Si 晶圆上实现无裂纹的大面积 GaN，且弯曲最小。

除了实现高质量的 GaN 层外，GaN 层的厚度对高压工作至关重要，特别是考虑到 Si 衬底的高导电性。一般需要足够厚的未掺杂或高阻 GaN 缓冲层，以确保高击穿电压。

优化缓冲层对于高频操作和减少电流崩塌效应至关重要。虽然可以通过引入本征缺陷使缓冲层半绝缘，但最近的研究倾向于采用外在的深能级掺杂剂，如铁和碳。这些掺杂剂会形成深受主中心，提供出色的隔离并改善功率器件性能。例如，使用碳作为掺杂剂可以实现精确控制，因为费米能级可以固定在碳受主的能级上。

4.2.3　Qromis 衬底技术（QST）

Qromis 衬底技术（Qromis Substrate Technology，QST）是由 Qromis 公司独家授权给日本信越化学工业株式会社（Shin-Etsu）的复合衬底材料。该衬底专为促进 GaN 功率器件的发展而设计，对于高性能和节能 GaN 功率器件的广泛应用发挥重要的作用。QST 衬底设计为具有与 GaN 匹配的 CTE，从而减少 GaN 外延层中的翘曲和裂纹，以促进在大直径衬底上生长高质量的厚 GaN 外延层。凭借这些固有优势，预计该技术将在功率器件和射频器件（包括 5G 和未来的 6G 网络）中得到广泛应用。此外，它还将有望在 MicroLED 显示器中发挥作用。

QST 衬底技术有望解决 GaN 规模化面临的挑战，从而可以开发高性能、低成本的 GaN 电路结构：直径可扩大到 6 英寸❶、8 英寸、12 英寸甚至更大；厚度从几微米生长到块状的适合所有晶圆直径尺寸的 GaN；从分立器件到单片器件，再到具有专门设计的工程层的集成电路，均可实现制造；不同应用可以使用相同的制造平台。

4.3　传输特性

迁移率（μ）表示在电场作用下载流子（电子或空穴）所能达到的平均速度。数值上，漂移速度（v_d）可通过下式进行计算：

$$v_d = \mu E$$

其中，v_d 是载流子的漂移速度，μ 是载流子迁移率，E 是电场强度。

对半导体而言，载流子的迁移率并非恒定值，而是受多种散射机制的影响，这些机制会使载流子偏离其路径。当施加电场时，载流子获得能量并通过半导体的晶格移动，过程中遇到各种障碍物，这些散射机制共同作用，最终影响净迁移率。

在半导体材料中，电荷的移动和传输通过两种主要载流子进行：价带中的空穴和导带中的电子。电场的强弱对这些电荷载流子的行为起决定性作用。迁移率是半导体性能的重要参数，决定了在电场作用下载流子移动的速度，较高的迁移率通常意味着器件响应速度更快。但载流子的迁移率并非恒定值，而是受多种散射机制的影响。

---

❶　1 英寸（in）= 25.4 毫米（mm）。

散射机制

缺陷散射：半导体晶体结构中的缺陷会改变载流子的运动，包括以下几类：

- 中性和电离杂质散射：外来原子或离子会扰乱晶体的均匀结构，影响电荷流动。
- 合金散射：合金半导体中，元素的混合会导致晶体结构不均匀。
- 晶体缺陷散射：例如位错等晶体缺陷会导致理想晶体结构的偏离。

载流子-载流子散射：随着载流子密度的增加，它们相互作用或"碰撞"的可能性也随之增加，这会影响电荷的整体流动。

晶格散射：由于载流子与振动的晶格或声子的相互作用而产生的散射。

- 声学声子散射：载流子由于晶格变形或通过压电效应而发生散射。
- 光学声子散射：载流子因量化的晶格振动或高能量声子而发生散射。

玻尔兹曼（Boltzmann）方程是载流子与其散射机制之间复杂相互作用的最佳描述。在考虑所有散射过程都是弹性（即在散射过程中没有能量转移）的情况下，该方程可以通过松弛时间近似法进行简化。这种近似提供了对所有散射过程对电荷传输影响的综合视角。在这种情况下，迁移率可以表示为：

$$\mu = q\tau/m^*$$

其中，m^* 是电子的有效质量，τ 是平均松弛时间，q 是所有单个散射过程的松弛时间 τ_i 之和。假设对于每个散射过程都有对应的迁移率 μ_i，可以进一步简化方程的解，并且 μ_i 可以分别计算。

包括 GaN 在内的半导体中的低场迁移率受多种散射机制的影响，其中晶格散射（或声子散射）和杂质散射是主要的影响因素。掺杂和温度对迁移率的影响对于器件建模和性能分析至关重要。Caughey-Thomas 模型已被广泛接受，描述了迁移率与掺杂和温度的关联性。根据 Caughey-Thomas 模型，迁移率 μ 可以表示为：

$$\mu_0 = \mu_{\min} + \left(\mu_{\max}\left(\frac{T}{300}\right)^\nu - \mu_{\min}\right) \Big/ \left(1 + \left(\frac{T}{300}\right)^\xi \left(\frac{N}{N_{\text{ref}}}\right)^\alpha\right)$$

其中，N 是电离掺杂浓度，T 是绝对温度，$\mu_{\min}$、$\mu_{\max}$、N_{ref}、ν、ξ 和 α 均是拟合参数。$\mu_{\max}$ 和 $\mu_{\min}$ 分别表示未掺杂或非故意掺杂样品的迁移率（主要由晶格散射决定）和重掺杂材料的迁移率（杂质散射占主导地位，仍有晶格散射存在）。N_{ref} 是迁移率在 $\mu_{\max}$ 和 $\mu_{\min}$ 之间的中间掺杂浓度。α 是迁移率从 $\mu_{\min}$ 到 $\mu_{\max}$ 变化的速率。迁移率对温度的依赖性则通过参数 ν 和 ξ 进行建模。

这一方程表明，随着掺杂浓度的增加，由于杂质散射的增强，迁移率会降低。在极低掺杂时，迁移率主要受晶格散射限制；随着掺杂浓度的增加，杂质散射的影响变得显著。

这个模型为器件仿真提供了一个方便的方法，将掺杂和温度对迁移率的影响纳入考虑，并提供了掺杂与迁移率之间的权衡关系，这对于优化器件性能非常重要。高电场下迁移率的降低可以通过以下公式建模：

$$\mu_0 = \mu_0 \Big/ \left(1 + \frac{\mu_0 E^\beta}{v_{\text{sat}}}\right)^{\frac{1}{\beta}}$$

其中，v_{sat} 是饱和速度；β 是一个经验常数，用来指定速度进入饱和状态的速率。

在 AlGaN/GaN HEMT 结构中，电子的存在主要源于 AlGaN 势垒中的自发极化和压电极化效应。这些结构中的关键参数之一是室温下沟道中的电子漂移迁移率。

多项研究致力于了解二维（2D）载流子的电子迁移率和空穴迁移率，并研究了这些迁移率如何受界面粗糙度、温度和表面载流子浓度等因素的影响。一个显著的方面是 2D 载流子浓度与势垒层的组成和厚度密切相关。此外，势垒层中的残余应力对二维电子气的密度有显著影响，通常在 10^{13}cm^{-2} 范围内。

二维电子气的迁移率与载流子浓度之间存在一个有趣的联系，随着载流子浓度的增加，迁移率也随之提高。这种关系可以归因于更高的载流子浓度会屏蔽表面粗糙度，从而提升了迁移率。这些结构中的电子迁移率通常约为 $2000 \text{cm}^2/(\text{V} \cdot \text{s})$。

4.4 GaN 的缺陷与杂质

GaN 是一种 Ⅲ-Ⅴ 族半导体，由于其在高功率器件和光电器件（如 LED）中的潜力而受到广泛关注。然而，GaN 外延层的合成和生长过程中存在固有的挑战，导致不可避免地出现一些缺陷，这些缺陷会影响其特性及其器件性能。

GaN 外延生长中存在多种缺陷，其中包括：

① 点缺陷：这是原子或分子尺度上的局部缺陷，通常由空位、间隙原子或置换引起。它们可能在带隙中引入能级，影响载流子的迁移率和复合过程。

② 线位错：这是从衬底延伸到外延层的线性缺陷，主要由于 GaN 与衬底之间的晶格失配引起。这些位错可能作为非辐射复合中心，影响光电器件的效率。

③ 晶界：这是不同晶向相交的界面。某些晶界可能是良性的，而其他晶界可能作为陷阱态，影响电子和空穴的传输。

GaN 在晶格失配衬底上的生长：GaN 中的许多缺陷根源于晶格失配的异质外延生长。由于没有完美晶格匹配的 GaN 衬底，在蓝宝石或 SiC 等失配衬底上生长会使缺陷激增，特别是形成线位错。

GaN 在 Si 衬底上的生长：Si 由于其成本效益和广泛的可用性，是 GaN 生长的理想衬底。然而，GaN 与 Si 之间的 CTE 失配会在生长后的冷却阶段引入额外的应力，导致开裂和更多缺陷的形成。理解这些缺陷的本质并提出抑制方法，对于成功在 Si 平台上集成 GaN 至关重要。

GaN 是一种重要的半导体材料，可应用于高频、高功率器件和光电领域。当用作半导体时，杂质会严重影响其电学特性。与其他半导体一样，GaN 中的杂质可以有意（掺杂）或无意引入。以下是 GaN 中杂质的概述。

(1) 有意掺杂

① n型掺杂：Si是GaN中最常用的n型掺杂剂。当Si取代Ga在GaN晶体结构中的位置时，会引入一个额外的电子，使材料成为n型。

② p型掺杂：镁（Mg）是GaN的主要p型掺杂剂。当Mg取代Ga在晶格中的位置时，会引入一个空穴（正电荷载流子）。然而，由于Mg的激活能较高，且存在可以钝化Mg的H，使得Mg无法有效地作为p型掺杂剂。因此，通常需要在生长后进行退火处理来激活Mg并去除H。

(2) 无意杂质

① 碳（C）：C是GaN中常见的无意杂质，通常来源于在金属有机物化学气相沉积（Metal-organic Chemical Vapor Deposition，MOCVD）过程中使用的有机金属载体。C在晶格中的位置不同时，可作为深层受主或施主，并影响电子性能和陷阱密度。

② 氧（O）：O通常来自衬底或环境，可以在生长过程中被引入GaN。O会引入GaN中的深能级，影响材料的电学和光学性能。

③ 氢（H）：H通常在生长过程中引入，尤其是在MOCVD中。它可以钝化如Mg等受主，阻碍其作为p型掺杂剂的激活。

(3) 杂质的影响

杂质对GaN的特性和性能有多重影响。

① 电学特性：杂质可能在带隙中引入陷阱态，影响载流子的迁移率、导电性和复合速率。

② 光学特性：杂质可能导致非辐射复合中心，影响发光器件的效率。

③ 结构特性：某些杂质的高浓度可能导致相分离或诱发应变，影响晶体质量。

通过理解和控制GaN中的缺陷和杂质，可以优化其在高频、高功率器件和光电器件中的应用。

参考文献

[1] B. J. Baliga, Fundamentals of Power Semiconductor Devices (Springer Science+Business, 2008).

[2] M. Di Paolo Emilio, Microelectronic Circuit Design for Energy Harvesting Systems (Springer, 2017).

[3] R. Erickson, D. Maksimovic, Fundamentals of Power Electronics (Springer, 2001).

[4] F. (Fred) Wang, Z. Zhang, E. A. Jones, Characterization of Wide Bandgap Power Semiconductor Devices (IET Digital Library).

[5] D. Hart, Introduction to Power Electronics (Prentice Hall, New York, 1997).

[6] A. Hefner, S. Ryu, B. Hull, D. Berning, C. Hood, J. Ortiz-Rodriguez, A. Rivera-Lopez, T. Duong, A. Akuffo, M. Hernandez-Mora, Recent advances in high-voltage, high frequency silicon-carbide power devices, in Record of the 2006 IEEE Industry Applications.

[7] B. J. Baliga, Wide Bandgap Semiconductor Power Devices (Woodhead Publishing).

[8] J. Kassakian, M. Schlecht, G. Vergese, Principles of Power Electronics (Addison-Wesley, Reading, MA, 1991).

[9] P. Krein, Elements of Power Electronics, 2nd edn. (Oxford University Press, New York, 2014).

[10] A. Lidow, J. Strydom, M. D. Rooij, D. Reusch, GaN Transistors for Efficient Power Conversion, 2nd edn. (Wiley, September 2014).

[11] N. Mohan, T. Undeland, W. Robbins, Power Electronics: Converters, Applications, and Design, 3rd edn. (Wiley, New York, 2002).

[12] W. E. Newell, Power electronics-emerging from limbo, in IEEE Power Electronics Specialists Conference (1973), pp. 6-12.

[13] M. Rashid, Power Electronics: Circuits, Devices, and Applications, 2nd edn. (Prentice Hall, Englewood, NJ, 1993).

[14] F. Wang, Z. Zhang, 'Overview of silicon carbide technology: device, converter, system, and application.' CPSS Trans. Power Electron. Appl. 1(1), 13-32 (2016).

第 5 章
GaN功率器件

本章将深入探讨 GaN 功率器件的关键特性，重点包括对其电学特性与驱动机制的详细分析，同时，还将全面分析 GaN 器件制造中涉及的工艺流程。

5.1　GaN 功率器件概述

GaN 的禁带宽度达 3.4eV，远超 Si 的 1.2eV。GaN 的高电子迁移率则使其开关速度得到显著提升，因为通常聚集在结点的电荷能更迅速地分散。更宽的带隙还允许在更高的温度下稳定运行。随着温度升高，价带中电子的激活能逐渐增加，一旦超过某个温度阈值，电子便进入导带。对于 Si 而言，该温度阈值约为 150℃，而 GaN 则能耐受超过 400℃的高温。宽禁带还意味着更高的击穿电压，在相同的击穿电压下，GaN 芯片可以做得更薄，同时提高半导体的掺杂浓度可获得更低的导通电阻。

与传统 Si 技术相比，GaN 的主要优势可归纳如下：
① 效率高、体积小、重量轻；
② 高功率密度；
③ 高开关频率；
④ 低导通电阻；
⑤ 近乎为零的反向恢复时间。

GaN 作为一种宽禁带（WBG）材料，其显著特征在于其更宽的能隙（也称"禁带"）。相较于 Si，GaN 中的电子需要更多的能量才能从价带跃迁到更高的导带状态。由于禁带宽度与迫使半导体击穿所需电场强度直接相关，因此 GaN 器件能够在更高的电压下稳定工作。GaN 因其宽禁带、高临界场强以及高电子迁移率，在电力电子应用中备受关注。

通过 GaN HEMT 的加工工艺，已经实现了更高的迁移率。AlGaN/GaN 异质外延结构上形成的二维电子气（2DEG）沟道，可提供高电荷密度和高迁移率。由于 AlGaN

和 GaN 导带之间在此界面处的不连续性，2DEG 进一步集中并提高了迁移率。在增强型 GaN HEMT（E-mode）中，通过优化 p 型 GaN 区域下方 AlGaN 层的厚度，可以实现器件的常关。与常见的 Si MOSFET 相比，增强型 GaN HEMT 具有更低的栅极电荷（Q_G）和导通电阻（$R_{DS(on)}$），从而降低了开关时电荷充放电的需求，加快了开关速度。

GaN 的主要性能优势在于其能够承受更高的工作温度、更高的阻断电压，并且开关速度更快，同时其损耗与最新的 Si 功率器件相当。值得一提的是，GaN 的生产和加工技术近年来取得了显著进步，并且只要对高性能 Si 替代品的需求持续存在，未来还将继续取得进展。

随着全球对高效、高性能电子产品需求的激增，传统半导体器件的局限性已经愈发明显。此时，GaN HEMT 作为下一代功率晶体管技术的代表，应运而生。它们展示了创新如何超越既有基准，在射频功率晶体管技术领域树立了新的标杆。

（1）GaN HEMT 的重要性

① 在高频与高功率应用中的表现：GaN HEMT 特点是能够处理高电压和大电流，从而在高功率输出下实现极低的功率损耗。这一优势使其在高频和高功率应用场景中表现出色。

② 耐用性与可靠性：GaN HEMT 因其出色的耐高温性能和对功率冲击的强耐受能力，确保了更长的使用寿命，尤其是与其他高频器件相比。

③ 户外环境下的适应性：GaN 对大气条件的天然抵抗性，为其增添了又一亮点，使得 GaN HEMT 成为户外设备及配置的理想选择。

④ 速度优势：众多研究已证实，GaN 器件的开关速度极快，这使其在高效处理高频与大电流方面更胜一筹。与绝缘栅双极晶体管（IGBT）对比，GaN 充分展示了在能效方面的巨大潜力。

（2）面对 Si 的挑战

在功率变换领域，Si 基器件一直占据着主导地位，无论是超结型（SJ）还是 IGBT。然而，随着技术的不断进步，它们的固有局限日益凸显。特别是在高频应用中，开关损耗、导通损耗以及反向恢复损耗成为这些器件难以回避的问题。

相比之下，GaN、SiC 等宽禁带器件则脱颖而出，成为突破现有界限的先锋。它们能够消除反向恢复损耗，在高温环境下稳定运行，并最大限度地减少开关损耗和导通损耗，预示着一个更加光明、高效的未来。

（3）GaN 相较于 Si 的优势

GaN 功率器件在以下多个方面展现出优于 Si 器件的性能。

① 更高的临界电场强度：得益于 GaN 的宽禁带和低本征载流子浓度，它能够承受更高的临界电场强度。这使得漂移区可以更薄，即使在升高的击穿电压下，也能有效降低导通电阻（$R_{DS(on)}$）。

② 更低的功率损耗：GaN HEMT 没有体二极管，且结电容较小，因此能够实现高

变换速率的切换。这意味着降低了开关损耗，进而提升了功率变换效率。

③ 应用广泛：GaN 器件包括耗尽型（D-mode）和增强型（E-mode），适用于多种应用场景。对于超过 900V 应用的垂直型 GaN 器件的日益关注，进一步证明了其多功能性。

5.2 电学特性

GaN 晶体管的击穿电压是一个关键参数，它表示器件在源极与漏极之间能承受的最大电压值，超过此电压器件将发生击穿。该值受到多种因素的影响，包括 GaN 的固有击穿电场、晶体管的设计及其内部结构的具体细节。尽管晶体管被设计为阻断电压，但仍可能允许极小的泄漏电流（I_{DSS}）通过。这种泄漏电流会导致功率损耗，尤其是在对能效要求较高的系统中。此外，泄漏电流对温度变化敏感，这进一步增加了热管理的复杂性。因此，在选择 GaN 晶体管应用时，必须仔细研究其数据表，因为不同制造商的规格可能存在差异。一些先进的晶体管甚至提供暂态过电压或雪崩能力，使其在短时间内能够承受高于最大额定电压值。

(1) 导通电阻 $R_{DS(on)}$

导通电阻 $R_{DS(on)}$ 也常被称作开启电阻，是场效应晶体管（FET，包括 MOSFET 和 GaN 晶体管）中的一个核心参数。它描述了晶体管在"开启"状态或主动导通时，漏极（D）与源极（S）之间所呈现的电阻。

$R_{DS(on)}$ 受以下多个因素影响。

① 材料属性：构成晶体管的半导体材料对固有电阻起着关键作用。举例来说，由于材料性能的优势，SiC 和 GaN FET 通常比传统的 Si FET 具有更低的 $R_{DS(on)}$。

② 器件几何构型：导电沟道的宽度和长度会对 $R_{DS(on)}$ 产生影响。一般来说，沟道越宽，$R_{DS(on)}$ 就越低，但这也意味着芯片面积会增大，进而对成本和其他性能指标产生影响。

③ 温度：导通电阻通常会随着温度的升高而增大，因此在高功率应用中，热管理至关重要，以确保 $R_{DS(on)}$ 保持在可接受范围内。

④ 栅极电压：在增强型 FET 中，更高的栅源电压（超过阈值电压）可以降低 $R_{DS(on)}$，因为它增强了沟道的导电性。然而，存在一个极限，超过这个极限后，继续增加栅极电压将不会再进一步减小 $R_{DS(on)}$。

$R_{DS(on)}$ 是晶体管内部所有电阻分量的总和。其中一个主要分量是接触电阻 R_c，即电流在通过源极和漏极金属，穿越 AlGaN 势垒到达二维电子气（2DEG）时所遇到的电阻。在 2DEG 内部，电阻 R_{2DEG} 由多个因素决定，如电子迁移率 μ_{2DEG}、电子数量 N_{2DEG}、电子迁移距离 L_{2DEG}、有效宽度 W_{2DEG} 以及电子的电荷量（$q = 1.6 \times 10^{-19}$C）。数学上，这可以表示为：

$$R_{2DEG} = \frac{L_{2DEG}}{q\mu_{2DEG} N_{2DEG} W_{2DEG}}$$

2DEG 中的电子浓度受到 AlGaN 势垒所产生的应变作用的影响。同时，栅极下方区域与栅极和漏极之间区域的电子浓度可能存在差异。这种差异可能源自栅极的类型、制造工艺、异质结构以及栅极上所施加的电压。例如，全增强型栅极相较于仅部分增强型栅极，其电子浓度自然会更为密集。HEMT 的总电阻可大致估算为：

$$R_{HEMT} = 2R_C + R_{2DEG} + R_{2DEG(gate)}$$

除了这些组成部分，还必须考虑寄生电阻 $R_{parasitic}$ 的影响。这包括由传导各个晶体管端子电流的金属路径所带来的电阻。鉴于功率变换电路中显著的传导损失，晶体管的性能通常根据其是否完全开启（欧姆状态）或完全关断来评估。因此，导通电阻 $R_{DS(on)}$ 综合了全增强型 HEMT 的电阻与寄生电阻，对于任何功率晶体管而言，都是一项至关重要的指标，其计算方式如下：

$$R_{DS(on)} = R_{HEMT(fully\ enhanced)} + R_{parasitic}$$

（2）阈值电压

阈值电压 V_{th} 是判定功率器件导通时机的关键要素。对于 GaN 器件而言，阈值电压的确定依据是栅极下方 2DEG 完全耗尽时的电压值，主要受两大因素影响：一是压电应变所产生的电压，二是栅极金属特性所固有的内建电压。

阈值电压的要点概述如下。

① GaN 与 Si MOSFET 阈值电压随温度变化的稳定性对比：GaN 器件的阈值电压几乎不随温度变化，而 Si MOSFET 的阈值电压则随温度升高显著下降，两者形成鲜明对比。

② GaN 器件规格说明：额定电压为 100V 的增强型 GaN 晶体管，其阈值电压通常在 5mA 电流下测得为 1.4V。对于额定电压更高的 650V GaN 晶体管，其阈值电压则在 7mA 电流下测定。在这两种情况下，用于阈值电压测量的电流均远小于各自器件的连续电流额定值。

③ 阈值电压随温度变化的稳定性：对于设计者而言，阈值电压随温度变化的稳定性是一个至关重要的参数，因为它直接影响器件的性能和可靠性，尤其在温度频繁变化的场景。

④ 器件模式区分：增强型或共源共栅（级联，Cascode）器件具有正的阈值电压，而耗尽型器件则具有负的阈值电压。这一区别在设计和选择适合特定应用的器件时具有举足轻重的意义。

（3）电容电荷

在电力系统中，影响晶体管性能的主要因素之一是其电容特性。这是因为晶体管的电容决定了其在开通和关断状态变换过程中的能量耗散情况。具体而言，电容越大，产生晶体管端子间电压变化所需的电荷量就越多。在开关应用等频繁变换的场景中，这可能会导致更多的能量消耗。

场效应晶体管（FET）主要涉及以下三种电容：

① 栅源电容（C_{GS}）：指栅极与源极端子之间的电容。

② 栅漏电容（C_{GD}）：指栅极与漏极端子之间的电容。

③ 漏源电容（C_{DS}）：指漏极与源极端子之间的电容。

有时，设计师在评估晶体管性能时，会综合考虑这些电容的组合效应。例如，从输入端子观测到的组合电容以 C_{ISS}（即 $C_{GD}+C_{GS}$）表示，而从输出端子观测到的则以 C_{OSS}（即 $C_{GD}+C_{DS}$）表示。

需要注意的是，这些电容并非固定不变。它们会随晶体管端子所加电压的变化而变化。例如，随着漏源电压（V_{DS}）的增大，电容往往会减小。这一行为归因于 GaN 的物理效应，尤其是 2DEG 中自由电子的耗尽。

对设计师而言，改变栅极电压并开通器件所需的总栅极电荷 Q_G 是一个重要因素。此电荷对应于栅源电压应用范围内 C_{ISS} 的积分。理解这一电荷至关重要，因为它决定了根据栅极驱动器的电流能力改变栅极电压所需的时间。

最后，米勒比率（Miller Ratio）的概念源自 Q_{GD} 与 Q_{GS} 的比值，对于评估晶体管中的电压和电流变换速度具有根本性意义。较高的米勒比率表明，器件可能因漏源间的电压波动而意外开启，从而在电力系统中产生不良影响。

（4）反向导通

与传统 Si MOSFET 相比，GaN 在功能上独具特色。一个显著的差异在于它们处理反向导通的方式。Si MOSFET 利用体二极管实现反向导通，该二极管由体区与漏极之间的 pn 结组成。然而，GaN 晶体管并无此类 pn 结。相反，它们因 2DEG 在反向的激活而展现出类似二极管的行为。此激活受栅漏电压的影响，从而能够对"体二极管"的正向导通压降进行一定程度的控制。此外，随着温度升高，GaN 晶体管的正向导通压降增大，这与 Si MOSFET 通常随温度升高而减小的现象形成对比。

最后，GaN 晶体管的导通机制中不存在少数载流子。因此，GaN 中的反向恢复电荷概念与 Si MOSFET 中不同，它与器件电容或少数载流子无关。

5.3 GaN 建模

通常，GaN 晶体管指的是 GaN HEMT，其结构包括：

① 衬底：常由 Si、SiC 或蓝宝石制成。

② 缓冲层：有助于电子迁移。

③ GaN 沟道层：主要电子流发生之处。

④ AlGaN 势垒层：用于控制电子流。

⑤ 栅极、漏极和源极端子：与传统场效应晶体管（FET）相似。

（1）GaN 晶体管建模的关键方程组

① 电流-电压（I-V）特性。

欧姆（线性）区：

$$I_D = \mu_n C_{ox} \frac{W}{L}(V_{GS} - V_{TH})V_{DS}$$

饱和区：

$$I_D = \frac{1}{2}\mu_n C_{ox} \frac{W}{L}(V_{GS} - V_{TH})^2$$

② 电容-电压（C-V）特性。栅极电容在决定晶体管的频率响应和开关特性方面起着至关重要的作用：

$$C = \varepsilon_{GaN} \frac{A}{d}$$

③ 击穿电压。GaN HEMT 由于其宽禁带特性，其击穿电压通常高于 Si 基同类器件。击穿电压定义为：

$$V_{BR} = E_{critical} d_{AlGaN}$$

其中，$E_{critical}$ 为 GaN 的临界电场。

（2）非线性与小信号模型

对于频域分析，尤其是在射频（RF）应用中，小信号模型变得至关重要。这涉及在偏置点附近对器件进行线性化：

① 跨导（g_m）：它表示栅源电压变化时漏极电流的变化率。

② 输出电导（g_D）：它显示了漏源电压变化时漏极电流的变化情况。

③ 栅源电容（C_{GS}）和栅漏电容（C_{GD}）：它们对于确定频率响应至关重要。

（3）寄生参数

与所有当前应用的器件一样，GaN 晶体管也伴随着寄生参数：

① 源极和漏极电阻：这些是由于接触电阻和材料电阻率造成的。

② 寄生电容：它们可能影响开关速度和频率响应。

（4）GaN 模型中的高级效应

① 陷阱效应：这些是由于 GaN 材料中的缺陷或杂质造成的，可能影响电流流动。

② 自热效应：GaN 器件在工作时可能产生热量，从而影响其性能。

5.4 外延与掺杂

半导体产业已历经深刻变革，尤其是 GaN 在不同衬底上的集成应用。此变革的主要推动力在于 GaN 为光子学和射频电子设备所提供的卓越性能。然而，由于自支撑 GaN 衬底开发较晚，业界转而采用在其他异质衬底上进行 GaN 外延生长的方法。其中，蓝宝石、SiC，尤其是 Si，受到了广泛关注。

Si 衬底因其经济性而促使研究人员克服将 GaN 与其集成的固有挑战。值得注意的是，(111)Si 与 (0001)GaN 之间 17% 的晶格失配以及热膨胀系数的显著差异，给集成带来了很大困难。那么，为何这些失配会成为问题呢？本质上，这些差异可能导致缺陷、应变和开裂，从而影响器件的性能和可靠性。

为解决这些问题，业界主要依赖于缓冲层。这些层作为中介，有助于缓解失配并最大限度地减少缺陷。目前，已出现两种突出的方法：

① 超晶格法：在此方法中，界面处使用一系列交替的薄氮化铝（AlN）和氮化铝镓（AlGaN）层。此超晶格结构不仅可容纳应变，还有助于保持 GaN 层所需的性能。

② 渐变 $Al_xGa_{1-x}N$ 层：此渐变层中，富铝区域靠近 Si 衬底，而富镓区域则靠近 GaN 顶层，从而在两种材料之间提供了更平滑的过渡。

为进一步提高缓冲层的效率并抑制不必要的电流泄漏，引入了如铁或碳等深能级杂质。尽管它们能达到预期目的，但越来越明显的是，解决缓冲层问题的根源是更为有效的策略，而非仅将碳掺杂作为权宜之计。

在 Si 上外延生长 GaN 的一个有趣方面是应力和应变的控制。由于热膨胀系数的差异，GaN 外延层在拉应力下生长。这是一种策略性举措，可确保当该层冷却至室温时，其转变为压应变。这降低了晶圆翘曲或薄膜开裂的风险。随着晶圆直径的增加，这种平衡策略变得愈发复杂。然而，目前已成功在直径达 200mm 的大型（111）Si 晶圆上生长出 AlGaN/GaN 层。

在掺杂领域，Si 和 Mg 作为 GaN 中的主要浅施主和浅受主占据主导地位。虽然原位掺杂较为普遍，但离子注入也带来了一系列挑战，尤其是对于受主而言。这主要是由于离子注入产生的缺陷会抵消被激活的受主原子。近期的技术，如脉动退火（Pulsating Annealing），旨在提高激活率，但仍有很长的路要走。

5.5 远程外延技术在 GaN 与 SiC 薄膜领域的潜力

外延技术是现代固态电子与光子器件发展的关键所在，涉及在定向晶圆上生长单晶薄膜。该技术可分为同质（相同材料）与异质（不同材料）两种，对于晶格高度失配的材料而言，尤为具有挑战性。为减少异质外延中的缺陷，已研发出包括缓冲层与横向过生长在内的多种技术。然而，对于晶格失配较大的材料，要实现高质量晶体层的生长仍然困难，且成本高昂。

独立半导体薄膜的发展为增强不同材料的集成提供了激动人心的机遇，从而得以实现高性能电子、光电子及功率器件芯片的微型化与优化。独立单晶薄膜是功能电子器件的基本构建元件。尤其是，如Ⅲ-N族与Ⅲ-V族等复杂半导体薄膜，在光电子、高功率电子及高速计算领域展现出广阔前景。

GaN 与 SiC 这两种宽禁带半导体，因其卓越的热稳定性与适用于高功率应用的特性而脱颖而出。这些宽禁带半导体具备诸多优势，包括低导通电阻、高载流子迁移率、高击穿电压及低泄漏电流。基于 SiC 与 GaN 的功率器件性能超越传统 Si 器件，显著降低了变流器中的功率损耗。

然而，在独立 GaN 与 SiC 薄膜的生产过程中，仍面临低良率、复杂制造工艺及缺乏锭生长技术等挑战。远程外延技术或许能成为解决方案，该技术可用于制造这些独立薄膜，包括由 GaN 与 SiC 功率半导体所制成的薄膜。

采用远程外延技术制造 GaN 与 SiC 薄膜具有多重优势，包括通过晶圆再利用降低成本，以及生产高质量外延层的同时保持外延层品质。此外，将薄膜生产技术与大规模先进转移及键合工艺相结合，符合单片三维（M3D）及 2.5D 异质集成的新兴趋势。这些进步有望为先进功率与射频电子领域开辟新天地。

GaN 已成为第三代半导体技术的核心材料，尤其在功率与射频器件应用中占据重要地位。然而，其生产与应用仍面临诸多挑战。

① 品质与热阻：具有所需高品质和高热阻的 GaN 晶圆仍难以生产。GaN 外延层与 Si、蓝宝石或 SiC 等衬底之间晶格常数失配与热膨胀系数失配，往往导致外延层中出现位错与开裂。

② 热管理：GaN 器件会产生大量热量，需要有效的热管理。通常用高导热性衬底作为散热器，如 SiC 或金刚石，但晶格与热膨胀的失配使得异质外延变得困难。

③ 衬底再利用：为降低成本并改善器件热性能，研究人员有意将 GaN 外延层从衬底上剥离，以进行潜在的再利用。但现有剥离方法速度缓慢，且可能导致表面粗糙化与开裂。

④ 碳化硅基氮化镓（GaN-on-SiC）：GaN-on-SiC 是高质量 GaN 器件的解决方案，但 SiC 衬底成本高昂，且在 GaN 外延层生长后不再需要 SiC。

远程外延与二维材料辅助层转移（2D Material-assisted Layer Transfer，2DLT）等创新技术，通过实现独立 GaN 与 SiC 薄膜的生产、促进异质集成并拓展新兴应用的可能性（包括功率/射频电子及 M3D/2.5D 异质集成），提供了前景广阔的解决方案。

（1）传统外延生长技术

异质外延，即在不同物质的衬底上生长外延薄膜，由于薄膜中存在应变，是一个复杂的过程。应变源于薄膜与衬底之间晶格常数和热膨胀系数的差异，可能导致位错的形成。然而，已开发出如下多种技术以实现高质量异质外延层。

① 弹性应变赝晶异质结构：此类结构在形成位错前能承受一定厚度（临界厚度）的应变。晶格匹配对于实现无位错外延至关重要。

② 晶畴匹配外延（Domain Matching Epitaxy，DME）：DME 通过界面处晶畴的匹配，使晶格失配较大的材料能够实现高质量外延生长。此技术已成功用于集成具有显著失配的材料。

③ 缓冲层：在衬底与器件层之间引入缓冲层，有助于将位错限制在缓冲层内。采用低温生长的缓冲层和晶格工程缓冲层，如超晶格和渐变组分层，以降低位错密度并提高材料质量。

④ 渐变缓冲层：这种缓冲层通过逐渐改变组分，最大限度地减少新位错的形成，同时最大化位错滑移速度，从而在多种材料体系中提高材料质量。

⑤ 外延横向过生长（Epitaxial Lateral Overgrowth，ELOG）：ELOG 涉及在衬底

上使用图案化掩模,以创建目标材料横向生长的无位错区域。此技术已用于在 Si 衬底上集成Ⅲ-Ⅴ族材料,并显示出与互补金属氧化物半导体(CMOS)工艺的潜在兼容性。

上述技术使得高质量异质外延层的生长成为可能,从而使具有不同性质的各种材料得以集成和应用于先进器件。

(2) 新兴外延生长技术

在追求提升异质外延薄膜质量与可制造性的征途中,新颖的外延技术正开辟着新领域。其中,两种独特的技术路径脱颖而出:二维材料辅助外延(2D Material-assisted Epitaxy),代表是范德瓦耳斯外延(van der Waals Epitaxy, vdWE)和远程外延(Remote Epitaxy);几何定义外延(Geometrically Defined Epitaxy),涵盖了悬空外延(Pendeo-epitaxy)与纵横比捕获(Aspect Ratio Trapping, ART)等方法。

这些技术缓解了位错问题与晶格失配,为高品质单晶薄膜的制备铺平了道路。尽管几何定义外延方法涉及复杂的衬底图案化工艺,但其提高生产效率与成本效益的潜力已初露端倪。此等创新之举对半导体产业而言前景广阔,既促进了多样材料的集成,又助推了尖端器件的研发。

① 二维材料辅助外延:此类方法利用二维材料作为衬底,在位错产生前助力外延薄膜的弛豫。范德瓦耳斯外延便是其中的佼佼者,它允许晶格失配显著的材料得以生长。远程外延亦已开发成熟,尤其适用于复合材料,以超薄石墨烯层作为透明介质促进外延生长。

② 几何定义外延:此系列技术旨在通过策略性地图案化衬底,或在生长过程中使用掩模来降低位错密度。悬空外延通过在种子"柱"上选择性生长来最小化位错,而纵横比捕获则利用 V 形沟槽与掩模来限制缺陷,主要应用于 Si 上的Ⅲ-Ⅴ族材料。模板辅助选择性外延(Template-assist Selective Epitaxy, TASE)是另一种方法,利用氧化物模板在 Si 上定制外延材料的形状。

虽然几何定义外延方法可以提高材料质量,但需耗时且昂贵的衬底图案化工艺。然而,随着 Si 上不同材料异质集成需求的增长,这些方法或将得到进一步发展,从而提升生产效率与成本效益。

(3) 通过外延剥离与层转移实现异质集成

外延剥离技术为制造轻薄、灵活、三维集成的结构提供了途径,具有显著优势。这类技术促进了不同材料的集成与宿主衬底的再利用,降低了制造成本。目前已开发出包括化学剥离、激光剥离、机械剥落及二维材料辅助层转移(2DLT)等多种方法,每种方法各有其优势与局限。化学剥离在光伏产业中广泛应用,但可能会比较耗时。激光剥离速度虽快,却易使衬底表面粗糙。机械剥落法虽粗犷,但在特定应用中颇为适用。2DLT 技术虽前景可期,但尚需进一步研发方能实现工业化规模应用。实现真正的晶圆级转移性,是这些技术面临的关键挑战。

(4) 独立薄膜

传统上,独立薄膜的制造历来采用多种技术,如利用化学溶液刻蚀牺牲层、激光分解界面以及利用应力使薄膜从衬底剥落。例如,2020 年,MicroLink Devices 公司取得了一项重大突破，成功开发出基于砷化镓（GaAs）的化学剥离太阳能电池，其覆盖面积达 $74.4cm^2$，AM0 效率高达 28.4%，比功率达 2000W/kg。此外，可控（机械）剥落技术亦已取得进展，为 4 英寸晶圆建立了晶圆级生产规范。

然而，传统剥离技术因在制造过程中可能对薄膜、界面及衬底造成化学、光学或机械损伤，而被视为破坏性技术。因此，人们对远程外延等替代方法的商业化兴趣日益浓厚。远程外延为生产各种独立薄膜提供了一个非破坏性的外延平台，涵盖 GaAs、LiF、InP、InGaP、GaP、InAs、Si/Ge、复合氧化物及 GaN 等材料。这种创新方法代表了薄膜制造领域的一个有前景的方向，能够生产出高质量的独立材料，而无需承受传统剥离技术的弊端。

为克服晶格失配，并实现适用于化合物半导体与 Si 之间异质集成的 Si 后端（Back-end-of-line，BEOL）与前端（Front-end-of-line，FEOL）技术，独立薄膜的制造至关重要。将 Si 电路与改进后的功率、光电及射频器件相结合，可实现紧凑的连接，充分利用芯片缩小与功能最大化的优势。此外，通过将转移键合技术与远程外延相结合，可在导热衬底上制造宽禁带半导体，以实现高效的热管理。

（5）远程外延

远程外延法利用由二维范德瓦耳斯材料构成的透明中间层，实现外延生长，并几乎无损伤地在二维层界面处释放外延层。范德瓦耳斯外延可最大限度地减少衬底上所生长晶体材料的晶格失配。石墨烯的低范德瓦耳斯势虽不能完全掠取许多衬底的高势，但仍允许在许多衬底上进行外延生长。二维材料可直接生长于衬底上，或通过湿法或干法转移。与直接生长法相比，转移过程可能导致化学/界面污染、皱褶及孔洞的产生。

一种名为二维材料辅助层转移（2DLT）的方法，可用于将远程外延生长的表层从衬底上分离。在此过程中，采用热释放胶带（Thermal Release Tape，TRT）作为剥离源，该材料在高温（如 100℃）下迅速失去黏附力。在施加 TRT 之前，需先在表层上沉积金属应力层（如钛/镍），以调节表层与 TRT 之间的应变差异。剥离后，将独立堆叠（表层/钛/镍/TRT）进行烘烤以去除 TRT，随后使用相应的刻蚀剂即可轻松去除残留的钛/镍应力层。

远程外延技术的生长质量取决于原始衬底的质量，包括 4H-SiC、石墨烯、类石墨烯（pGr）及非晶态氮化硼（a-BN）等材料，以及间歇二维材料层的厚度。外延石墨烯是通过外部 4H-SiC 晶圆的石墨化及层分辨转移（Layer-resolved Transfer，LRT）工艺制得。随后，将此独立石墨烯干法转移至外部衬底上，以进行远程外延过程。

此外，在 SiC 石墨化过程中，外延石墨烯下方会形成 sp^3 键合的类石墨烯，作为低位错密度的远程外延（pGr/SiC）平台，适用于 GaN 等材料的生长。再者，二维非晶态氮化硼（a-BN）亦可用于远程外延过程，可通过分子束外延（Molecular Beam Epitaxy，MBE）及金属有机物化学气相沉积（MOCVD）方法生长。

工业界已对 SiC 的远程外延进行了探索，重点在于减少单晶 SiC 中的外延层线位错（Threading Screw Dislocations，TSD）。高密度的 TSD 会降低 SiC 器件的击穿电压，并损害 MOSFET 中栅氧化膜的可靠性。为解决此问题，采用基于伯顿-卡布雷拉-弗兰克

(Burton-Cabrera-Frank，BCF）模型的台阶流生长法，将 TSD 转化为基面上的不同缺陷。然而，市场上可用的单晶 SiC 晶圆仍具有每平方厘米数千至一万的位错密度，为实现有效的工业化，仍需进一步降低。

业界正致力于开发 SiC 的远程外延技术，旨在通过使用石墨烯，使异质界面处的失配应变自发松弛，从而降低位错密度。此方法有望提高 SiC 材料在各种电子应用中的质量与可靠性。

（6）远程外延的关键特性

GaN 功率器件的性能一直受到散热问题的制约，主要归因于 GaN 的低热导率。GaN 功率器件在工作时会产生大量热量，导致热点形成，当温度超过 250℃时，其性能会下降，这还会缩短 GaN 晶体管的平均无故障时间（Mean Time to Failure，MTTF）。

一种颇具前景的解决方案是二维侧向传输（Two-dimensional Lateral Transport）工艺。该工艺能够生产出可独立存在的外延 GaN，并可将其集成到高热导率的散热器中，如多晶金刚石、SiC 和氮化铝（AlN）。这种与散热器的集成在电力电子行业中具有显著优势，能够实现高效的热管理及简化大功率运行时的封装。

值得注意的是，与 GaN-on-SiC 系统相比，金刚石基氮化镓技术可使面积功率提高 3.5 倍。此外，与 GaN-on-Si 技术相比，金刚石基氮化镓射频功率放大器的温升降低了 50%，从而使功率附加效率（Power Added Efficiency，PAE）提高 10%~20%。使用远程外延与 2DLT 工艺可消除对厚缓冲层的需求，而这在传统 Si 上异质外延中通常是必需的，因为 Si 具有较低热导率。这进一步提升了整个器件结构的热管理性能，同时防止了电荷陷阱和电流崩塌问题。

膜基技术的工业化进展，尤其是通过远程外延技术的实施，为实现半导体行业内的关键目标带来了巨大希望。此类方法通过消除对厚缓冲层的需求，减少了原材料的使用，并缩短了生长时间，从而简化了工艺。此外，它促进了原始衬底的回收，减少了对高温高压生长方法的依赖。鉴于降低成本仍是采用宽禁带半导体器件面临的关键挑战，远程外延与 2DLT 技术的结合实现了独立膜的非破坏性分离，从而大幅降低了生产成本。在可扩展性方面，该技术能够在现有大规模衬底上生长 GaN 和 SiC 晶圆，显著提高了晶圆的均匀性和尺寸。这种可扩展性不仅提升了器件性能，还通过规模经济降低了制造成本，标志着先进半导体材料工业化进程中迈出的一大步。

（7）应用实例

在 LED 技术的近期进展中，通过远程外延与 2DLT 技术的结合实现了在晶圆尺度上生产出极薄的亚微米级外延膜。这些膜为减小微发光二极管（μLED）技术中的像素尺寸提供了一种颇具前景的方法。与传统涉及机械拾取与放置过程的方法不同，这些独立的外延膜以薄膜形式垂直堆叠，从而能够创建出间距仅为 $4\mu m$ 的像素阵列。

此外，这些独立膜可与基于面侧对准（Face-side Alignment，FSA）的转移与键合（Transfer and Bond，T&B）技术相结合。例如，三星公司最近展示了在晶圆尺度上以极高精度进行 μLED 芯片面侧对准的技术，实现了令人惊叹的 259200 个 μLED 芯片的单面不可逆对准,且准确率达到100%。

此项创新技术,凭借 GaN 膜的运用,为增强现实(AR)与虚拟现实(VR)领域的应用开辟了激动人心的全新可能,这得益于其能提供当前最高的像素密度。通过堆叠红、绿、蓝三色微发光二极管(μLED),该技术得以打造出图像质量与分辨率均卓越的高级显示系统。

热硅通孔(TTSV)技术使得多个基于 Si 的功能膜得以紧凑地垂直堆叠,从而显著减小了系统的占用面积与功耗。然而,集成来自不同材料体系的能力一直是一项挑战,且外部互连对电力传输与数据传输效率产生了不利影响。为解决这些问题,新兴的 M3D/2.5D 结构提供了潜在的解决方案。这些结构采用无焊料的铜-铜(Cu-to-Cu)互连,实现了可堆叠、独立存在的基于 GaN 膜的功率电路与硅 CMOS 电路的集成。此方法提供了微型化的键合占用面积,非常适合于 M3D 异质集成。

薄膜体声波谐振器(Film Bulk Acoustic Resonator,FBAR)技术利用独立压电薄膜产生声学谐振,并作为特定频段电信号中的射频滤波器发挥作用。尽管基于 AlN 材料,如铝钪氮化物(AlScN),因其压电性能而常用于 FBAR 中,但溅射沉积的 AlN 膜存在电机械耦合较弱的问题,限制了其在 2.6 GHz 以下频率的应用。为克服这一限制,已采用外延生长的单晶 AlN 薄膜,展示了在 2.6~10 GHz 频率范围内运行的能力。此外,将 AlN 与钪合金化显著增强了其压电响应。然而,独立存在的单晶压电层的生产仍复杂且昂贵,通常涉及基于微机电系统(MEMS)的工艺。作为另一种选择,基于远程外延的独立膜技术可应用于高达 26 GHz 的 5G 频段。

远程外延技术为工业化生产 n 型 GaN 提供了一种替代方法,n 型 GaN 在高功率与高频应用中以其卓越的电气性能而闻名。n 型 GaN HEMT 具有高击穿电压与低导通电阻。然而,n 型 GaN 的生长技术涉及使用具有特定性质的衬底的专业方法,限制了其生长质量与大规模生产。近期的进展,如 4 英寸 n 型 GaN HEMT 晶圆的商业化,已展现出喜人的成果。此外,还有努力尝试将外延生长的 Ga 极性 GaN 膜的背面用作 n 型 GaN 的生长模板,这可能实现高性能 HEMT 的生产。

(8)展望

在远程外延膜技术得以商业化之前,尚有诸多难题亟待解决,包括可扩展性、转移键合、应力管理以及自动化等问题。采用远程外延技术时,诸如 GaN 等材料生长于覆盖有类石墨烯的 SiC 衬底之上,此过程中在合并时会产生大量拉伸应变,从而加剧弯曲效应。必须对应力进行精准控制以实现在 2D/SiC 衬底上生产出商用高质量 GaN。同时,还需为 2D 层转移过程构建一条具备精确力控制的大规模自动化生产线。为提高远程外延的产量与质量,中间 2D 材料的品质与单片生长亦至关重要。

5.6　GaN HEMT 的制造

HEMT 的制造流程主要包括:台面隔离、欧姆接触形成、栅极形成、焊盘与互连金属化，以及表面钝化。在需要降低栅极泄漏电流的情况下，需在栅极金属沉积前增加一步栅极介质沉积，从而形成金属-绝缘体-半导体高电子迁移率晶体管（MIS-HEMT）或金属-氧化物-半导体高电子迁移率晶体管（MOS-HEMT）结构。此外，为提高击穿电压并抵消表面陷阱效应，通常还会引入场板。图 5.1 详细展示了 GaN HEMT 的制造流程。

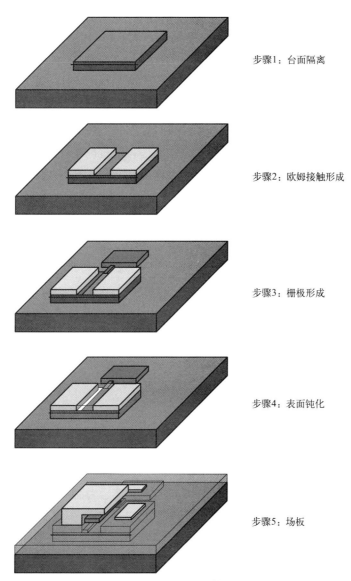

步骤1：台面隔离

步骤2：欧姆接触形成

步骤3：栅极形成

步骤4：表面钝化

步骤5：场板

图 5.1　GaN HEMT 制造流程

为确保电子设备的平稳运行，必须避免设备、互连与焊盘之间的短路。这可通过两种主要方法实现：台面刻蚀与离子注入。

① 台面刻蚀。台面刻蚀因其简洁性与成本效益而备受青睐，可采用以下方法进行。

a. 湿法刻蚀：涉及使用化学物质。半导体材料 GaN 通常对标准化学物质如盐酸（HCl）、硫酸（H_2SO_4）、硝酸（HNO_3）及氢氟酸（HF）具有抗蚀性。然而，刻蚀速率可能因 GaN 材料的质量而异。材料中的缺陷可能会使其对某些化学物质［如氢氧化钾（KOH）］变得敏感。即便使用相同化学物质，刻蚀速率的差异也往往与 GaN 材料的质量，尤其是缺陷密度紧密相关。

b. 干法刻蚀：利用等离子体进行。此方法具有垂直刻蚀轮廓、大面积均匀性及高重复性等优点。由于 GaN 的惰性及其高键能，完善干法刻蚀技术可能颇为复杂。在使用反应离子刻蚀系统（Reactive Ion Etcher，RIE）时，控制等离子体能量与化学性质以最小化损伤至关重要。在此系统中，通常在 13.56MHz 下于反应气体中的两个平行电极间施加射频功率，从而产生数百电子伏特的离子能量。

② 离子注入。离子注入为实现器件隔离提供了另一种手段。其特别有益之处在于它是一种平面工艺，可使后续工艺更为简便。例如，通过离子注入实现的平面隔离可规避台面隔离中导电沟道与肖特基栅极之间侧壁泄漏的问题。此外，采用离子注入隔离的器件具有更高的可靠性，能更好地承受高电压或电流，从而降低过早击穿的风险。此平面工艺的另一优势在于它可提高器件的良率，尤其是在较大晶圆上。

（1）欧姆接触

GaN HEMT 在电力电子领域独占鳌头，但其性能却深受欧姆接触质量的影响。金属的选择及其厚度对于确保低接触电阻和表面平滑度至关重要。

（2）金属方案及其对接触电阻的影响

① Ti/Al/X/Au 多层方案：该多层金属方案通常包含钛（Ti）、铝（Al）、X 及金（Au），其中 X 可能为钛、镍（Ni）、铂（Pt）及钼（Mo）等元素，是普遍采用的选择。其中，Ti/Al/Ni/Au 方案最受欢迎。

② Al/Ti 比例的关键作用：研究表明，Al/Ti 比例对最终接触电阻有着至关重要的影响。具体而言，当 Al/Ti 比例约为 6 时，接触电阻达到最低值，尤其是在氮气（N_2）环境下以 900℃ 退火时。

③ 镍与金的作用：尽管镍与金均对接触电阻有影响，但镍的作用相较于顶层的金更为关键。例如，较厚的镍层通常导致较低的接触电阻。然而，金的厚度对退火后的表面质量具有显著影响；金层越厚，金属表面变得越粗糙。

（3）含金技术的挑战

尽管采用含金技术的标准 GaN 器件取得了成功，但含金工艺与基于 Si 的 CMOS 代工厂并不兼容。这是由于金在 Si 中形成深陷阱能级，阈值电压不稳定。为经济高效地生产 GaN HEMT 并利用成熟的硅工艺技术，需要采用与 CMOS 兼容的制造工艺。

（4）无金技术

在不使用金的情况下实现高质量的欧姆接触一直是一项挑战。然而，一些努力已展现出希望。

① 替代金属方案：用铂、钨（W）等金属替代金，或将 Ni/Au 替换为 Ni、W、氮化钛（TiN）、钽（Ta）等，已取得不错的成果。例如，采用优化后的 Ti/Al/Ni/Pt 金属化方案，已实现约 $0.5\Omega \cdot mm$ 的接触电阻。

② 欧姆凹槽：在金属化前进行凹槽处理可降低接触电阻，但此方法可能增加工艺复杂性。

③ 离子注入：在欧姆金属下方的 AlGaN/GaN 材料中注入离子已实现低接触电阻，但此过程可能降低器件性能。

④ 超薄 AlGaN 势垒：采用具有超薄 AlGaN 势垒的 HEMT 结构有一定可能性，但需要额外层以防止二维电子气耗尽。

⑤ n^+-GaN 封顶结构：这种结构已展现出超低接触电阻，但面临与刻蚀和栅极泄漏相关的挑战。

⑥ 再生长技术：通过在欧姆接触区域再生长 n^+-GaN，可获得良好的欧姆接触。然而，其成本可能高昂得令人望而却步。

（5）栅极制造与表面钝化

GaN HEMT 已成为大功率和高频电子设备领域的核心技术。在 GaN HEMT 的栅极接触结构中，主要有两种选择：肖特基接触和金属-绝缘体-半导体（MIS）结构。

在肖特基接触中，栅极金属与氮化物直接接触，形成肖特基势垒。此类接触的有效性主要取决于栅极金属的选择。具有高肖特基势垒高度和良好热稳定性的金属对于确保低栅极泄漏电流至关重要。所选栅极金属的功函数将影响栅极与氮化物半导体之间的肖特基势垒高度。

多年来，人们为此尝试了几种金属，包括镍（Ni）、钛（Ti）、铂（Pt）、钯（Pd）、铱（Ir）和铼（Re）。其中，Ni/Au 组合在 GaN HEMT 中作为肖特基栅极金属方案最为流行。Ni 因其高功函数、与半导体表面的良好黏附性以及出色的热稳定性而常被选用。

然而，GaN HEMT 中肖特基金属栅面临的一个重大挑战是高栅极泄漏电流。此泄漏限制了可施加于栅极的最大正电压，进而限制了最大漏极电流和器件输出功率。

为应对肖特基接触高栅极泄漏电流的问题，业界已开发出类似 Si MOSFET 的 MIS-HEMT。在此配置中，栅极金属与氮化物外延层之间插入了一层薄介电层。该层显著降低了泄漏电流，提高了器件关断状态的击穿电压。

在场效应晶体管（FET）领域，表面态可能相当棘手。它们主要由极化诱导电荷产生，若未妥善处理，这些表面态会显著恶化栅极泄漏电流并导致电流崩塌。然而，最近的进展已发现了一种潜在解决方案。通过引入绝缘层，可以钝化这些表面态，从而提升器件的整体性能。

FET 设计的另一个关键方面涉及晶体管中电场的分布，尤其是在漏极承受高压时。通常，此电场并非沿沟道均匀分布。相反，其峰值在靠近漏极的栅极边缘最为突出。这种不均匀分布可能导致器件过早击穿，特别是当栅极边缘的电场在沟道完全穿通之前超过 GaN 材料的临界阈值时。

然而，在栅极顶部引入场板可以提供一种补救措施。加入此结构后，在高漏极偏置下会形成两个明显的电场峰值，一个位于靠近漏极的栅极边缘，另一个则位于靠近漏极的场板边缘。这种双峰设置确保了场效应晶体管（FET）中电场分布更加均衡。其结果就是击穿电压显著提升，从而增强了器件的可靠性和性能。

5.7 拓扑结构

耗尽型（D-mode）和增强型（E-mode）构成了 HEMT 器件的两大类别。近来，针对更高电压（>900V）应用的垂直型 GaN（V-GaN）器件引起了人们的关注。图 5.2 为这三种分类的示意图，接下来我们将对其进行更详细的讨论。

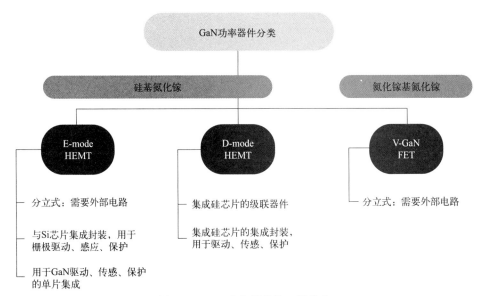

图 5.2 GaN 功率器件的三类代表

耗尽型 GaN 晶体管包含三个主要电极：栅极、源极和漏极。在其结构中，源极和漏极电极均穿透顶部 AlGaN 层，与下方的 2DEG 形成欧姆接触。如果不进行干预，这种结构将在源极和漏极之间造成短路。然而，为阻止电流流动，需耗尽 2DEG 中的电子"池"。这通过在 AlGaN 层上方放置栅极电极来实现。通过对栅极施加相对于漏极和源极电极的负电压，2DEG 中的电子被移除，从而耗尽电子池并抑制电流流动。

（1）D-mode HEMT

功率 GaN HEMT 通常制造在 Si 衬底上。由于这些横向器件在产生 2DEG 的 AlGaN/GaN 界面处传导电流，因此可在 Si 衬底上沉积一层相对较薄的 GaN 层，并在两者之间放置缓冲层。这缓解了两种材料之间的晶格失配。大多数生产使用150mm晶圆，然而，一些公司如英诺赛科（Innoscience）则采用200mm衬底进行制造。耗尽模式或D-mode器件允许在无栅极偏置下形成自然的2DEG沟道，因此通常处于开通状态。这些器件的典型负阈值电压（V_{th}）为$-5 \sim -20$V。图5.3展示了此器件的简化截面图。

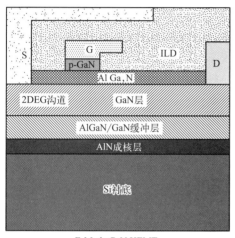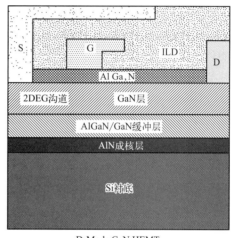

图5.3 简化的E-mode和D-mode HEMT横截面（来源：GaN Power International）

在大多数功率应用中，从系统实施的角度来看，常开型器件是极不受欢迎的。因此，如图5.4所示，D-mode HEMT通常与级联的低压（Low Voltage，LV）Si MOSFET或直接驱动方法相结合。现在，让我们更详细地介绍这些选项。

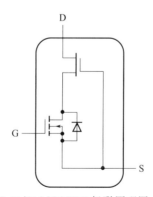

图5.4 D-mode GaN/Si MOSFET级联原理图（来源：Nexperia）

（2）级联 D-mode/Si MOSFET

制造级联器件的两个典型公司是Transphorm和Nexperia，图5.4展示了级联电路的示意图。

此方法的最大优势在于栅极驱动。因为 Si MOSFET 的驱动阈值电压在 3～4V，且栅氧化层通常具有±20V 的典型额定电压。因此驱动具有宽泛的工作窗口，使得级联电路具有稳健的安全裕量和良好的噪声免疫力。此外，级联电路在第三象限操作中具有优势，因为 Si MOSFET 体二极管可以续流以及具有较低的 $R_{DS(on)}$ 温度系数，这在高温应用中是有利的。与典型的 E-mode 器件相比，级联电路中的栅极泄漏电流（I_{GSS}）可降低达两个数量级。由于具有较高的栅极裕量，因此可提供热效率更高的 TO-247 类型封装的产品，比如符合汽车 AEC-Q101 标准的器件可供选择。级联方法的一些缺点可能包括更高的栅极和输出电容、Si MOSFET 体二极管的反向恢复损耗、在高转换速率开关条件下 Si MOSFET 的潜在可靠性问题、较差的控制变换率，以及在电压低于 200V 时因 Si 器件 $R_{DS(on)}$ 的较大百分比贡献而导致的较低效率。同时与 E-mode 器件相比，开关损耗可能更高。

（3）直接驱动

德州仪器（Texas Instruments，TI）与 VisIC Technologies 公司均生产集成栅极驱动的 D-mode GaN 产品。这种直接驱动模式能克服上述级联电路的部分缺陷。图 5.5 展示了 TI 的 LMG3422R030 直接驱动 GaN 产品的功能框图，该产品采用与 GaN

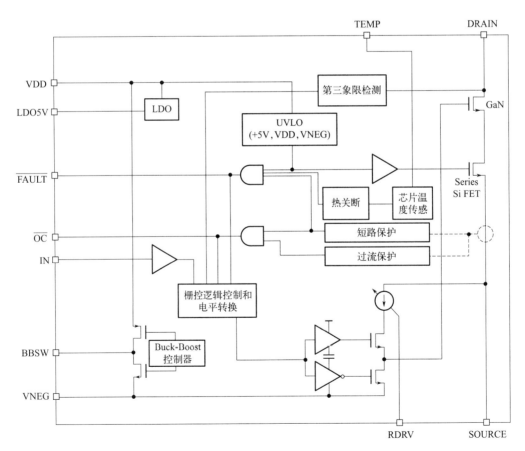

图 5.5　TI 公司 LMG3422R030 GaN 直接驱动产品的功能框图

HEMT 共封装的 Si 控制芯片。智能栅极控制可避免 Si MOSFET 的反向恢复，低电感驱动器/HEMT 封装集成，以及集成保护电路和转换速率控制，从而实现更高的闭环性能。

D-mode 级联或直接驱动产品目前瞄准 200～800V 的工业和汽车应用领域，如电信服务器电源、太阳能和电池供电逆变器、工业自动化，以及电动汽车的车载充电。在诸多此类应用中，尤其是在高电压/功率领域，它们还面临来自 SiC 器件的竞争。

（4）E-mode HEMT

E-mode HEMT 最商业化的构造是在栅极上使用 p 型 GaN（p-GaN）层，典型的阈值电压在 1～2V。HEMT 在开关应用中的固有优势得以保留，且开关损耗可降低。E-mode 器件的一个关键缺点是阈值电压低，这可能导致栅极对噪声和 dV/dt 瞬态的抗干扰能力差。出于可靠性考虑，栅极最大电压通常限制在 6～7V，且可能需要负电压来关断器件。为确保器件安全稳健运行，封装和栅极电阻（R_G）的选择变得至关重要。低栅极电感（L_G）和共源电感（L_{CS}）可确保过冲和振幅控制，防止器件误开通。可能需要主动米勒钳位以及源极的开尔文连接，以改善栅极电压控制。在硬开关应用中，死区时间损失也可能更显著，尤其是在负栅极电压条件下，由于缺乏续流二极管，源极-漏极（V_{SD}）反向电压更高。

多家公司提供 E-mode GaN 产品，如 Navitas、Efficient Power Conversion（EPC）、GaN Power International、GaN Systems、Infineon、Innoscience、Cambridge GaN Devices、Rohm、STMicroelectronics 和 Wise Integrations。鉴于上述栅极驱动的限制，许多公司选择了更加集成的方法。

（5）栅极驱动鲁棒性

Cambridge GaN Devices（CGD）公司制造出集成栅极驱动电平转换器的单片芯片，有效阈值电压提升至 3V，使其与现成栅极驱动器兼容。该集成设计包含用于高 dV/dt 操作的米勒钳位电路。集成的开尔文连接和源电流感应功能允许进行栅极监控和控制，无需额外的源电阻，从而使低侧 FET 源极焊盘可直接连接至接地平面，以改善散热效果。

GaN 器件正引领功率变换领域的创新，基于 GaN 的逆变器在电机驱动应用中的优势日益凸显。临界电场决定了器件的击穿电压；这两个特性与漂移区的宽度相关。在给定击穿电压下，电场越高，漂移区宽度越窄。GaN 技术的临界电场比硅的高出一个数量级，从而允许制造更小的器件。

除考虑击穿电压外，增强型 GaN 晶体管还具有 2DEG，其在 GaN 层与薄层 AlGaN 之间形成。2DEG 的高电子迁移率降低了器件的导通电阻，同时保持了小巧的尺寸。由于临界电场更高且 2DEG 的电子迁移率高，漂移区宽度更窄，从而可使用横向传导器件。横向器件相较于垂直型传导器件的一个优势是，可在同一基板上集成更多器件，如半桥电路。

除 FET 和半桥外，EPC 公司还推出了功率集成电路（IC），这种器件能够管理功率转换而无需外部栅极驱动,并具备逻辑功能。使用这些逻辑输入和功率输出器件可简化功率转换电路设计,并提高功率密度,因为所需外部组件更少。

GaN 可显著提升半导体的特性和设计水平。它的高电子迁移率意味着与其他材料相比,可在更高频率下支持更高增益和更高效率。此外,其高激活能提供了卓越的热性能和更高的击穿电压。晶体管必须能够承受各种热量、能量和环境条件。一旦失效,可能会导致整个系统崩溃。

这些优势造就了更出色的半导体和器件,为可靠性和效率带来了提升。一些实际案例有助于展示其真正潜力。由于 GaN 晶体管能够可靠地承受更宽范围的温度,因此适用于恶劣环境和全天候技术。电信领域,放大器中也在使用它们,其原因是它们允许更宽的信号带宽,从而可打造出更强大、功能更全面的通信设备。这些放大器还更加节能,可在不牺牲效率的情况下降低运营成本。

GaN 的优势有哪些?

① 更小巧的外形尺寸。相较于同类器件,GaN 晶体管拥有更高的功率密度、更好的耐高温特性和更高的击穿电压。尤为重要的是,其功率需求大幅降低,因此能以更少的投入获得更多的产出。这使得设计和制造更小形制的器件成为可能,既能适应更小、更薄的技术需求,又不牺牲功率、可靠性或安全性。鉴于当今许多旗舰技术都在极力追求轻薄,这无疑是一大优势。

② 更轻便的技术。形制纤薄或小巧并不意味着重量轻,尤其是在小框架内集成众多功能时。然而,由于 GaN 晶体管能适应更高的开关频率,电路中使用的支撑电感和功率电容也无需过于庞大。且不说使用更小硬件带来的成本效益,它还显著降低了最终产品的重量和体积。这不仅催生了更纤薄、更小巧的技术,还带来了更轻便、性能更高、效率更优的技术。

③ 更低的系统成本。尽管 GaN 晶体管及 GaN 材料的成本通常高于其他材料和导体类型,但许多厂家在采用这些材料时仍能实现更低的系统成本。通过减小设备中其他组件的尺寸和成本,并采用诸如无源感性元件等替代方法,可以节省成本。重要的是要指出,由于 GaN 晶体管具有更高的功率密度、更小的体积以及其他特性,因此才使得许多这种替代方案成为可能。

④ 更优质的产品。无需全面列举 GaN 晶体管的所有有益特性,我们再次强调,它们有助于打造更出色的半导体和器件。这自然能催生出更优质的产品,从支持更宽信号频带的通信设备,到能承受极端温度和环境的技术,无一不受益。

⑤ 即使是消费级器件,也能从更强的可靠性中受益,并获得更长的使用寿命和更卓越的性能。难怪 GaN 晶体管是 5G 技术和网络的首选半导体。

⑥ 降低能耗成本。GaN 晶体管凭借其更高的效率和更强的能力,降低了所应用技术的能耗和运营成本。同时,在更小的整体尺寸下,它能产生更大的功率,且故障率大幅降低。

⑦ 增强无线电能传输。更高的开关频率还实现了更高功率的无线电能传输或电磁

电能传输。设备在充电或传输时彼此可以相距更远,提供了更好的空间自由度。此外,传输信号更强,对空气间隙的接收效果更佳。由此产生的技术仅仅由于功能增强而受益。想象一下,支持无线充电的设备速度更快、更可靠、更实用,即使在距离集线器或系统更远的地方也是如此。

(6) GaN 与增强型 GaN 结构

使用 GaN 技术制造的晶体管基本结构具有三个端子:源极、栅极和漏极(这也是场效应晶体管的典型特征)。源极和漏极穿过 AlGaN 顶层以形成欧姆接触,由此在源极和漏极之间产生的短路沟道在 2DEG 层释放的电子耗尽之前保持活跃,随后 GaN 的半绝缘层介入,阻断电流流动。

为实现这一工作机制,栅极电极必须置于 AlGaN 之上。在大多数 GaN 晶体管中,栅极电极是通过直接置于层表面的肖特基接触制成的。通过对该电极施加负电压,肖特基势垒变为反向偏置,有利于底层电子的移动。因此,要使器件关断,必须对漏极和源极电极均施加负电压。上述基本结构也称为 D-mode,它提供了良好的性能以及相对简单的制造工艺。

D-mode 器件的典型示例是 HFET,其主要缺点是通常处于开通状态,这在启动阶段对设计者构成潜在问题。然而,D-mode 具有与传统低压 Si MOSFET 相同的栅极特性这一重要优势,允许使用市场上已有的 MOSFET 栅极驱动。在高功率应用中,主要采用 E-mode,主要是因为它不受前述限制的影响。如果不对 E-mode GaN MOSFET 施加栅极电压,晶体管则保持关断状态,从而无电流传导。

E-mode 器件也具有漏极、源极和栅极端子这些场效应晶体管的典型特征。该器件从 Si 晶圆开始制造,在其上沉积 GaN 异质结,形成在栅极未施加电压时通常处于关断状态的器件。导电沟道是通过在高阻 GaN 层上沉积一层薄 AlGaN 而形成的。AlGaN 与 GaN 之间的界面产生应变压电效应,形成高迁移率的 2DEG,器件的上层由介电质和金属层保护构成。由此获得的结构允许 FET 通过在栅极电极上施加正电压而进入开启状态,这与使用 n 型沟道 Si 技术实现的 FET 中发生的情况相似。通过将多个具有如此所述结构的单元并联连接,即可获得单个 GaN 晶体管。

相较于 Si 晶体管,GaN HEMT 因具备以下特性而展现出更优的性能。

① Q_{OSS}:传统 Si 功率晶体管具有陡峭斜率的非线性输出电荷特性。相比之下,GaN 晶体管呈现出线性电荷特性,能够实现更高频率的操作和软开关电路。

② E_{OSS}:与 Si 晶体管相比,存储在 C_{OSS} 中的能量得到了改善,从而在高频开关时实现了更高的效率。

③ Q_{rr}:在 GaN 晶体管中,反向恢复电荷几乎可以忽略不计,因为沟道中不存在需要恢复的少数载流子。

④ Q_G:栅极电荷影响开关频率,而 GaN 晶体管的 Q_G 值约为 Si 晶体管的 1/7。

⑤ 功率损耗:GaN 晶体管相较于同等的 Si 晶体管,具有更低的传导损耗,从而提高了效率和功率密度。

(7) GaN 的限制

尽管具备诸多优势，但 GaN 在使用时也面临一些基于可靠性的限制。这些限制随着 GaN 制造工艺的进步有望得以消除。部分限制介绍如下。

① 动态电阻退化：在高开关频率下，GaN 由于高漏极电压和电流而处于半导通状态，这会影响电路性能，从而发生负电荷捕获。研究表明，这种退化是表面和缓冲层电荷捕获联合作用的结果。

② p-GaN HFET 阈值电压不稳定：这是 p-GaN HFET 中的一个严重问题。欧姆栅极的性质决定了阈值电压的不稳定性。

5.8 驱动特性

GaN 晶体管凭借其卓越的性能特性，迅速成为现代电子设备的关键组件。其快速开关能力、更高的功率密度和效率使其在多种应用中尤为引人注目。然而，这些优势也伴随着特定的考量，尤其是在驱动这些晶体管时。

所有 GaN 晶体管，无论是增强模式、直接驱动耗尽模式还是级联形式，都有一个关键参数：栅极与源极之间的最大和最小电压限制。这些电压决定了晶体管的安全操作范围。超出这些界限可能导致器件永久损坏，因此了解和遵守这些限制至关重要。

例如，级联 GaN 晶体管的电压限制可能为 ±18V，与 Si MOSFET 的特性相似。然而，对于 E-mode GaN 器件，不同制造商的规格各不相同。某家制造商可能将最大电压定为 +6V，最小电压为 -4V，而其他制造商可能限制为 +7V/-10V 或 +4.5V/-10V 等。因此，查阅数据表和制造商指南以确定这些值至关重要。

所面临的挑战不仅在于了解这些限制，还在于确保实际栅极驱动不会意外超出限制。由于 GaN 晶体管具有快速的开关能力，即使短暂的过冲也可能使栅极电压超出其限制。特别是对于 p-GaN 增强模式晶体管，虽然推荐的栅极驱动电压可能比绝对最大额定值低约 1V，但避免任何可能突破此最大值的波动至关重要。

为了更清晰地了解这一点，让我们深入探讨特定制造商提供的 E-mode GaN 器件的栅极驱动要求。尽管这些细节是该制造商特定的，但基本原理同样适用于其他制造商。

某个增强模式器件在栅极电压低至 4V 时仍能高效运行，而其导通电阻（$R_{DS(on)}$）不会显著退化。然而，为确保长期使用和最佳性能，建议将栅极电压保持在 5.25V 以下。这一缓冲确保了操作栅极电压与其最大允许限制之间有足够的安全裕量。

维持推荐的栅极电压范围的有效方法之一是通过对栅极驱动开启功率环进行近临界阻尼调节。此技术有助于减缓电压的快速波动和超调，从而确保 GaN 晶体管在其安全限制内运行。

一种引人注目的基于 GaN 器件是栅极注入晶体管（Gate Injection Transistor，GIT）。这种独特的晶体管设计在其增强型栅极中嵌入了一个二极管，使其有别于传统的 GaN 晶体管。

与传统晶体管主要依赖电压额定值进行栅极驱动不同，GIT 的驱动更多地受动态和稳态电流额定值的限制。这一区别主要归因于嵌入的栅极二极管。

在稳态运行时，GIT 仅需几毫安（mA）的电流即可保持此二极管正向偏置。当正向偏置时，器件保持导通状态。在此工作状态下，栅极电压被钳制在一个相对适中的范围，一般为 3~4V。

虽然稳态运行需求很小，但 GIT 开启和关闭的动态过程更为激烈。此转换需要更高的动态电流来有效改变器件的状态。切换器件所需的短暂电流脉冲在为 GIT 设计驱动电路时构成了独特的挑战。

为了满足 GIT 中动态和稳态栅极电流的特定要求，建议使用容性栅极驱动电路。这种电路能够有效地管理低稳态电流以及与动态操作相关的高电流尖峰。简而言之，容性栅极驱动电路充当储能器，在 GIT 处于稳态时储存电荷，并在 GIT 需要切换状态时以快速脉冲释放。这种分叉方法确保 GIT 在正确的时间获得适量的电流，从而最大化其性能和可靠性。

5.9 平面型 GaN 器件

GaN HEMT 的横向配置（平面型 GaN 器件）在各种工业应用中得到了广泛应用。此配置决定了电子流动的方向，即电子在器件内平行于材料表面流动。在横向 GaN 器件中，源极和漏极触点位于材料表面上，中间有一个作为有源区的沟道区。如果在同一表面上嵌入栅极电极，它将在调节通过沟道的电流方面发挥关键作用。

横向配置得以广泛应用的原因之一部分归功于其有利的极化特性。此配置利用了高密度 2DEG 的优势，从而实现了卓越的导通状态性能，特别是在低电阻方面。此排列允许有效控制电子运动，并在晶体管导通状态时实现低电阻。这进而提高了电导率，降低了功率损耗，并增强了整体性能。

当前的 GaN 器件是在混合衬底上制成的：在 Si 或 SiC 上沉积薄层 GaN，形成 GaN-on-Si 或 GaN-on-SiC HEMT 结构。横向 GaN-on-Si 或 GaN-on-SiC 器件将热膨胀系数失配的材料结合在一起，会导致可靠性和性能的降低。

此外，在典型的 GaN HEMT 器件中，沟道非常接近表面（仅为几百纳米量级），这带来了钝化和冷却问题。在横向 GaN-on-SiC 器件中，漏源间距决定了器件的击穿电压，更大的漏源间距会增加沟道电阻并限制电流能力。为了补偿这一点并提高载流能力，器件必须做得更宽。高电压和高电流需求的结合导致器件面积增大，进而电容也更高。因此，横向器件的击穿电压被限制在大约 650V。

雪崩击穿是 Si 和 SiC 器件在短期过电压条件下自我保护的关键特性。由于横向 GaN-on-Si HEMT 中缺少 pn 结，这些器件无法发生雪崩击穿。此外，由于靠近器件表面的电流传导敏感性，GaN-on-Si HEMT 难以从顶部冷却。将 Si 衬底与 GaN 层分隔开的缓冲层又限制了底部冷却的效率。这意味着通常需要定制封装来冷却 GaN-on-Si

HEMT，从而进一步增加了其成本。

在 GaN 晶体管的各种结构中，横向结构目前使用最为广泛。GaN HEMT 是横向器件，使用 2DEG 作为晶体管沟道。这些器件使功率电路（如转换器）能够实现高效率和高功率密度。基于 GaN 的横向晶体管具有非常低的比导通电阻，可以在高开关频率下运行，从而实现非常紧凑的设计。设计师通常更喜欢常断器件，因为它们可以保证在电力电子系统中的安全运行。

尽管初看似乎更简单，但这些器件的栅极驱动电路需要精心设计。首先，常关 GaN HEMT 器件需要负电压来关断并保持关断状态，以避免意外开通。这就是为什么这一特性通常被集成到市面上可用的商业栅极驱动中。需要负电压的另一个原因是 GaN HEMT 的阈值电压非常低（1.2～1.5V），如果布局未优化，意外开启相当常见。此外，这些器件的最大栅极电压约为 6.0～6.5V，因此需要适当的钳位电路来保持此电压低于阈值限制，从而避免潜在故障甚至损坏。

5.10　垂直型 GaN 器件

横向 GaN HEMT 主要应用于 800V 以下的领域，不管是 Si 还是 SiC 的垂直型功率器件在 700V 以上的应用领域占据主导地位。近期，人们对基于 GaN 衬底的 GaN 垂直型器件产生了兴趣，以克服横向器件在某些高压限制方面的问题。Nexgen Power Systems 和 Odyssey Semi 是两家致力于此类器件研发的公司。

在功率器件领域，GaN 因其能够在更高温度下运行并承受更高电压的能力而脱颖而出，优于其对手 Si 器件。这一独特属性促成了两种主要类型的 GaN 器件的开发：横向 GaN-on-Si/GaN-on-SiC 和垂直型 GaN。每种都有其优势，但此处的重点是理解垂直型 GaN 的潜在能力。

横向 GaN-on-Si 器件面临的主要挑战之一是其在 900V 以上电压额定值下的限制。随着所需电压额定值的增加，这些横向器件的芯片尺寸不成比例地增大，使它们在某些应用中不切实际。相比之下，垂直型 GaN 器件凭借其垂直电流流动特性，并不受此限制。举例来说，与具有相同电阻的横向 GaN HEMT 相比，1200V 的垂直型 GaN FET 的尺寸可显著减小。

垂直型 GaN 还展现出卓越的开关性能，尤其是在与 SiC 相比时。GaN 固有的优势，如高迁移率和更高的临界场强，使其在比导通电阻方面具有显著优势。这不仅带来了性能上的提升，即便在垂直型 GaN 相较于 SiC 使用更小晶圆的情况下，亦能带来成本优势。

垂直型 GaN 器件的另一优势在于其可靠性。这些器件采用低缺陷密度的外延层，生长于低缺陷密度的自支撑 GaN 衬底上，在电压和热应力下展现出比基于非 GaN 衬底的横向 GaN 器件更好的性能。横向 GaN-on-Si 器件中热膨胀系数失配可能会降低其可靠性和性能。

垂直型 GaN 器件设计为通过位于晶体管内部的漂移层传导电流。此设计确保了由表面界面杂质引起的陷阱电荷所导致的动态 $R_{DS(on)}$ 变化降至最低。这些器件能够承受从 100~4000V 的电压，并能在数兆赫兹的开关频率下运行。其三维结构允许在电压和电流容量上进行扩展，且能吸收浪涌功率，确保即使在浪涌事件后仍能持续运行。

在应用方面，垂直型 GaN 器件正在数据中心电源、电动汽车、太阳能逆变器和 LED 驱动等多个领域发挥作用。其高效率和性能使其既适用于高端系统，也适用于成本竞争型系统。在其实施过程中，一个目标便是确保使用简单、低成本的驱动器，且它们与标准 Si MOSFET 驱动器兼容良好。此外，随着其应用范围的扩大，GaN 晶圆的供应并无显著担忧，且随着需求的增加，成本有望降低。

在太阳能应用领域，GaN 器件，尤其是垂直型器件，在特定指标上优于 SiC 器件，因此更适合用于逆变器。其结构还使其能够以相对较小的芯片尺寸提供高击穿电压，从而成为 SiC 的有力竞争者。

随着数据中心寻求创新方法来满足日益增长的连接设备数量，垂直型 GaN 器件为电源架构、控制和设计提供了解决方案。其应用可提高功率密度，从而实现更小的电源供应，进而节省空间。除了减小物理尺寸外，垂直型 GaN 器件还有助于提高效率，进而最大限度地降低数据中心的总体功耗和能源足迹。

5.11 可靠性

HEMT 在先进电子领域的重要性日益凸显，然而，其可靠性问题却成为制约其发展的主要因素。尽管 HEMT 展现出适用于众多应用的潜力特性，但其固有的不完善性和制造后的缺陷使得这些器件在开关操作过程中尤为脆弱。本节深入剖析与 HEMT 相关的主要可靠性问题，并重点探讨其物理基础。

HEMT，尤其是 GaN HEMT，提供了诸多诱人的优势，如高击穿电压、低导通电阻以及高开关频率。这些特性使其成为高性能应用的理想选择。然而，从实验室走向实际系统的过程中，可靠性挑战层出不穷，其中许多问题可归咎于不完美的 AlGaN 晶体和意外的制造缺陷。

Si 功率器件的可靠性通常遵循长期确立的标准，如 AEC-Q100/Q101 和 JESD47。器件通常在 125℃ 或 150℃ 下，对漏极或栅极施加静态偏置 1000h，并根据测试器件的数量、加速曲线以及测试期间应力的激活能，得出失效时间（FIT）率（即 10 亿器件运行小时内的失效数量）。

相比之下，GaN HEMT 功率器件的可靠性测试并未享受到 Si 器件数十年客户经验的积淀。在 GaN 功率器件开发的早期阶段，人们便注意到 Si 器件的合格认证流程并未涵盖 GaN 的一些主要失效模式。因此，GaN 产业界携手合作，成立了 JEDEC（固态技术协会）委员会 JC70，并制定指导原则以满足 GaN 的特定需求。

(1) 测试

GaN 可靠性测试主要从两个角度进行。

① 器件级测试：此测试旨在了解 GaN 器件本身在各种应力条件下的固有可靠性。这些是更加可控的测试，用于评估器件相对于设定基准的性能。

AEC-Q100 是一项针对封装集成电路的应力测试认证，常用于汽车领域。尽管其最初是为 Si 器件开发的，但也适用于 GaN 器件以评估其基本可靠性。

JEDECGaN 特定指导原则：

JEP-180 提供了关于 GaN-on-Si HEMT 和肖特基二极管的合格认证和表征的指南，有助于提供评估这些器件可靠性的指导。

JEP-173 是关于 GaN 器件动态 $R_{DS(on)}$ 测试方法的指南。$R_{DS(on)}$ 是器件导通时的电阻，其任何动态变化都可能影响性能。

JEP-182 则提供了高压 GaN 可靠性合格认证和监测的推荐指导。

② 系统级测试。此类测试重点关注 GaN 器件在实际应用场景中的性能。主要目标是观察这些器件对实际电源或系统中可能出现的电压尖峰、浪涌和短路等实际干扰的反应。例如，如果用户在可能频繁受到电源浪涌影响的电源中使用 GaN FET，需要确保该 FET 在几次此类事件后不会失效。

(2) 电荷陷阱与热载流子退化

电荷陷阱是半导体材料中观察到的现象，在 FET 中尤为明显，其中某些"陷阱"会捕获电荷，导致 FET 通电时电阻短暂升高。这种暂时的电阻升高通常被称为动态 $R_{DS(on)}$ 退化。然而，随着时间的推移，这些陷阱会被填满，使 FET 能够正常工作。当 FET 断电时，被捕获的电荷会被释放。这种现象在 GaN HEMT 器件中尤为常见，尤其是在沟道下方的缓冲层、介电质中，或器件层之间的界面处。高漏极偏置或器件的开关动态等因素可能加剧这一问题。德州仪器（TI）基于行业标准进行了严格测试，证明其 GaN 器件在长时间内表现出稳定的 $R_{DS(on)}$ 行为。这一稳定性归功于在工艺流程、外延生长以及无陷阱介电质和界面开发方面取得的显著进步。

热载流子退化是半导体器件中另一个引人关注的问题，尤其是在高压操作条件下。这些由电压激发的"热载流子"不仅会导致电荷捕获，从而引起动态导通电阻 $R_{DS(on)}$ 的增加，而且还会加速器件老化，促进缺陷的形成。为应对这些挑战并预测器件寿命，引入了 JEP-180 指南。该指南建立了开关加速寿命测试（Switching Accelerated Lifetime Testing，SALT）的框架。通过对器件施加严格的硬开关应力，绘制出全面的二维开关轨迹，同时考虑了电压和电流的加速效应。基于这些数据，构建了一个稳健的开关应力模型，能够准确预测器件的平均无故障时间。这使得用户能够预估在特定操作条件下器件的可靠性和性能。

(3) 2DEG 传导

HEMT 中固有的 2DEG 层促进了高电子迁移率。然而，2DEG 电导率的波动引发了以下问题：

- 2DEG 沟道内或附近的杂质和陷阱位点导致电子密度和迁移率的变化；
- 热效应影响电子散射速率；
- 应变诱导的压电场影响电子迁移率。

此类 2DEG 电导率的变化可能导致动态导通电阻的不稳定性，进而影响器件性能，在最坏的情况下甚至导致器件失效。

（4）栅极可靠性

栅极控制对于 HEMT 的正常运行至关重要，栅极可靠性问题主要包括：

① 阈值电压不稳定性：稳定的阈值电压对于器件的一致运行至关重要。栅极介质内或界面处的电荷捕获等退化机制可引起 V_{th} 偏移。随着时间的推移，这些偏移会降低器件性能或导致失效。

② 栅极泄漏：栅极绝缘不良或高电场可导致过大的栅极泄漏电流，损害器件功能和寿命。

（5）其他常见问题

除 2DEG 和栅极问题外，HEMT 还面临各种其他可靠性挑战，包括：

① 击穿问题：器件或材料中的缺陷可能导致提前击穿。

② 热管理：HEMT 容易出现热失控，局部热点会降低器件性能。

5.12 动态导通电阻

GaN 功率器件因其高能量效率、高功率密度以及在低功率损耗下能够工作于更高开关频率的能力，已成为功率电子领域的有前途的解决方案。然而，它们并非没有挑战。一个显著的问题是动态导通电阻（R_{on}）现象。在传统 Si 功率器件中，导通电阻相对稳定。然而，GaN 功率器件表现出不稳定的动态导通电阻。这种不稳定性在动态开关应力后出现，导致动态导通电阻大于其静态对应值。这一差异会使得功率损耗估算不准确，导通损耗增加，进而降低了变流的效率。

（1）GaN 器件中导致动态导通电阻的原因

多种机制共同导致动态导通电阻退化。

电子捕获：在关断状态下的高压应力期间，电子被注入栅极区域。这些电子被栅极和漏极之间的 AlGaN 势垒层中的缺陷捕获。漏极和衬底之间的正电压也可能导致电子注入，这些电子被捕获在 GaN 缓冲层中。结果就是 2DEG 密度降低。

热电子效应：在硬开关变换过程中，器件沟道内的部分电子可能被缺陷捕获，进而降低 2DEG 的密度。

栅极不稳定性：尤其在 p-GaN HEMT 中，当栅极区域受到过驱动时，电子易于被捕获。这可能导致阈值电压正向偏移，增大动态导通电阻。

器件的开关模式也对退化产生影响。例如，硬开关模式下的器件所经历的 R_{on} 增幅大于软开关模式下的器件。此外，随着 GaN 器件工作频率的提高，R_{on} 的任何增加都可能导致电路损耗的增加。

(2) 动态导通电阻测量

评估动态 R_{on} 的可靠方法至关重要。尽管半导体分析仪可用于此目的,但因其显著的开关延迟而不推荐使用。更有效的解决方案是双脉冲测试(Double pulse tester, DPT),其以延迟短、采样率高及成本效益著称。当与钳位电路配合使用时,DPT 可在多种条件下定量评估动态导通电阻。

(3) 未来发展方向

鉴于 GaN 器件在电力电子领域的潜力,解决动态导通电阻问题至关重要。研究表明,击穿电压与动态导通电阻之间存在权衡关系。通过优化缓冲层及采用掺碳的 GaN 缓冲层与 AlGaN 结合的技术,可实现平衡,确保既具有高击穿性能又降低动态导通电阻。

5.13 栅极退化

GaN HEMT 因其卓越的性能和效率而成为各种电子应用中的关键组件。然而,这些器件在栅极可靠性方面面临潜在挑战,这可能显著影响其长期运行稳定性。

(1) 栅极退化类型

栅极退化可表现为两种形式:

① 可恢复退化:此为暂时性现象,通常在脉冲条件下考核。

② 永久性劣化:根据器件的直流(DC)特性进行评估。

衡量栅极可靠性的关键参数包括栅极泄漏电流(I_G)、击穿时间(t_B)及阈值电压不稳定性。这些参数可指示栅极模块内的潜在问题,尤其是当栅极承受高偏置应力时。

(2) 栅极击穿机制

在具有肖特基栅接触的 p 型增强型 GaN HEMT(p-GaN E-HEMT)中:栅极性能可通过由两个背对背结[肖特基结(JS)和 p-i-n 结(JP)]组成的等效电路来理解。高电场下肖特基结中产生的缺陷可能导致失效,从而导致 I_G 急剧增加。

在 MIS-HEMT 中,栅极击穿通常源于栅极介质与 AlGaN 势垒之间的界面状态。栅极介质质量亦起重要作用,尤其是在承受高电场时。

(3) V_{th} 不稳定性及其后果

V_{th} 不稳定性对器件运行构成重大威胁。负向 V_{th} 偏移表明栅极堆叠内存储有净正电荷,可能导致意外的开启操作和安全风险。相反,正向 V_{th} 偏移可能影响器件的开启电阻和开关时间,从而影响性能。

在 p-GaN E-HEMT 中,阈值电压(V_{th})的不稳定性大多归因于栅极堆叠内各层之间或界面处的缺陷。另一方面,MIS-HEMT 通常表现出正向 V_{th} 偏移,这是由于电子在栅极介质或界面处被捕获所致。

（4）解决方案与进展

为提升基于 GaN HEMT 的栅极可靠性，已付出诸多努力。一种效果显著的策略是采用双层栅极介质，这不仅能抑制捕获效应，还能确保最小的泄漏电流。此外，引入如原位氮化硅（SiN_x）、氧化层或富硅氮化硅等中介层，可极大提升这些器件的稳定性。

5.14 封装

传统的 Si 功率器件在面对高频、高功率密度及高温条件的日益增长需求时，正凸显其局限性。GaN HEMT 具有更宽的带隙、更高的电子迁移率及更高的击穿电压，作为更优的替代方案崭露头角。然而，这给器件的封装带来了前所未有的挑战。尽管在低功率系统中，通常组装和封装引入的外部电阻和电容可能微不足道，但在高功率应用中却令人担忧。常用于高频和高压场景的 GaN HEMT 的封装至关重要。它们倾向于在比传统 Si MOSFET 更高的温度下运行，HEMT 的结温可能高达 300℃。显著的热流与 GaN 相对较低的热导率相结合，使得散热成为主要问题。此外，高温会降低器件的效率，缩短其寿命，并因热膨胀失配而导致机械变形。因此，GaN HEMT 的封装已成为研究的核心焦点，重点是解决寄生电感、散热等问题。尽管这些挑战依然存在，但已涌现出多种商业化的 GaN 功率产品，主要企业正强调采用新的封装技术以优化其性能。

在功率电子中，封装在器件与外部电路之间的机械支撑和电气互连中发挥着关键作用。尽管线键合和带键合方法因其成本效益而备受青睐，但它们引入了寄生电感，损害了电气性能。这对于高功率密度和高频应用中的 GaN HEMT 尤为不利。长期暴露于高温会降低 HEMT 的性能和寿命，这主要是衬底和外延层之间的热失配会导致潜在缺陷。

为解决这些问题，业界已引入了先进的封装技术，诸如新型键合材料和互连方法的创新，旨在消除寄生电感。2D/3D 封装技术不仅降低了寄生电感，还显著减小了产品尺寸和重量。在散热方面，一种有效的方法是将散热器与功率器件结合，因为热界面材料（Thermal Interface Materials，TIM）的选择已成为研究的关键领域。

传统的板上芯片（Chip-on-board，COB）封装虽然简单且成本效益高，但由于其尺寸较大且引入寄生电感，正逐渐失去其优势。为获得更好的性能，人们正在探索如金和钯等新型键合材料，不过当前研究表明，钯在效率上逊于金。

对于 GaN HEMT，倒装芯片封装技术正作为传统 COB 的有前景的替代方案崭露头角，其在尺寸、电气性能和散热方面具有优势。因此，衬底上的金属化凸点取代了键合线，确保了更直接的电气连接。已知与级联电路封装的 GaN HEMT 会引入许多电感，对电气性能产生负面影响。

传统的功率电子器件通常依赖于标准的封装方法，如晶体管外形（TO）封装。然而，由于 GaN 器件在严苛的操作环境中运行，对这些传统封装进行修改至关重要。关键目标包括增强机械稳定性和提升热传递能力。

铜带（Cu-Clip）封装技术

Nexperia（安世半导体）已在功率封装领域稳固其领先地位，有效融合创新与专业知识，推动其 GaN FET 系列产品的进步。该公司精通之处，在于其应用的铜带（Cu-clip）封装（CCPAK）技术。基于既定方法，CCPAK 因其无焊线设计而展现出卓越性能，该设计专为出色的热能与电气性能而定制。

回溯往昔，Nexperia 自 2002 年推出 LFPAK 技术起，便致力于重新定义功率封装标准。这一革命性进步，以其独特的连续紧固机制与海鸥翼状端子引脚为特色，在印刷电路板（PCB）层面推动电气与热能效率显著提升方面发挥了关键作用。尽管业内初期存有疑虑，但 LFPAK 的优势逐渐显现。目前，它已成为 Nexperia 约 90% 产品的基础，从而增强了设计实施的整体效能。

随着汽车电子与工业电子对功率需求的增加，一系列问题随之而来。主要焦点在于提升元件，尤其是 MOSFET 的功率容量，以满足有限物理空间内增大的功率需求。Nexperia 的 LFPAK 技术应运而生，成为解决这些日益增长需求的方案。LFPAK 因其紧凑性、功率密度及降低的寄生电感等优越特性，成为重要资产，超越了传统焊线器件。以铜带键合技术为基础，显著增强了 Si MOSFET 的大电流能力。

与 D2PAK 技术相比，LFPAK 技术的优势更为显著。LFPAK 的优势在于其减少电流拥挤、促进电流均匀分布及有效作为散热器的能力，如铜带。此外，该材料即使在苛刻条件下也能保持一致性能，这归功于其高热韧性。

业内初期对 LFPAK 的采纳持犹豫态度，尤其是因其声称在显著较小的尺寸下仍能提供与 DPAK 相当的热性能，这种犹豫是合理的。然而，直接焊接的基本原理及随后消除由键合线引起的高电流密度区域的优势逐渐明显。经过严格测试，超越了汽车合格标准，批评者终被说服。

LFPAK 的一个显著特点是其封装电感降低，低至标准等效品的 1/3。这种降低会使开关频率提高，电磁干扰（EMI）减少。在追求更高频率的过程中，当代电源优先获取某些特定属性。

Nexperia 的进步轨迹超越了 LFPAK 平台。随后的进步涉及建立综合电容器封装与组装套件（CCPAK），以适应即将到来的宽禁带器件。Nexperia 最新的 GaN FET 在 CCPAK1212 外壳中集成，是多年努力研发的成果，提供了卓越的性能。

CCPAK1212 具有多个显著特点：

① 封装形状紧凑，长宽尺寸为 12mm×12mm，高度为 2.5mm，与传统封装相比具有显著优势。

② 无焊线设计，使电感与电阻降低，从而提供减少电磁干扰和开关损耗等优势。

③ 采用灵活的海鸥翼状引脚，提高了元件级别上板的可靠性，同时使检查过程更为便捷。

④ 热性能卓越，即便在 175℃ 的高温环境下，也能确保高效冷却。

5.15 热管理

GaN 晶体管在电子领域掀起波澜,但要充分发挥其潜力,理解热管理至关重要,重点体现在高电流领域。然而,伴随着巨大功率而来的是处理热量的重大责任。需要维持较低温度的原因包括:
- 防止热失控;
- 降低损耗;
- 提升系统效率;
- 增强电路可靠性;
- 提高功率密度。

理解 GaN 系统中的热传递

热传递过程主要分为三部分:
① 传导:组件间的直接接触促进热量传递。
② 对流:流体介质(如空气或水)辅助热量传递。
③ 辐射:热量通过电磁波传递。

功率器件市场要求器件日益小型化、高效化和可靠化。满足这些严格要求的关键因素是高功率密度(能够减少解决方案的占地面积和成本)和出色的热管理(能够控制器件温度)。对功率半导体热管理系统的三大要求是:

① 热量应以足够低的热阻从器件传导至周围环境,以防止结温(T_J)超过规定限值。由于降额因素,T_J 通常低于数据表值。
② 应为功率电路与周围环境提供电气隔离。
③ 应吸收由材料热膨胀系数失配引起的热机械应力。

功率器件最常见的热管理系统包括散热器(将热量从功率半导体传递至周围环境)和电气绝缘体(热界面材料,简称 TIM),以将金属散热器与半导体结隔离。由于大多数介电材料的热导率较低,因此电气隔离与热阻之间存在权衡。

在实际系统中,功率器件通常是采用由多层金属和介电材料组成的封装,并安装在同样包含多层金属和介电材料的 PCB 上。散热器附着于此组件,使其相当复杂。

尽管表面贴装器件(SMD)的广泛使用以及封装尺寸的减小使热管理日益复杂,但得益于宽禁带半导体,现在已能轻松在成本效益高的功率转换器解决方案中实现 $2kW/in^3$ 的功率密度。

对于 GaN 晶体管,热量通过传导从结传递至散热器。随后,通过对流将热量分布到周围环境中。

GaN 在 PCB 上的物理位置会显著影响散热性能。这不仅仅关乎组件的放置位置,更关乎它如何与其他组件和散热器连接。以下是一些建议:

- 对于两个 GaN 晶体管，小型散热器是理想选择。
- 注意施加到散热器上的压力，压力过大可能导致机械应力。
- SMD 组件对弯曲敏感。避免任何应变是至关重要的。
- 通孔组件应远离 GaN 器件。
- 将多个 GaN 晶体管并联可指数级增加电路功率。这还能建立一个高效的热网络，降低热阻和电阻。其关键在于确保冷却系统同样强大。

参考文献

[1] B. J. Baliga, Fundamentals of Power Semiconductor Devices (Springer Science+Business, 2008).

[2] M. Di Paolo Emilio, Microelectronic Circuit Design for Energy Harvesting Systems (Springer, 2017).

[3] R. Erickson, D. Maksimovic, Fundamentals of Power Electronics (Springer, 2001).

[4] D. Hart, Introduction to Power Electronics (Prentice Hall, New York, 1997).

[5] A. Hefner, S. Ryu, B. Hull, D. Berning, C. Hood, J. Ortiz-Rodriguez, A. Rivera-Lopez, T. Duong, A. Akuffo, M. Hernandez-Mora, Recent advances in high-voltage, high frequency silicon-carbide power devices, in Record of the 2006 IEEE Industry Applications.

[6] B. J. Baliga, Wide Bandgap Semiconductor Power Devices (Woodhead Publishing).

[7] J. Kassakian, M. Schlecht, G. Vergese, Principles of Power Electronics (Addison-Wesley, Reading, MA, 1991).

[8] P. Krein, Elements of Power Electronics, 2nd edn. (Oxford University Press, New York, 2014).

[9] A. Lidow, J. Strydom, M. D. Rooij, D. Reusch, GaN Transistors for Efficient Power Conversion, 2nd edn. (Wiley, 2014).

[10] N. Mohan, T. Undeland, W. Robbins, Power Electronics: Converters, Applications, and Design, 3rd edn. (Wiley, New York, 2002).

[11] W. E. Newell, Power electronics-emerging from limbo, in IEEE Power Electronics Specialists Conference (1973), pp. 6-12.

[12] M. Rashid, Power Electronics: Circuits, Devices, and Applications, 2nd edn. (PrenticeHall, Englewood, NJ, 1993).

[13] F. Wang, Z. Zhang, 'Overview of silicon carbide technology: device, converter, system, and application.' CPSS Trans. Power Electron. Appl. 1(1), 13-32 (2016).

[14] F. (Fred) Wang; Z. Zhang, E. A. Jones, Characterization of Wide Bandgap Power Semiconductor Devices (IET Digital Library).

第6章
GaN应用

氮化镓（GaN）正迅速崛起为电力电子领域的一种关键材料，为长久以来 Si 的主导地位提供了有力的竞争选项。GaN 的独特电学特性不仅提升了器件性能，而且使工程师们能够设计出更加紧凑和多功能的器件。在汽车行业，GaN 可实现更长的续航里程和更快的充电速度，正在推动电动汽车的进步。在 LiDAR（激光雷达）等传感领域，GaN 因其高频特性脱颖而出。此外，在太空技术和射频（RF）系统中，基于 GaN 的器件因其坚固耐用和高效的特点而变得不可或缺。同时，装备了 GaN 器件的电机驱动系统展现出了杰出的性能，减少了能量损失并且增加了使用寿命。本章将深入探讨这些应用及其他领域，突出 GaN 在现代电力电子产品中的变革性作用。

6.1 探索汽车产业

GaN 功率器件正深刻影响汽车产业，通过大幅提升车辆效率、性能与可靠性，引领行业变革。相较于传统的 Si 功率器件，GaN 技术呈现诸多优势，如更高的开关频率和功率密度、更快的开关速度，以及更低的导通和开关损耗。这些特性令 GaN 器件成为需要高功率、高速开关及高效能的汽车应用场合的理想选择。在本节中，我们将深入了解 GaN 功率器件在汽车工业中的多样化应用。

随着电动汽车（Electric Vehicles，EV）需求的持续增长，高效、紧凑且轻量化的车载充电机（Onboard Chargers，OBC）变得愈发关键。GaN 功率器件因其具有的高效率、高功率密度和高速开关特性，成为了车载充电机的新兴优选技术。如图 6.1 是电动汽车基本工作原理示意。

电动汽车面临的主要挑战之一是需要建设一套快速、可靠且便捷的充电设施。车载充电机在这个基础设施中扮演着重要角色，负责把来自充电桩或墙插的交流电转化为可以直接储存在电动汽车电池中的直流电。车载充电机的效率、功率密度和可靠性是电动汽车推广的关键因素。GaN 功率晶体管凭借其高速开关、低导通电阻和高击穿电压的

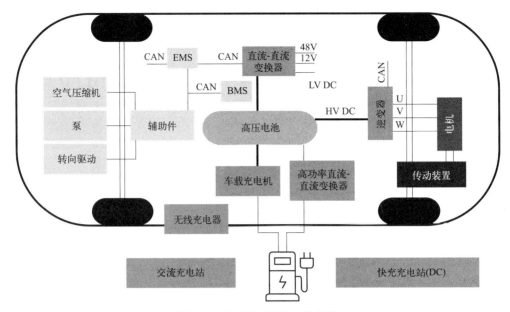

图 6.1 电动汽车基本工作原理
EMS—能源管理系统；BMS—电池管理系统

特点，在提升车载充电机性能方面显示出巨大潜力。

基于 GaN 的车载充电机可采用不同的电路拓扑结构设计，如半桥式、全桥式和 LLC 谐振变换器。拓扑结构的选择受到功率级别、开关频率和效率要求的影响。基于 GaN 的车载充电机需要一个能够处理由 GaN 晶体管产生的高电压和高频信号的栅极驱动。为了应对驱动 GaN 晶体管的挑战，业内已提出多种栅极驱动拓扑和技术。

基于 GaN 的车载充电机相较于传统的 Si 基车载充电机有着几大优势，包括更高的效率、更高的功率密度和更高的开关频率。基于 GaN 的车载充电机能够实现 97% 以上的效率，显著超过了 Si 基车载充电机的效率。更高的效率意味着更低的能量损耗和更高的功率密度，从而使车载充电机变得更加小巧轻便。GaN 晶体管的高速开关还能实现更高的功率密度并减少电磁干扰（EMI）。

尽管基于 GaN 的车载充电机拥有诸多优点，但仍有一些亟待克服的难题。其中一大主要挑战是在 GaN 晶体管开关过程中出现的电压过冲现象。这类过冲可能会导致器件损坏，并引发电磁干扰问题。另一个挑战在于 GaN 晶体管的栅极驱动需求比 Si 晶体管更为严格。栅极驱动电路须精心设计，以确保在供给 GaN 晶体管足够电压和电流的同时，尽可能减少栅极回路电感和寄生电容。此外，由于高功率密度和高温操作，热管理也是基于 GaN 的车载充电机所面临的另一个关键考量因素。

6.1.1 功率模块

功率模块是车辆电气、电子及混动系统的关键组成部分，负责调控和管理整车内部的电能流动。

为了应对电力电子领域日益增长的高功率密度和效率需求,新材料与新器件的研发被大力推动。GaN 功率器件作为一项前沿技术,在高频及大功率应用领域展现出巨大潜力。相比传统的 Si 功率模块,基于 GaN 的功率模块具备更高效率、更大功率密度以及更高可靠性。

GaN 功率模块可根据不同应用需求,选用半桥、全桥或多级变换器等多种拓扑结构。具体拓扑的选择取决于特定的应用场景、功率等级及效率要求。在设计 GaN 功率模块时,涉及多个核心部件,包括栅极驱动、直流旁路电容器以及热管理。栅极驱动必须能够处理由 GaN 功率器件产生的高速率和高压信号;直流旁路电容器则需精挑细选,确保能在高压和高温环境下稳定工作;而热管理则是保证 GaN 功率模块可靠性和寿命的关键所在。

GaN 功率模块对比传统 Si 功率模块,展现出了多项显著优势,包括更高效率、更大功率密度以及更高可靠性。GaN 功率器件拥有较低的导通电阻,这减少了导通损耗,提升了功率模块的整体效率。此外,GaN 器件的击穿电压更高,允许设计出更高电压和更大功率的系统。GaN 器件的高开关频率还使得无源元件得以小型化,从而提高了功率密度并降低了成本。

基于 GaN 的功率模块在各类应用场景下展现出巨大潜能,例如电机驱动和电动汽车。在电机驱动系统中,GaN 基功率模块可以通过减少开关损耗和改善热管理,提升电机效率与性能。在电动汽车领域,GaN 功率模块通过降低功率变换器的导通与开关损耗,优化了电池效率与充电时间。

6.1.2 逆变模块

逆变模块是一种电子装置,它将来自电池的直流电转换为交流电,用于驱动电机运转。逆变模块是电动汽车和混合动力汽车的重要组成部分。

在汽车逆变器领域,GaN 技术可用于制造更高效、更紧凑的逆变器,使其更适合电动汽车和混合动力汽车所需的高压和高频要求。以下是 GaN 在汽车逆变器中的一些应用方式。

① 更高的开关频率:GaN 相较于 Si 和 SiC,具有更高的电子迁移率和更低的导通电阻,这意味着它可以实现更高的开关频率。这样,逆变器能够更快切换,进而降低功率损失,提升效率。

② 较低的电容和电感:GaN 器件的输出电容和电感低于 Si 和 SiC,减少了开关过程中的能量损耗,提升了逆变器的整体性能。

③ 小型化:GaN 器件的高开关频率和低输出电容及电感特性,使得无源元件如电容器和电感器能够做得更小。这不仅缩减了逆变器的整体尺寸和重量,也使其更加紧凑,便于集成至车辆中。

6.1.3 直流-直流变换器

直流-直流变换器用于调节车辆内电气系统的电压。它们通常应用于混合动力汽车中，以控制从电池向电机的电力输送。

在车载直流-直流变换器领域，GaN 可以用来制造更高效、更紧凑的变换器，更适应电动汽车和混合动力汽车所要求的高压和高频条件。以下是在汽车直流-直流变换器中使用 GaN 的一些方式。

① 更高的电压操作：GaN 器件可工作于比 Si 和 SiC 更高的电压，允许使用较少的串联组件来达到期望的输出电压，简化了设计并降低了成本。

② 更高的工作频率与更小的体积：有利于实现更高效率并减少损耗。

6.1.4 电机控制

GaN 可用于制造更高效且紧凑的电机控制系统，尤其适用于电动汽车和混合动力汽车的高压和高频需求。以下是在汽车电机控制中使用 GaN 的方式。

① 高效控制：GaN 的高频特性允许电机控制器在更宽的工作范围内精确控制电机，提高整体效率。

② 快速响应：GaN 的高开关速度使得电机控制反应迅速，改善了动态性能。

③ 小型化：得益于 GaN 的小型化特性，电机控制器的设计可以更紧凑，利于空间受限环境下的安装。

6.2 GaN 增强激光雷达（LiDAR）的工作性能

激光雷达（LiDAR）系统是用来测量激光发射器与其路径中任何物体之间距离的一种技术。它类似于雷达（Radar）或声呐（Sonar），但不同之处在于，LiDAR 使用的是光波而非无线电波或声波来进行测量。其工作原理是，激光从发射端发出，并从前方的物体上反射回来，反射光被接收端检测到。LiDAR 系统会测量光线往返所需的时间，并据此计算出距离。基于这样的计算，可以创建三维可视化图像，广泛应用于诸如 3D 感知、车辆碰撞检测、机器人距离测量以及其他多种场景。

6.2.1 飞行时间 LiDAR

飞行时间（ToF）LiDAR 主要用于长距离测量。最常见的类型是脉冲式激光，其中发射器发送短促的激光脉冲，此类系统采用了幅度调制技术。在地图绘制和导航等应用场景下，需要一个目标区域的 3D 地图来详细考察环境。为了生成点云图，需要收集大量的距离数据。有两种可能的方法：扫描式 LiDAR 或闪光式 LiDAR。

在扫描式 LiDAR 中，激光束进行栅格扫描，全面覆盖整个目标区域，测量多个距离点。这种方法为激光二极管提供最远的有效范围，但在高速度和高分辨率下对大面积扫描存在挑战。另一种方法，即闪光式 LiDAR，则一次性照亮整个目标区域。每次闪光时，接收器捕获整个区域的距离点。然而，这种模式捕捉到的光子数量有限，因此限制了有效范围。

脉冲 LiDAR 系统还可以细分为直接飞行时间［DToF，图 6.2(a)］和间接飞行时间［IToF，图 6.2(b)］。DToF LiDAR 从发射器发送单个脉冲，检测返回的光。测量所需时间 Δt 以及光速，用于计算距离。对于光学脉冲而言，有两个重要参数必须考虑：脉冲宽度和脉冲振幅。脉冲宽度直接影响分辨率，较宽的脉冲会增加反射重叠的可能性。如果减小脉冲宽度，反过来会降低信噪比（SNR）和系统范围。因此，有必要增大脉冲振幅，理想的脉冲应具备窄宽度和高振幅。

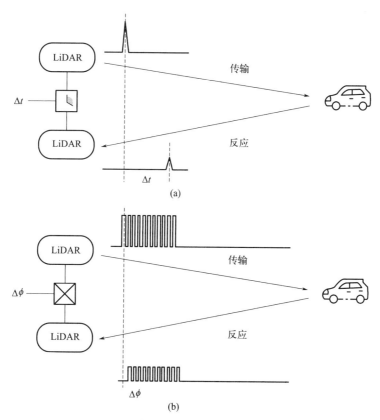

图 6.2 直接飞行时间与间接飞行时间

另一方面，IToF LiDAR 则发送高频脉冲串。接收侧检测到的脉冲序列与发射脉冲对比，以此确定相位偏移。借助相位偏移，可以测定延迟时间和到达目标对象的距离。这些脉冲通常呈现矩形波形。相较于 DToF，IToF 系统峰值最优脉冲功率要低得多，但其爆发频率却高达 10～200MHz。在这种高频率下，要求更快的切换速度。

ToF LiDAR 因尺寸小巧和经济实惠，成为能够实时生成 3D 地图的热门选择。这些系统对科学家和专业人士来说极为有利，它们能够以高准确性和高精度考察环境。其应用范围从汽车相关应用，如自主导航、汽车安全系统、交通监控系统，到家庭应用，如吸尘器，不一而足。其实现实时、高精度且成本低廉的 3D 距离映射能力，已成为 3D 传感应用领域的颠覆者。

然而，情况并非始终如此。起初，LiDAR 仅限于军事或特定应用，这是由于高昂的成本和庞大的体型所致，而且系统过于笨重且昂贵，无法作为日常用品使用。从特定应用向广泛应用的转变，是由半导体特别是 GaN 的诸多技术进步促成的。这些科技进步使得 LiDAR 技术从小众走向大众，跨越了技术门槛，开启了广泛应用的新篇章。

6.2.2 GaN 半导体在 LiDAR 中的应用

LiDAR 系统中的光学组件主要采用激光二极管，因为它们能提升系统效率和可靠性。这些激光二极管在极高电流、脉冲频率和脉冲宽度下运行。通常，典型的 DToF 系统中，脉冲宽度为 1~10ns，峰值电流达到 10~200A。为了让 DToF 系统有效地测量距离点，需要更短的脉冲宽度和更大的脉冲振幅。这一组合帮助创建了具有更大探测范围和更好分辨率的系统。这可以通过使用 GaN 功率器件作为激光驱动器来实现。

GaN 3.4eV 的宽禁带特性满足了 LiDAR 系统需求，使其能够提供更快的开关速度并承受更高温度。此外，GaN 的电子迁移率也高于 Si。为了获得高分辨率，激光束需要以高速触发，而这正是 Si MOSFET 所不能做到的。LiDAR 系统还要求大电流脉冲，以便实现更远距离探测。单片 GaN 芯片用作激光驱动器，以提升开关速度并减少功率损耗。因此，GaN 技术被用来达成 LiDAR 系统所需的高速度和大电流需求，为系统提供了高分辨率和广阔的探测范围。

6.3 GaN 在 RF 领域的革新

电子行业对 GaN 抱有极大热情，这一材料正在改写射频（RF）应用的游戏规则。虽然 GaN 长久以来被视为射频放大器的重要组成部分，但它在更多领域的应用远远不止于此。现在，让我们深入了解 GaN 是如何变革各行业的。

6.3.1 GaN 在军事中的应用

(1) GaN 在军用雷达领域的卓越表现

GaN 技术在军事雷达中的应用堪称亮点之一。军方一直寻求先进的科技来加强监视和目标获取能力，而 GaN 已是不可或缺的了。传统雷达系统依赖的是速调管，尽管有效，但却体积庞大，效率较低。GaN 的到来让固态发射机成为主流，其高效、小型，且整体性能更优。

（2）有源电子扫描阵列和相控阵模块

装备有源电子扫描阵列（Active Electronically Scanned Arrays，AESA）和相控阵模块的现代军用雷达正受益于碳化硅基氮化镓（GaN-on-SiC）微波单片集成电路（MMIC）。GaN 固有的坚韧、耐高温性能及减轻重量的优势，使之较其他现有技术更具吸引力。

6.3.2　GaN 在电信业中的应用

① 5G 及未来通信：电信行业正在经历重大转型，5G 技术正构建连接未来的基石。随着我们从 4G 迈向 5G 乃至更远的未来，需求已发生改变。5G 承诺提供更快速的数据速率、海量连接和超低延迟。为了兑现这一承诺，行业需要转向更高频段，而这正是 GaN 发光的地方。

② 射频放大器与相控阵天线：基于 GaN 的器件正在逐步取代 Si 基同类产品。鉴于其卓越属性，GaN 器件在射频放大器和相控阵天线方面表现出更佳的效能和性能，这两项技术均为 5G 技术的关键组成部分。

③ 毫米波（Millimeter Waves，mmWave）：尤其是 28GHz 和 39GHz 附近的毫米波频谱对 5G 至关重要。GaN 能够在这些高频高效运行的能力，使得接收天线得以小型化，促进设备更加无缝集成，进而提升整体网络性能。

上述应用中，5G 作为通信技术的下一个前沿技术，带来了一系列复杂的挑战与机遇。其中，管理热量、优化功率以及确保射频放大器的效率，尤其是在安装于蜂窝基站上的那些，显得尤为突出。在此背景下，GaN-on-SiC 器件成为一种有前景的解决方案。

SiC 以其非凡的热性能和几乎等同金刚石硬度的独特属性，在这场科技转型中扮演着核心角色。选用 SiC 作为 GaN 的衬底，显著缓解了 5G 时代随功率增加和密度提升带来的热管理问题。这一选择不仅仅关乎延长器件寿命或确保可靠性的改善，它更是应对 5G 主导时代射频放大器产生的加剧热量的战略举措。

随着 5G 市场需求的激增，三大关键差异正在浮现：

① 卓越的热管理：器件的热属性决定其效率、使用寿命及运行稳定性。面对 5G 更高的功率要求，一个能有效散热的系统显得无比重要。

② 紧凑性：追求小型化的趋势不变，促使 5G 设备必须在不牺牲性能的前提下拥有尽可能小的尺寸形态。

③ 高效性：随着射频集成有望显著改进无线电尺寸，实现最高效率成为了不可妥协的要求。

而将 GaN 集成于 SiC 衬底上，在 5G 技术中的益处众多：

① 缩减无线电单元大小与重量：GaN 的特点预计可使无线电单元每年缩小 20%。

② 低成本安装：无线电尺寸的减小简化了安装流程，并优化了信号塔的空间利用，从而降低了安装费用。

③ 更低的运营支出：提高效率意味着节省运营成本，能耗降低则减少了公用事业

开支，而紧凑设计也可能削减场地租赁成本。

6.4 太空应用

随着太空探索边限的不断拓展，对高效、耐用、紧凑型器件的需求变得至关重要。GaN 器件符合这些标准，适用于多种太空应用，包括从通信系统到导航设备在内的各种场合。

GaN 正在引发太空科技的革命，为能在宇宙最极端辐射条件下高效运行的电源变换器铺平道路。历史上，Si MOSFET 曾长期统治这个领域。然而，GaN 器件崭露头角，凭借在频率、效率和功率密度方面的出色指标，成为有力的竞争者。

在太空这片广阔且充满强辐射的环境中，可靠性是至关重要的。有趣的是，当针对特定设计进行定制时，GaN 功率器件展现了惊人的抗辐射性，往往超越 Si 器件的表现。

6.4.1 GaN 中的辐射效应

太空探索中存在着巨大的技术挑战，其中一大难题便是面对全是辐射的环境。用于卫星系统和深空探测的航天半导体，需经受大量高能辐射的考验。

半导体在太空中会遇到三种主要的辐射形式：

① γ 射线——高能量光子，主要与电子相互作用。

② 中子辐射——高能中子，导致晶体结构中的原子位移。

③ 重离子轰击——来自银河系的宇宙射线或太阳的能量粒子。

这些辐射类型会对半导体造成不同类型的损害：

① 在非导电层中产生陷阱。

② 对晶体或绝缘体造成物理（位移）损伤。

③ 形成大量的电子-空穴对，可能导致器件烧毁。

虽然 γ 射线会在栅氧化层中诱导正陷阱，从而影响 Si MOSFET 的行为特性，但 GaN 器件展现出很好的耐受力。特别是增强型 GaN 器件，其栅极与沟道间有一层铝镓氮层隔离，不受 γ 射线影响。实验表明，这类 GaN 器件能够承受高达 50Mrad❶ 的 γ 射线辐射而不致特性参数出现显著变化。

当中子轰击半导体时，可能会散射出原子并产生晶格缺陷或位移损伤。然而，由于具有较高的位移阈值能量，GaN 在这里也显示出明显优势，这证明了 Ga 与 N 原子之间的强大结合能。

重离子对 Si MOSFET 而言可能造成灾难性后果，如单粒子栅极损坏（Single Event Gate Rupture，SEGR）和单粒子烧毁（Single Event Burnout，SEB）。然而，GaN 器件的架构能够提供先天保护。因为没有栅氧化层，它们对 SEGR 免疫，对大量

---

❶ 吸收剂量单位，1Mrad＝10kGy。

空穴的低效传导也保护它们免遭 SEB 的影响。

然而，在面对高线性能量传递（LET）的重离子这种严苛条件下，一些 GaN 器件由于位移损伤而出现漏源漏电流增加的情况。值得注意的是，许多特制的 GaN 晶体管即使在极端环境下，在达到其额定电压前也不会失效。

6.4.2 电气性能

在航天系统的电力变换领域，GaN 迅速崛起，相比传统的 Si MOSFET 展现出独特的优势。

① 导通电阻：无论是低压还是中压等级下，GaN 晶体管的导通电阻大约只有 Si 器件的一半。这种电阻的减小会转化为器件工作时功率损耗的下降。

② 尺寸：GaN 器件更为紧凑。在多种电压等级下，它们大约仅是同等 Si 器件尺寸的 1/10。尺寸如此大幅度地缩小，在效率和设计紧凑性方面带来了益处，这是在重量和空间极为珍贵的太空应用中的关键特性。

③ 开关速度：GaN 器件展现出远低于 Si 器件的栅极和栅极-漏极电荷。这些电荷的减少有利于提升开关速度，从而增强了运行效率。在多种电压等级下，GaN 器件的栅极电荷和栅极-漏极电荷相比 Si 器件是很小的。

6.4.3 太空用 DC-DC 设计

相比于传统 Si 基功率 MOSFET，特别是在辐射环境如太空这样的场景下，GaN 功率半导体在电气性能上呈现出巨大飞跃。下面来探讨一些关键特性。

① 漏源极阻断电压（V_{DS}）：V_{DS} 必须充分支撑关断电压，留有余量以应对主要由寄生电感引起的电路电压过冲。无论采用 GaN 还是 Si 技术，电压应力以及因此所需的阻断电压都保持一致。

② 导通漏源电阻（$R_{DS(on)}$）：这一电阻对于确定导通损耗起到关键作用。有意思的是，尽管 GaN 和 Si 半导体表现出相似的电阻，但 GaN 芯片尺寸显著更小，只占用一小部分电路板空间。这种尺寸优势使得设计策略更加灵活，整体效率得以改善。

③ 栅极电荷（Q_G）：GaN 器件的栅极电荷远低于 Si 器件，导致驱动损耗大幅降低。这一减损继而减少了辅助组件所需功率。

④ 栅极-漏极电荷（Q_{GD}）和栅极-源极电荷（Q_{GS}）：GaN 器件的这两项电荷均显著低于 Si 器件，意味着在电压和电流换流过程中产生的损耗较小。

⑤ 输出电容（C_{OSS}）：GaN 器件的输出电容，即漏极-源极电容和栅极-漏极电容的组合，明显较低，由此降低了与开关相关的损耗。

⑥ 反向恢复（Q_{rr}）：GaN 器件无反向恢复损耗，使其区别于 Si 器件，更具效率。

⑦ 正向导通损耗：尽管 GaN 器件相比于 Si 器件具有较高的正向导通损耗，但它们却以更低的电荷/电容及其相关损耗进行了补偿。

由于上述固有属性，即使 GaN 器件体积紧凑，也不会成为系统的热瓶颈。这一成就凸显了 GaN 半导体在先进设计上的优越性。图 6.3 是一款 DC-DC 变换器的示例。

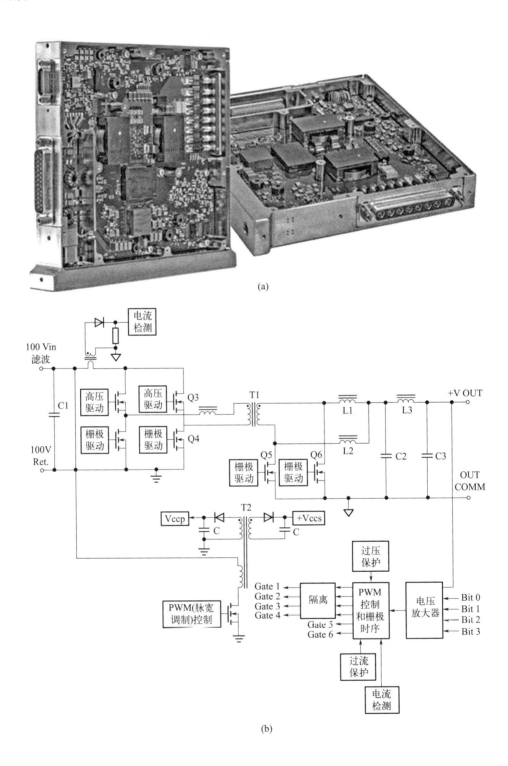

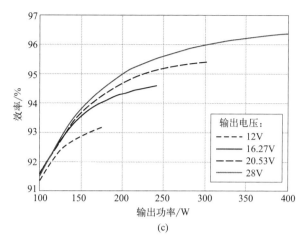

图 6.3　VPT SGRB10028S DC-DC 变换器。(a) 硬件实物；(b) 电路拓扑结构；
(c) $V_{IN}=100V$ 的效率（来源：EPC）

6.4.4　电机控制

在太空这一充满挑战环境中运行的运动控制系统必须考虑一套独特的参数，尤其是在不同轨道和行星际位置所遭遇的可变辐射分布。地球表面运动控制系统与那些为浩瀚太空定制的系统之间差异显著，其中最明显的区分因素便是辐射。依据航天器的目的地——不论是近地轨道（Low Earth Orbit，LEO）、地球同步轨道（Geosynchronous Earth Orbit，GEO）、月球、火星或是深空——辐射状况有着显著差异，这很大程度上影响着设计。

位于近地轨道（LEO）的卫星，因其距离地球较近，在一定程度上受到地球磁场保护。不过，它们仍然要面临地球上范艾伦带（van Allen Belt）中被捕获粒子带来的强烈辐射。相比之下，地球同步轨道（GEO）卫星位于更远处，暴露于更多的宇宙辐射及偶发的太阳辐射爆发之下。月球任务或前往火星的任务需要考虑到缺乏显著磁场和大气层的问题，而这些通常可作为抵御太阳和宇宙辐射的屏障。深空探测器用于探索外行星乃至更远区域，则需应对更为不可预测且极端的辐射环境。

很明显，在为这种变化莫测的应用环境设计运动控制系统时，虽然电机通常由像电线这样的坚固材料制成，对辐射具有耐受性，但控制它们的电子元件并非如此。从脉宽调制（PWM）电路到电机绕组电源开关，这些电子产品成为了系统总体可靠性的关键。确保这些部件能够抵御预期的辐射剂量对于任务的持久性和成功至关重要。

GaN 器件已经成为这些严苛环境中广受欢迎的选择。这些元件从简单的 GaN 晶体管到复杂的电路，具有可靠性与高效性，尤其是在为太空应用设计时。诸如 EPC Space 公司的 FBS-GAM02-P-R50 模块（图 6.4）等产品，展现了将多种功能集成于单一单元的可能性。该模块可配置为半桥型,充分体现了 GaN 在太空应用中的潜力。这种设计为结合抗辐射能力与高效为一体的驱动电机提供了紧凑解决方案。

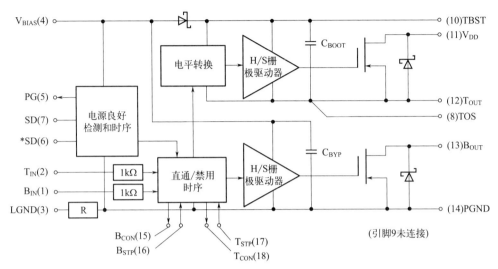

图 6.4　FBS-GAM02-P-R50 功能框图(来源：EPC)

此外,模块的集成能力(从自举电容器到短路保护)为设计师提供了全面的解决方案,使元件数量最小化,从而降低了潜在故障点。通过简单地使用 PWM 信号,设计师可以控制模块的电源开关,凸显了模块易于使用及适应性。

但这还只是冰山一角。采用分立式 GaN 晶体管和栅极驱动模块,当晶体管以并联配置使用时,有可能推动高达 300V 的电机,甚至实现更高的电流值。例如,FBS-GAM01P-R-PSE 模块展示了如何为低侧和高侧驱动器配置分立式功率元件。

6.4.5　挑战与竞争格局

每一种面向太空应用的技术都必须通过严格的可靠性测试。在这方面,GaN 展现出了令人称赞的韧性。这项技术的可靠性不仅建立在理论预测基础上,而且得到了大量研究报道的支持,详细描述了其潜在失效机制。例如,EPC Space 公司通过严谨的认证流程,确保了每一个用于太空的 GaN 器件都能承受极端条件。

赢得太空行业的信任不仅仅依赖于声明,而是要求有实际记录。自从 2017 年以来,在近地轨道(LEO)和地球同步轨道(GEO)部署超过 130000 个 HEMT 的事实,证明了 GaN 技术的实用性。在太空领域中大量应用,也证明了 GaN 的可靠性和性能。

全球太空机构和产业逐渐认可了 GaN 的潜力。NASA(美国航空航天局)和 ESA(欧洲航天局)等组织的合作旨在标准化 GaN 测试,彰显这项技术在太空任务中日益凸显的重要性。GaN 技术卓越的抗辐射性能与各类雄心勃勃的项目(例如,月球裂变反应堆和深空探索）完美契合。

然而，GaN 的优势不仅是性能，还有效率。GaN 器件因其能在更高频率下运行，能够缩小电力变换器的尺寸，从而显著节约成本。此外，相较于传统 Si 技术高出 2% 的效率，保证了更低的功耗，有望延长服役寿命。

另外，GaN 技术的鲁棒性意味着减少组件更换频率，进而降低太空中的电子垃圾产生。这不仅符合太空行业追求可持续发展的目标，也为更环保的空间任务铺平道路。截至 2023 年，欧盟（EU）的太空应用市场开始为 GaN 技术提供一个有吸引力的竞争格局。尽管根据 Yole Intelligence 公司报道，尚未发现欧盟地区本土的功率 GaN 器件制造商专注于空间应用，但多家主要竞争对手在射频 GaN 市场中表现活跃。

一些公司包括 OMMIC（现为美国 MACOM 的子公司）、UMS、Ampleon、Altum RF 等，它们都提供专为空间应用设计的 GaN 功率放大器。

OMMIC 的 GaN-on-Si 技术在射频 GaN 行业中颇为独特，其先进的技术节点为 40~100nm。射频 GaN 业界标准 GaN-on-SiC 更为常见，并与 GaN-on-Si 竞争。

意法半导体（STMicroelectronics，ST）目前在大力投资 GaN 技术，在欧洲设有两座 GaN 晶圆厂：一座位于法国图尔，专注于功率 GaN；另一座设在意大利卡塔尼亚，专注于射频 GaN。ST 的目标是成为全球领先的 GaN 半导体供应商，而提升这两座工厂的产能至关重要。在研发方面，ST 着重于功率 GaN 与射频 GaN，这两种技术以其优异的总剂量辐射和单粒子效应抵抗能力著称。虽然 GaN 技术不是专门为太空开发的，但 ST 正在进行元件的辐射测试，以确保适用于太空应用。ST 认识到了 GaN 技术在欧洲太空产业的市场趋势，指出 GaN 正逐渐成为近地轨道（LEO）卫星的关键，特别是针对负载点以及发电和配电的卫星。ST 认为当前行业正处于早期应用阶段，但预计未来会更广泛地采纳并集成到系统级封装（System in Package，SiP）与片上系统（System on Chip，SoC）技术中。ST 设想功率 GaN 将逐步替代太空应用中的 MOSFET，首先是从非关键的 LEO 任务及相关事件开始。同时，ST 也看到机会，可通过工业和汽车市场的发展来调整集成 GaN 方案，筛选出适合太空应用的升级。ST 未来的策略与更广泛的半导体市场一致，致力于以具竞争力的价格向大容量客户提供高质量的 GaN 产品，该公司计划继续推进 GaN 的战略部署，探索与 SiP 和 SoC 的产品集成。整体而言，ST 在提供一流的 GaN 技术与其他半导体解决方案的同时，对塑造欧洲太空产业扮演着重要角色，促进欧盟太空产业从近地轨道到深空任务的增长与竞争。

EPC Space 公司则处于推进 GaN 技术用于太空的前沿。近年来，该公司致力于开发密封封装和芯片级封装的抗辐射 GaN 器件。EPC Space 持续的研究工作包括有价值的失效物理研究，以增强可靠性预测，使其 GaN 外延层越来越适合太空应用。EPC Space 生产一系列电压等级从 40V 到 300V 的分立 GaN 器件，采用各种封装选项，尺寸范围为 $8.9 \sim 44.8 mm^2$，包括紧凑的芯片级选项。该公司在其抗辐射器件上成功解决了单粒子效应免疫的相关问题，多方的合作对于达成这些里程碑起到了关键作用。在不断演变的欧盟市场中，GaN 技术势头正盛，来自欧洲企业和欧洲航天局（ESA）对其在太空电力应用领域的兴趣日益增加。EPC Space 预计未来 GaN 能够成为卫星电力设计的标准，提供更高效、更小、更具成本效益的解决方案，从而对欧盟太空产业的竞争力和增长做出重大贡献。

6.5 电机驱动

随着科技的迅速发展和现代应用需求的增长，电机的设计、驱动及控制方式发生了显著变化。影响这些变革的主要因素之一是对提高能源效率、精度和适应性的需求。

采用变频驱动器（Variable Frequency Drives，VFD）来根据不同应用需求调节电机速度和扭矩，标志着对于传统固定速度操作模式的巨大转变。这不仅提升了能效，同时也提供了更好的控制，以灵活应对不同运行条件。

随着逆变器对更高功率密度的需求上升，Si 基功率器件的局限性变得愈发明显。长期以来作为功率器件主要材料的 Si，现在已接近其性能极限。这促使人们探索并接纳新型材料。

GaN 在此背景下脱颖而出。得益于其固有的特性，如较低的本征载流子浓度和更大的饱和电子漂移速度，基于 GaN 的晶体管和集成电路（IC）正在颠覆逆变电子领域。

此外，GaN 无与伦比的开关行为允许消除死区时间，实现了更高的脉宽调制（PWM）频率。这可带来极为精细的正弦电压和电流波形，从而使电机运行更为平稳且静音，系统效率得到提升。

向 GaN 的过渡不仅能改善开关行为，逆变器的整体设计也可以得到改善。例如，可以将电解电容替换为紧凑可靠的陶瓷电容，就是很好的佐证，不仅能节省成本和空间，还能提高逆变器的可靠性和使用寿命。

随着直流有刷电机的逐步淘汰，无刷电机日渐突出，先进控制算法的作用不容小觑。通过精确定位定子磁场方向，这些算法确保了在不同转速和扭矩需求下实现最佳性能。

此外，随着 GaN 技术成熟并变得更加经济实惠，它很可能主导逆变电子领域，推动电机效率、精准度和紧凑性达到前所未有的高度。

6.5.1 典型解决方案

电机控制应用的核心在于三相逆变拓扑结构组成的两电平。简单来说，这种拓扑具有二个半桥，每个半桥连接一个电机相位并由直流电源供电。然而，真正的奥秘在于控制器电路。通过处理相电流和母线电压数据，控制器精确控制开关频率、电压幅度，以及机械负载所需的功率流向。

系统的运行动态使得功率既能从直流源流向电机，也可以反向流动。这种反向流动在制动时尤为重要，尤其是当旋转速度减慢的情况下。这个阶段需要谨慎控制以防过电压，特别是如果输入是电解电容，因为它们对此类浪涌极其敏感。

在电压源逆变器中,控制器的任务是生成正确的 PWM 指令,使逆变器能够在直流总线电压水平放大 PWM 并传输给电机。电机电路充当低通滤波器的角色,接收三相正弦电压。电机的机械速度随后产生一个反电动势(Back Electromotive Force,BEMF),与输入电压指令相反。

分解电机各相,我们得到两个主要电流成分:I_d(磁通量生成)和 I_q(机械扭矩生成)。在永磁电机中,由于磁铁本身产生的磁通量带来的 I_d 通常为零。因此,主要任务变成保证电流与 BEMF 的正弦电压同相。

电机电气与机械方面的这种协同作用,在建模方式中得到了简洁明了的体现。电阻、电感与 BEMF 之间的相互作用产生了既迷人又复杂的电机特性(图 6.5)。

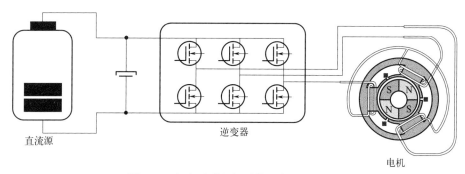

图 6.5 直流无刷电机系统(来源:EPC)

在现代运动控制系统中,控制器的目标是调节应用于电机终端的电压,以实现各相所需的电流特性。期望的电流 I 表示如下

$$I = \sqrt{I_q^2 + I_d^2}$$

其中,I_q 和 I_d 是电流的具体分量,均具有特定作用。与转子磁体位置对齐的 I_d 分量被控制为零,这意味着没有朝向转子磁体方向主动产生磁场;I_q 分量与当前转子磁体位置垂直,根据速度控制环的输出参考值来控制所需的扭矩。

为实现此目标所广泛使用的技术是磁场定向控制(Field Oriented Control,FOC)。这种方法需要实时获取直流母线电压、各相瞬时电流值以及转子的角度位置信息。转子的角度位置可通过在电机轴上安装传感器,或通过无传感器算法来确定。

电机本身的属性,比如相电阻和电感,起到滤除不必要调制谐波的作用。因此,PWM 载波的频率显著影响整个系统的行为。另外,随着电机设计趋向更加紧凑且低电感,对高带宽和更高 PWM 频率的控制器需求日益增长。

测量直流母线和相电压相对直接,通常通过分压电阻技术即可实现。而电流测量则可能较为复杂:一种方法是在电机端部串联分流器,并辅以能够隔离 PWM 电压高共模信号的电路;另一种方法是测量与逆变器低侧开关源平行排列的分流器上的电压降。后一种方法被称为"侧边分流器"(Leg Shunts)技术,提供了更简单、更经济的模拟接口；然而，它会引入与功率环路杂散电感相关的问题。这两种方法都很常见，具体选择很大程度上取决于具体的应用要求和系统设计师的偏好。

6.5.2 GaN 在电机驱动中的优势

现代电机驱动应用不断追求更高效率、更小体积和更高可靠性。GaN 器件以其在多个方面超越 Si MOSFET 的表现，有望带来突破。

其中，有两个关键因素让 GaN 器件脱颖而出：

① 相比 Si MOSFET，GaN 器件的开关损耗更低；

② 不存在体二极管 pn 结，可以消除硬开关电路中任何关联的反向恢复问题。

结合这些优势，电机驱动中的死区时间几乎被消除，为更紧凑、更高效的电机设计铺平道路。不再需要使用大体积且潜在可靠性较低的电解电容，设计师现在可以选择陶瓷电容。

GaN 的开关行为受以下三个主要因素的影响：

① 反向电容（C_{RSS}）：C_{RSS} 在开关过程中起着至关重要的作用。理想情况下，C_{RSS} 应随电压变化保持恒定。实际上，C_{RSS} 的值会随施加的 V_{DS} 电压变化而变化。因此，栅极驱动设计需考虑这一变化，以避免不必要的开关效应。

② 体二极管反向恢复：传统 MOSFET 内含内在的体二极管。在半桥条件下，该二极管会在硬变流过程中引起复杂情况。相比之下，GaN FET 中没有这种二极管，确保了平滑且可重复的开关过程，从而减少死区时间。

③ 功率回路和共源电感：这种电感是开关振荡的源头，也是 EMI 噪声的一个主要来源。利用 GaN FET，可以大幅减少这种电感，进一步减少死区时间。

长久以来，死区时间一直是电机驱动中不可避免的因素，用于防止半桥中的两个晶体管同时导通，导致效率低下。在 GaN 器件中，死区时间很低，实现了平滑的电机终端电压波形，相电流得以改善，由此大大减少了电机振动和噪声。

此外，消除死区时间还能避免相电流过零点处的电压不连续性，使整体电机效率提升，因为所施加的扭矩变得更平稳、更一致。

6.6 隔离式 GaN 驱动器

电力电子系统的发展一直集中在 GaN FET 的集成上，其中一个重要进展是集成了隔离式栅极驱动器。这一突破的先驱标志是将隔离式栅极驱动器和电源集成进同一封装。这种方法不仅优化了系统架构，还成功抑制了电磁干扰（EMI）路径。最终效果包括缩短产品上市时间、降低系统支出和增加投资回报。

集成驱动专为流行的肖特基栅增强模式（E-mode）GaN FET 的栅极进行了定制。此外，它还能驱动某些在级联结构中使用低压逻辑 MOS 器件的共源共栅 GaN 器件。其显著特点是最大驱动能力，确保在 GaN FET 开关过程中的高效控制。为了进一步帮助设计者,业内已经引入了一种在线 FET 选型工具,旨在确定 FET 器件与驱动器的兼容性。

GaN 和 SiC 在功率器件领域是有一定区别的,尽管它们都属于宽禁带且具备很好的系统级效率,但其集成仍面临巨大挑战。传统的配置需要隔离式栅极驱动器和电源,这往往形成 EMI 路径,可能会降低性能。

集成驱动独特的磁隔离可有效地传输 PWM 信号和栅极功率。这项设计的最大优点是极大地降低了主域和隔离域间的总寄生电容。这与传统隔离式栅极驱动器形成鲜明对比,后者因额外部件存在较高的寄生电容。

集成隔离式栅极驱动器的出现,标志着 GaN FET 控制领域的变革。通过结合隔离式栅极驱动器和电源,这种新型驱动器不仅简化了系统设计,而且以较小尺寸提供了更高的效率。搭配有助于简化系统设计的工具,它能够成为高性能功率电子领域的关键技术。

6.7 电源供应:数字控制

在当今科技飞速发展的时代,对于紧凑高效电源的需求持续上升,这缘于电子产品小型化的趋势。传统上,变压器的固有尺寸导致电源相当庞大。然而,近期的发展,尤其是 GaN 集成电路及先进电源管理技术的问世,为这一领域的重大变革开辟了道路。

GaN 功率器件与先进数字控制器的集成,提供了一种新型电源管理解决方案。这种集成既确保了能源效率的提高,同时也促进了电源供应单元的小型化。这种进步不仅限于典型的 AC/DC 电源,也已扩展到智能充电站和电动汽车等领域。

GaN 的宽禁带特性确立了其作为下一代半导体技术的关键角色,其卓越特性,如高击穿能力和在大电流下高速运行的能力,加上高开关频率,确实令人瞩目。与其前辈 Si 材料相比,GaN 能以惊人的速度运行,输出更多功率的同时维持较小的体积和重量。

数字化控制的电源系统具有诸多优势,专门满足原始设备制造商(Original Equipment Manufacturers,OEM)对精简而强大的电源机制的严苛需求。这种系统对于各种产品都至关重要,包括从小巧的快速充电器,到更大型的例如电动汽车在内的应用领域。

传统设计即使采用了 GaN,在实现极端小型化方面仍存在一定的局限。但是,借助数字控制机制,大幅度提升了开关频率,使其可采用更小的电容和电感。这种数字集成解决方案显著削减了生产成本,相比于同类模拟方案,重量和体积减小了约 30%。

6.8 低温应用

近年来,GaN HEMT 的发展开启了其在低温应用的大门。此类应用横跨航空航天、超导系统以及储能等多个行业。随着温度进入极限范围,GaN 相对于 Si 的独特优势越发明显，即便在接近150℃的条件下，GaN 也展现出卓越表现。

当着眼于仅数开尔文温度下的场景时，GaN 的应用价值更加突出。例如，现代航空航天和超导系统经常要求在超低温度下有效工作。传统上，为维持室温而进行绝缘的电力系统会带来成本上涨和复杂度增加等问题。因此，能在寒冷环境下直接运行的设备具有独特的优势。

随着温度下降，Si 和宽禁带材料（如 SiC 和垂直型 GaN）表现出两种主要效应：

① 载流子迁移率提升：随着温度降低，电子与声子之间的相互作用减弱，导致载流子迁移率提升，这不利于器件性能。

② 载流子密度下降：这导致沟道电阻增大和阈值电压（V_{th}）的正向偏移。

GaN HEMT 得益于 AlGaN 势垒与 GaN 层之间的极化失配，无需掺杂即可达到高电子浓度，且电子浓度不受温度波动的影响。

对商用 GaN 器件的特性研究表明，即便在低至 77K 的温度下，其性能相对仍有提升。研究中值得注意的一点是器件阈值电压的变化。虽然 GIT 器件的 V_{th} 在温度下降时略有增加，但级联器件却大幅增加。不过，其电路允许更高的栅极电压有效地弥补了这一偏移。

器件的一个显著的特点是导通电阻，温度的下降导致电子迁移率的提高，从而使得导通电阻下降。然而，这一点在不同被测器件间有所差异，凸显出制造商所用 HEMT 技术的不同之处。

设计电路时，软开关损耗和硬开关损耗是重要参数，它们表现出明显的温度依赖性。软开关损耗受特定能级陷阱位点能量水平的影响，并且根据 GaN 缓冲层和 Si 衬底组成而有很大差异。相比之下，硬开关损耗在广泛的温度范围内会保持相对稳定。

6.9　LED 技术

LED 技术一直处于照明创新的前沿，而最近的发展更是推动它向前迈进了一大步。一项开创性的发现揭示了立方氮化镓（Cubic GaN）制造的 LED，可能比六方晶相开发的 LED 具有更快的开关速度。这一发现不仅有望彻底改变照明产业，还将对高速通信领域产生革命性影响。

立方氮化镓的独特属性可以开发出更高效的绿光、黄光和红光 LED。这些 LED 不仅有利于多种照明和显示应用，还可以显著减少碳排放。该领域的创新每年可以节省高达 1.2 亿吨的 CO_2 排放，相当于抵消 32 座燃煤发电厂的排放量。

LED 在通信领域的潜力正在迅速增长。鉴于立方氮化镓具有较短的载流子寿命，有可能制造出在可见光谱范围内以超过 1GHz 的极高速率切换的 LED。

新兴的通信技术——Li-Fi（Light Fidelity，可见光无线通信），可以从这一突破中获益良多。与基于点对点系统的可见光通信（Visible Light Communication，VLC）不同，Li-Fi 是一种支持点对多点通信的无线网络系统。在 Li-Fi 系统中，数据速率与

LED 属性（例如尺寸和开关速度）密切相关。更小的 LED 尺寸尤其有利，因为它们允许更高数据速率。

结合立方氮化镓 LED 的高效率与快速开关能力能够推动 Li-Fi 和其他可见光通信应用的数据传输速率提升。

从研究过渡到大规模制造总是充满挑战。然而，业内已经在 150mm Si 晶圆上成功展示了这一技术。要将这项技术扩大至更大晶圆，需要采取策略来控制晶圆弯曲问题，但鉴于其他半导体领域已有成熟的技术，这个挑战是可以克服的。

这一技术引人瞩目的另一个方面在于它与行业标准的 MOCVD 的兼容性，这意味着新材料可以在不进行重大改动的情况下，集成到现有的大批量生产线。

6.10 无线充电技术

无线充电正在科技行业变得越来越普及，无需电线或插头就能为设备充电，提供了更加便捷的方式。随着技术的进步，得益于 GaN 功率器件的应用，无线充电变得更加高效和快捷。

无线充电主要有两种类型：磁感应和磁共振。磁感应是通过一个线圈产生电磁场，在设备内的另一个线圈感应出电流，从而提供电力。磁共振则使用多个线圈创建共振电磁场，允许远距离充电，并能穿透某些表面，例如桌子或背包。

无线充电利用电磁场在两个物体（充电板或基站与无线充电设备）之间传输能量。无线充电背后的技术被称为电磁感应。充电板或基站包含一段由导线绕成的线圈，当电流通过时会产生磁场。当配备无线充电接收器的设备进入磁场范围时，会在设备内部的线圈中感应出电流。然后，此电流为设备中的电池充电。

当设备放置在充电板（或基站）上时，充电板和设备之间产生电场，该电磁场会从充电板传递到设备。其中的电磁能量随后转换为电能，给设备中的电池充电。

无线充电采用名为 Qi 的标准，由无线电力联盟（Wireless Power Consortium）制定。许多制造商采纳了这一标准，且在智能手机及其他设备上日益流行。

GaN 作为一种宽禁带半导体，在电力电子行业中因其独特的电气特性而受到青睐。GaN 功率器件在更高电压、更高开关频率和更高温度下运行，相比传统 Si 器件，这是一个更有效的解决方案。

在无线充电中使用 GaN 功率器件有许多好处。首先，GaN 功率器件可以处理更高的功率密度，使充电时间缩短。其次，GaN 功率器件的工作频率更高，减少了对大容量电容和电感的需求，从而使无线充电板变得更小、更便携。

此外，GaN 功率器件将较少的能量转化为热能，降低了充电过程中的能耗和热量。散热是在无线充电中的一大顾虑，因为热量可能会损害被充电的设备和充电板本身。

GaN 功率器件在制造成本上也更具性价比，相较于传统的 Si 器件更为经济实惠，这对无线充电设备制造商来说是个吸引人的选择。GaN 还比 Si 器件更可靠，降低了维修和更换的频次。

如今，GaN 功率器件广泛应用于各类无线充电技术中，包括最为普及的 Qi 无线充电标准。在启用 Qi 功能的无线充电中，GaN 功率器件实现了更快的充电时间和更高效的电力传输，成为追求快速充电体验用户的理想选择。

尽管无线充电技术主要用于像智能手机、智能手表和笔记本电脑这样的消费电子产品，但也可以用于汽车工业中，以无线充电板的形式为电动汽车（EV）充电。这为车辆充电提供了更高效和便利的方式，无需将车辆物理连接至充电站。

无线充电也在医疗保健行业中得到实施，特别是对于植入式心脏起搏器和胰岛素泵等医疗设备，允许实现更简单、更频繁的充电。

常规的 Qi 无线充电在中功率领域中使用 80~300kHz 的频率，在低功率等级（最高 5W）使用 110~205kHz。无线电力传输（Wireless Power Transfer，WPT）的有效性与发射和接收线圈在一定分离距离下的品质因数（Q_1，Q_2）呈反比关系。

这些因数取决于频率，在 5~15MHz 可达到最大品质因数。得益于 GaN HEMT 的高频开关能力，使其成为可能，其中的优势包括：

① 相比传统 kHz 频率可达到的 15W，可传输更高功率水平（>1000W）；

② 在所有三个轴上具有更大的空间自由度；

③ 更薄的 PCB 天线和收发组件，更轻的重量有益于电动汽车应用，如舱内充电、照明、电动座椅等；

④ 较大的 z 轴间距，使得发射器可以置于表面下方及墙壁后方，大大简化了外部安全摄像头的安装，也允许车内的充电盒为电动工具充电；

⑤ 不加热金属物体。

利用 GaN 的高效 WPT 可以简化现有应用，并且开发新应用。例如，200W 的电动滑板车充电，其中踏板车在充电板上的方向灵活性简化了实施方案。

由于在低功率级别工作时效率低下且存在局限性，传统无线充电技术——尤其是基于 Qi 标准的那些——实际上只适用于小型设备，如智能手机、穿戴设备、医疗植入设备和物联网（Internet of Things，IoT）设备。另外，这些技术不仅产生的热量减缓了充电速度，而且还需要增强散热。就碳排放而言，它们也不够环保。

当前大多数可用的无线充电方式体积庞大、价格昂贵，且不是特别方便，往往要求被充电设备必须极其精确地定位以确保有效耦合。

一个降低效率的主要问题是 Qi 设计的复杂性，整个转换过程需要五个阶段。值得注意的是，不在满负荷运转时效率会迅速下降。例如，Eggtronic 公司开发了 E2WATT 无线电力传输架构，以解决传统方法的缺点。E2WATT 是一款基于 GaN 的解决方案，其结合了电源供应和无线充电器，并基于专利感应技术。该技术依靠专利拓扑结构，实现零电压开关和零电流开关的无线电力传输，将转换阶段级数减少到两个。

参考文献

[1] D. J. Binks, P. Dawson, R. A. Oliver, D. J. Wallis, Cubic GaN and InGaN/GaN quantum wells. Appl. Phys. Rev. 9(4), 041309 (2022).

[2] H. S. Gagan, Vehicle Detection Using Point Cloud and 3D LIDAR Sensor to Draw 3D Bounding Box (Springer).

[3] B. J. Baliga, Wide Bandgap Semiconductor Power Devices: Materials, Physics, Design, and Applications (Elsevier).

[4] A. Lidow (ed.), GaN Power Devices and Applications - 2021 (EPC, 2021).

[5] A. Lidow, J. Glaser, GaN-based solutions for cost-effective direct and indirect time-of-flight lidar transmitters are changing the way we live, in 2022, International Power Electronics Conference (IPEC-Himeji 2022- ECCE Asia), Himeji, Japan (2022), pp. 637-643.

[6] X. Ming, Z.-K. Ye, Z.-Y. Lin, Y. Qin, Q. Zhou, B. Zhang, A Fully-integrated GaN driver for time-of-flight lidar applications, in 2022 IEEE 34th International Symposium on Power Semiconductor Devices and ICs (ISPSD), Vancouver, BC, Canada (2022), pp. 169-172.

[7] L. Nela, N. Perera, Performance of GaN Power Devices for Cryogenic Applications Down to 4.2 K. IEEE Trans. Power Electron. 36(7) (2021).

[8] E. O. Prado, An overview about Si, superjunction, SiC and GaN power MOSFET technologies in power electronics applications. Energies 15, 5244 (2022).

[9] Technical articles of M. Di Paolo Emilio. https://www.powerelectronicsnews.com/author/maurizio/.

[10] F. (Fred) Wang, Characterization of Wide Bandgap Power Semiconductor Devices (The Institution of Engineering and Technology, London, United Kingdom).

[11] H. Yu, T. Duan, Gallium Nitride Power Devices (Pan Standford Publishing).

[12] Y. Zhong, A review on the GaN-on-Si power electronic devices. Fundam. Res. 2, 462-475 (2022).

第 7 章

SiC

本章中，我们将以广阔的视角探讨碳化硅（Silicon Carbide，SiC）的主要性质，并逐步深入讨论该材料的电气和器件特性。

7.1 引言

SiC 是一种由等量的硅（Si）原子和碳（C）原子组成的化合物半导体材料，以严格的 1∶1 化学计量排列。硅原子和碳原子都是四价的，即它们的最外层有 4 个价电子，以四面体方式形成共价键，从而构成 SiC 晶格。Si—C 键的强度以及高达 4.6eV 的键能，赋予了 SiC 卓越的性能。

从晶体学的角度来看，SiC 因其多型性而引人注目，它能够在不改变化学成分的情况下采用不同的晶体结构。这种多型性源于密排六方系中沿 c 轴堆叠序列的变化。SiC 可以表现出 200 多种多型体，其中常见的有 3C-SiC（β-SiC）、4H-SiC 和 6H-SiC。这些多型体采用拉姆斯德尔（Ramsdell）标记法表示，指定了晶胞中硅-碳双层的数量和晶系（C 代表 cubic，立方晶系；H 代表 hexagonal，六方晶系；R 代表 rhombohedral，菱面体晶系）。

SiC 众多多型体的存在尚不完全为人们所理解，但这可能归因于 SiC 的中间离子性，它介于强共价键和高离子键晶体之间。SiC 多型体具有不同的空间群，从而产生独特的光学特性，尤其是六方多型体和菱面体多型体，使其在各种应用中具有重要价值。

7.2 SiC 的特性

SiC 是一种 Ⅳ-Ⅳ 族宽禁带化合物材料，Si 原子和 C 原子之间存在强大的化学键，因此具有高硬度、化学惰性和高热导率的特点。在 SiC 中，可以实现宽范围的 n 型和 p 型注入掺杂，且可形成相对较薄的热原生 SiO_2 层。与 Si 相比，SiC 的禁带高达 3 倍，临界电场强度高达 7~9 倍，热导率高达 3 倍。这些有利的材料特性使得 SiC 能够制造出高效功率器件，减少尺寸并简化冷却，从而在性能上实现了相对于 Si 的质的飞跃。这一点很早就得到认可，并促使对 SiC 进行大量投资。2001 年业内推出首款商用 SiC 肖特基势垒二极管（SBD），2010 年推出首款商用 SiC MOSFET，2018 年开始将商用 SiC MOSFET 正式应用于电动汽车中。

SiC 器件被越来越多地用于对尺寸、重量和效率有严格要求的高压功率变流器中，因为与常用的 Si 相比，SiC 提供了许多吸引人的特性。其导通电阻和开关损耗更低，SiC 的热导率高达 Si 的约 3 倍，从而使得器件散热更快。这一点很重要，因为当 Si 器件的面积变小时，电能变换过程中产生热量的耗散变得尤为困难，而 SiC 则能更好地散热。

由纯 Si 和 C 组成的 SiC 相对于 Si 具有三个主要优势：更高的临界雪崩击穿场强、更高的热导率和更宽的禁带。SiC 具有 3eV 以上的宽禁带，并且可以承受比 Si 高 8 倍以上的电场强度而不会发生雪崩击穿。更宽的禁带使得 SiC 在高温下具有更低的泄漏电流，从而提高效率。更高的热导率则对应于更高的电流密度。SiC 衬底的高击穿场强允许使用更薄的衬底结构，可以实现薄至外延 Si 层的 1/10 的厚度。此外，SiC 的掺杂浓度相对于 Si 的可高达 2 倍，因此，可降低芯片表面电阻，并显著减少导通损耗。

SiC 技术现已被广泛认为是 Si 的可靠替代品，并在许多功率模块和功率逆变器制造商未来产品的路线图中奠定了基础。这种宽禁带技术在特定负载下通过大幅减少开关损耗和导通损耗，同时提供改进的热管理，从而实现了前所未有的能源效率。在电力电子系统中，热设计在确保高能量密度和小型化电路尺寸方面发挥着至关重要的作用。在这些应用中，SiC 是一种理想的半导体材料，因为其热导率几乎是 Si 半导体的 3 倍。

SiC 技术适用于更高功率的项目，如电机、电力驱动和逆变器。电力驱动制造商正在开发新的驱动电路，以满足转换器中更高开关频率的需求，并通过采用更复杂的拓扑结构来减少电磁干扰（EMI）。SiC 器件需要更少的外部组件，具有更可靠的系统布局和更低的制造成本。SiC 的高效率、更小的尺寸和重量可实现智能设计并减少冷却需求。

SiC 是先进半导体技术的首选衬底材料，特别是用于功率器件，以满足电子设备不断增长的需求。SiC 的电流密度高达 Si 的 2~3 倍，并允许更高的工作温度（高达 400℃，而 Si 为 175℃）。

SiC 的导电和开关性能比硅好约 10 倍，而且 SiC MOSFET 的芯片面积几乎是 IGBT 的一半。

SiC 功率器件的主要特性可归纳如下：
- 高击穿电压；
- 低导通电阻 $R_{DS(on)}$；
- 高开关频率；
- 低开关损耗和导通损耗；

- 更高的结温，带来出色热管理。

作为一种宽禁带半导体，SiC 展现出比 Si 更高的禁带能量（3.2eV，比硅高出约 3 倍，Si 为 1.1eV）。由于在半导体的导带中激发价电子需要更多的能量，因此可以在高温下实现更高的击穿电压、更高的效率和更好的热稳定性。SiC MOSFET 的主要优势在于其低漏源导通电阻 $R_{DS(on)}$。因此，基于 SiC 的功率器件可以提供更高的功率水平，从而最大限度地减少功率损耗，提高效率并减小组件尺寸。低输出电容和低 $R_{DS(on)}$ 使 SiC 器件适用于开关设计，如电源、三相逆变器、放大器和电压转换器（AC-DC 和 DC-DC）。使用 SiC 器件还可以显著节约成本，并减小许多开关应用中使用的磁性组件（变压器和电感器）的尺寸。

热导率是另一个关键属性，它表明降低半导体器件中由功率损耗产生的热量的难易程度，从而防止器件工作温度升高带来的风险。对于热导率较低的半导体（如 Si）器件，更难保持较低的工作温度。为此，引入了一种特殊的工作模式，称为降额，通过降低器件部分性能以保障其不工作在高温。相反，高热导率可以确保器件得到充分冷却，而不用降低任何性能。SiC 可以在超过 200℃ 的温度下工作，比 Si MOS 器件的典型结温高出 50℃。对于许多 SiC 器件，此温度可高达 400℃ 或更高。此属性允许 SiC 功率器件即使在高温下也能高效运行，避免性能降额和平均无故障时间（MTTF）的缩短，从而提高质量和可靠性。

在功率变换系统中，人们一直努力减少功率变换过程中的能量损失。现代系统大都采用固态晶体管与无源元件结合进行开关工作的技术。对于晶体管带来的损耗，有几个方面是相关的。其中，必须考虑的是导通阶段的损耗。在 MOSFET 中，它们由经典电阻定义；在 IGBT 中，其由输出特性的微分电阻乘以膝点电压（V_{ce_sat}）来决定。通常可以忽略阻断阶段的损耗。

然而，在开关期间，导通和关断状态之间总有一个过渡阶段。相关损耗主要由器件电容定义；在 IGBT 的情况下，由于少数载流子的运动（导通峰值和拖尾电流）还会产生其他损耗。基于这些考虑，人们可能期望所选器件始终是 MOSFET，但是，特别是对于高压，Si MOSFET 的电阻变得非常高，以至于总损耗平衡劣于 IGBT，而 IGBT 可以通过少数载流子进行电导调制以降低导电模式的电阻。

由于 SiC 的击穿场强高出 10 倍，因此可以制作出更薄的有源区，同时可以结合更多的自由载流子，从而实现更高的电导率。可以说，对于 SiC 的情况，快速变换的单极器件（如 MOSFET 或肖特基二极管）与较慢的双极结构（如 IGBT 和 pn 结二极管）之间的变换现在已经向更高的阻断电压迈进。或者，反过来，以前使用 Si 在 50V 左右的低压区域可以实现的功能，现在使用 SiC 也可以在 1200V 器件上实现。

英飞凌（Infineon）在 25 年前就发现了 SiC 的这些潜力，并组建了一个专家团队来开发这项技术。在这条道路上，英飞凌的里程碑式事件包括 2001 年在全球首次推出基于 SiC 的 SBD，2006 年推出首款含有 SiC 的功率模块，以及 2017 年随着全球最具创新性的 Trench CoolSiC™ MOSFET 的首次亮相，其位于奥地利菲拉赫的创新工厂全面使用了 150mm 晶圆技术。

下面重点介绍 SiC 的电气特性。

在 2K 的低温下，人们研究了不同 SiC 多型体的带隙特性与"六方性"这一参数的关系。在此背景下，六方性是指在单位晶胞内，六边形位置与总的 Si-C 双层（包括六边形和立方体位置）的比例。该参数描述了各种 SiC 多型体的晶体结构。值得注意的是，SiC 多型体的带隙呈现出一致的趋势：随着六方性的增加，带隙也在增加。这表明晶体结构与电子特性之间存在直接联系。在室温下，这些多型体的带隙分别为：

3C-SiC，约 2.36eV；

4H-SiC，约 3.26eV；

6H-SiC，约 3.02eV。

随着温度的升高，带隙 [称为 $E_g(T)$] 会减小，这种减小主要是由于热膨胀引起的。带隙随温度变化的特性可以使用半经验公式来表达：

$$E_g(T) = E_{g0} - \alpha T^2/(T+\beta)$$

其中，E_{g0} 表示绝对零度（0K）下的带隙；T 表示以开尔文为单位的温度；α 和 β 是拟合参数，α 约为 8.2×10^{-4} eV/K，β 约为 1.8×10^3 K。

值得注意的是，SiC 的带隙也会受到掺杂浓度的影响。当掺杂水平超过 10^{19} cm^{-3} 时，带隙往往会减小。这种效应是由杂质的存在导致带边附近形成明显的尾态所引起的，从而改变了材料的电子特性。

在相同的掺杂浓度条件下，4H-SiC 的电子迁移率明显优于 6H-SiC。此外，与 6H-SiC 相比，4H-SiC 的空穴迁移率也略有提高。这些独特特性可以通过考伊-托马斯（Caughey-Thomas）方程进行数学描述，该方程通常用于模拟半导体材料中的低场电子和空穴迁移率。考伊-托马斯方程是预测和理解半导体（如 SiC）中载流子迁移率的宝贵工具，考虑了各种材料特性、掺杂浓度和晶体结构，使研究人员和工程师能够在设计和优化基于 SiC 材料的电子器件和电路时做出明智的决策。

在半导体物理学领域，电荷载流子（如电子）在电场作用下的行为具有重要意义。当受到低电场作用时，这些载流子的漂移速度（表示为 v_d）与电场强度（表示为 E）呈线性关系，可以表示为 $v_d = \mu E$，其中，μ 是载流子迁移率。

然而，随着电场的增强，载流子获得更多能量并与半导体的晶格结构相互作用，从而导致偏离这种线性关系。这种漂移速度对电场的非线性依赖性可以通过更复杂的方程来描述：

$$v_d = \mu E [1 + (\mu E/v_s)^\gamma]^{1/\gamma}$$

其中，v_s 表示半导体内的声速，γ 是表征该关系非线性的参数。当电场达到足够高的值时，载流子开始与光学声子相互作用，最终导致漂移速度饱和。饱和漂移速度 v_{sat} 大致由以下公式给出：

$$v_{sat} = \sqrt{\frac{8\hbar\omega}{3\pi m}}$$

人们通过实验测量研究了 n 型 4H-SiC 和 6H-SiC 半导体材料中电子的漂移速度。对于 4H-SiC，在低电场（$<10^4\,\text{V/cm}$）和室温下测得的低场迁移率为 $450\,\text{cm}^2/(\text{V}\cdot\text{s})$。该值与图 7.1 中显示的特定施主密度（$2\times10^{17}\,\text{cm}^{-3}$）的数据一致。此外，发现 4H-SiC 的饱和漂移速度在室温下约为 $2.2\times10^7\,\text{cm/s}$，该值与理论计算提供的估计值一致。重要的是，能够观察到饱和漂移速度随着温度的升高而降低。

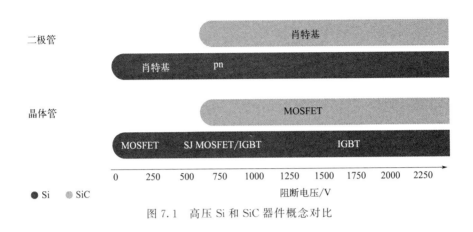

图 7.1　高压 Si 和 SiC 器件概念对比

值得一提的是，由于其间接带结构，SiC 不会展现出所谓的转移电子效应（也称耿氏效应，Gunn Effect）。至于 6H-SiC，虽然有关于电子饱和漂移速度的实验数据，但在相关资料中并未明确提及。

下面再介绍 SiC 的一些其他特性。

① 热导率：SiC 具有高热导率，使其在各种应用中的热管理方面表现优异。在室温下，高纯度 SiC 的热导率为 $4.9\,\text{W}/(\text{cm}\cdot\text{K})$。其热导率受掺杂密度和晶向的影响。对于垂直型功率器件中常用的重氮掺杂 4H-SiC 衬底，室温下沿 〈0001〉 方向的热导率为 $3.3\,\text{W}/(\text{cm}\cdot\text{K})$。

② 声子色散：SiC 的声子色散关系揭示了其独特性质。多型体（例如，3C-SiC、4H-SiC）影响着声子色散曲线，在 NH 多型体中，布里渊区沿 c 轴以因子 "n" 缩小。这种区域折叠产生了新的"折叠模式"。声子分支的数量随多型体而异，其中，3C-SiC 有 6 个分支，4H-SiC 有 24 个分支，6H-SiC 有 36 个分支。

③ 拉曼散射：SiC 在不同多型体中具有独特的声子频率，可通过拉曼散射光谱进行识别。拉曼散射测量揭示了主要的声子能量，并在表征 SiC 晶体方面发挥着至关重要的作用。

④ 力学性能：SiC 以其卓越的硬度和力学强度而闻名。它是最坚硬的材料之一，其硬度和杨氏模量远高于 Si，即使在高温下也能保持其硬度和弹性。其室温下的屈服（断裂）强度很高（21GPa），在 1000℃ 时仍然很可观（0.3GPa），这与 Si 在高温下强度急剧下降的情况形成鲜明对比。

7.3 SiC 晶圆制造与缺陷分析

SiC 晶圆的制造是一个复杂而精细的过程,在生产高性能电子器件(如二极管和 MOSFET)中起着至关重要的作用。SiC 晶圆因其卓越的硬度和宽禁带特性而受到青睐,适合各种应用,尤其是在高压和高温环境中。

SiC 晶圆制造过程包括几个关键步骤,将 SiC 原材料转变为适合器件制造的抛光晶圆(图 7.2)。

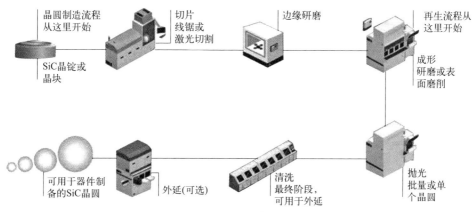

图 7.2 SiC 晶圆制造流程

① 切片:由于 SiC 硬度高,SiC 晶圆的切片与 Si 晶圆有很大不同,需要采用专门的技术将其切割成薄片。此步骤需要仔细调整线型、张力和进给速度等参数,以优化切片过程。另外,尽管存在一些技术挑战,但业内也在探索更先进的激光切割技术。

② 边缘研磨:边缘研磨是晶圆成形中的关键步骤,尤其对于 150mm 及以下尺寸的晶圆而言。一般需要在研磨(Lapping)和表面磨削(Surface Grinding)之间进行选择,许多人选择单面研磨以简化流程。目标是在最小化去除材料的同时,控制边缘轮廓以及其他成本和产量。

③ 抛光:成形后,晶圆需要进行抛光处理,以获得高质量、可用于器件制备的表面。抛光最后步骤可能需要使用细砂轮,以尽量减少需要去除的材料量。

④ 清洗:抛光后的清洗是必要步骤,以确保晶圆无污染物。具体的清洗步骤和使用的化学浴可能有所不同,但它们类似于传统的优质硅晶圆清洗顺序。

⑤ 外延(可选):根据将在 SiC 晶圆上构建的器件的预期应用和工作电压要求,可能需要生长外延层。该层的厚度和掺杂分布根据器件规格进行定制。一些公司对外提供外延服务,而其他公司可能更喜欢在公司内部处理此过程,以保护专有的掺杂分布。

在整个晶圆制造过程中,不同步骤之间的处理时间和产量可能会有显著差异。批次大小、设备效率以及特定技术的选择等因素影响整体生产速率。

值得注意的是，由于 SiC 材料的独特性，SiC 晶圆制造与传统 Si 晶圆生产不同。随着 SiC 行业的不断发展，优化这些工艺并解决与 SiC 切片、边缘研磨和外延生长相关的挑战，对于满足高性能 SiC 基器件不断增长的需求至关重要。

（1）晶圆

SiC 具有很强的物理键，从而具有出色的力学、化学稳定性以及热稳定性。然而，SiC 晶圆的制造是一个复杂的过程，并非所有晶圆都适用于二极管和 MOSFET 等终端产品。

SiC 晶圆和器件的制造面临着各种挑战。其中一些挑战，包括供应商稀缺、原材料质量和缺陷密度，以及生产过程本身等问题，都类似于生产更大尺寸 Si 晶圆所面临的障碍。因此，尽管行业努力实现 200mm 晶圆直径，但也在大力提升和优化 150mm 晶圆技术。

扩大晶圆尺寸具有显著降低单个元件成本的优点。但是，它在消除缺陷和提高半导体产品可靠性方面带来了巨大挑战。在 SiC 衬底制造过程中遇到的常见缺陷包括晶体堆垛层错、微管、凹坑、划痕、污渍和表面颗粒。市场挑战主要围绕能够满足车辆电气化和电池充电系统不断增长需求的电源解决方案。尤其是汽车领域，下一代电动汽车必须满足高效率、高可靠性、缓解缺陷和降低成本等严格要求，这些已成为 SiC 生产商关注的焦点。

SiC 逆变器已成为应对这些挑战的关键解决方案。这些逆变器根据驾驶需求调节向电机输送的功率，同时将直流电输入转换为交流电。随着电动汽车从 400V 系统过渡到 800V 系统，SiC 的重要性日益凸显。基于 SiC 的逆变器可以实现高达 99% 的效率，超过了标准逆变器在将电池中的能量传输到电机时 97%～98% 的效率。

由于 SiC 晶圆的制造非常困难，因此它现在占 SiC 器件成本的 55%～70%。常规 SiC 衬底通常在约 2500℃ 的温度下使用籽晶升华法制造，因此会出现工艺控制问题。晶体膨胀受到限制，需要使用大量高质量的生长源，并且升华生长速率可能适中，平均为 0.5～2mm/h。位错存在于器件晶圆中，并遍布整个晶锭。此外，由于 SiC 材料的硬度与金刚石相当，因此与 Si 衬底相比，SiC 衬底的切割和抛光速度更慢、成本更高。

SiC 器件的外延层是通过在水平或垂直式反应器中 1500～1650℃ 的温度下进行化学气相沉积形成的。正常压力范围为 30～90Torr❶，最大生长速率为 46mm/h。为了保护衬底的多型稳定性，外延生长是在 4°偏角衬底上进行的。外延的目标是减少新缺陷的产生，限制"性能下降"缺陷从衬底传播到外延层，并确保任何传播到外延的性能下降缺陷最终变成良性缺陷。人们普遍期望严格控制外延掺杂和厚度的均匀性，尤其是在晶圆尺寸增加的情况下，因为 SiC 晶圆中的缺陷会影响大面积器件的良率，而且模块中会并联多个芯片以最大限度提升电流输出能力。

---

❶ 1Torr=133.3224Pa。

总体而言，SiC 晶圆的合成比 Si 更慢、更困难。晶圆价格上涨最终会转化为更高的器件成本。确保内部衬底和外延晶圆的产能，以提高利润，是当今 SiC 行业发展垂直集成技术的关键。此外，多家企业对颠覆性 SiC 衬底生长、晶锭切片、锯切/抛光等技术的高回报潜力感兴趣。

（2）SiC 的等离子抛光

随着电动汽车中的牵引逆变器和其他功率变换应用需求的增加，推动 SiC 需求上升，其供应端也越来越受到关注。与 Si 不同，SiC 晶体生长是一个困难、昂贵且基于高温升华的过程。尽管目前大多数制造的 SiC 都是 150mm 晶圆，但许多企业正朝着 200mm 晶圆尺寸迈进，且有望实现长期成本节约。在器件制造工艺的不同阶段，会对 SiC 晶圆进行等离子抛光，以替代或补充传统的化学机械抛光（CMP）技术。

SiC 晶体生长后，通常会对其进行切片和研磨，以获得可用于芯片制造的衬底。SiC 的高硬度使该过程具有挑战性。与多线锯和金刚石浆料相比，更先进的激光切片技术可以减少锯缝损失。在此阶段生产的衬底具有表面和亚表面缺陷，需要去除。这确保了后续的外延生长（构成器件半导体部分的主体）具有最少的缺陷，因为缺陷会从衬底传播。缺陷会影响器件良率（从而影响成本）和可靠性。CMP 是用于提高外延前表面质量的既定工艺（Process of Record，POR）。

等离子抛光相比 CMP 具有优势。

在晶圆厂（Fab）的生产线中，等离子抛光提供了一种直插式抛光选项，降低了运营成本。据 Oxford Instruments 公司的数据，每台 CMP 仪器每年需用 3 万至 15 万升浆料。CMP 需要大量的水才能完成，抛光垫、浆料、水和废水处理的综合成本远高于运营等离子抛光设备的成本。预计使用等离子抛光的 150mm 晶圆的总拥有成本将降低 60%。对于 200mm 晶圆，尽管初始资本成本可能更高，但预计总拥有成本的降幅更大。将非接触式等离子抛光技术扩展到更大尺寸的晶圆更加简单。

由于 CMP 使用大量清洁水并必须处理有害化学废物，因此预计等离子抛光对环境的影响将小于 CMP。等离子抛光的废气处理要求与 Fab 中其他刻蚀设备的要求一致。

由于生长过程中的不均匀性，目前 200mm 的 SiC 晶圆必须比常规 150mm 晶圆的 $350\mu m$ 更厚（$<500\mu m$）。这最终可能会作为降低成本策略的一部分而被减薄（通过向每个生长单元中添加更多晶圆）。在这种情况下，等离子抛光方法应该更适合处理更薄的晶圆；而对于 CMP 技术，则需要仔细调整其机械部分以降低晶圆破裂的风险。

（3）SiC 晶圆切片和表面精加工解决方案

SiC 衬底制造商致力于提高工艺效率和降低晶圆制造成本，因为市场希望 SiC 功率器件价格与 Si 器件相比有竞争力。此外，对 SiC 基应用和其他所有类型半导体的需求相当大，需要创新生产工艺。

大多数制造商认为，利用成本更低的耗材或加快工艺流程可以节省成本。然而，良率的提高可使拥有成本大幅降低。耗材和表面精加工的选择会影响整个生产过程，不同批次间衬垫、浆料和模板的均匀性对于提高良率至关重要。

Pureon 是一家具有内部晶圆加工能力的耗材制造商,其利用自己的抛光和表面实验室进行测试并生成数据。此功能可为客户提供代表性数据,以降低新产品测试和认证的风险,同时对于 Pureon 来说也大幅缩短了开发周期时间。最终,加快了晶圆制造商设施的测试和验收过程。

200mm 直径的晶圆需要全新的制造工艺和机械设备,需要在大批量制造流程的每个阶段都引入新的制造技术来满足新要求。Pureon 处于理想位置,可为 SiC 晶圆生产商提供下一代解决方案,通过提高生产力和降低拥有成本来推动市场成熟。通过缩短周期时间和延长耗材使用寿命,Pureon 的解决方案可以优化和提高良率。

必须从单晶或晶锭中切割出晶圆坯料,以准备用于器件制造的 SiC 衬底。实现这一目标的主要方法是使用多线锯从 SiC 晶锭中精确切割出晶圆坯料,多线锯采用高速运转的细线,配合金刚石研磨浆料。

在晶圆制造过程中,在线锯步骤中成功切割出高质量的坯料可能是最为关键的一步,因为想要后期再改进晶圆形状非常具有挑战性。对于线锯工艺,Pureon 提供油基和非油基金刚石研磨浆料技术方案。为进一步完善该工艺,Pureon 与线锯 OEM 和客户密切合作。浆料的专有化学性质和分类的金刚石可确保批次间的均匀性,从而在客户现场实现可重复流程,并提高晶圆良率和质量。

使用含有金刚石和抛光垫的抛光浆料对晶圆进行机械抛光是生产 SiC 衬底的下一个重要步骤。可采用双面、单面或单双面结合的抛光工具进行这一典型工艺。该生产步骤的结果是,晶圆在准备进行最终抛光时,已具有极高的平坦度和较低的粗糙度。

开发基于金刚石的浆料一直是 Pureon 创新团队的首要任务。该公司已经找到了高度优化的配方,可以调整各种 SiC 衬底表面上的材料去除率。Pureon 也开发出用于研磨 SiC 晶圆的新解决方案,可同时实现高表面质量和改善的材料去除率。

(4) 老化测试

老化测试(Burn-in Testing)是识别半导体器件早期失效的关键过程,对于提高器件可靠性至关重要。这类测试通常在封装好的半导体器件或模块上进行,并且越来越多地在整个半导体晶圆离开制造厂之前进行。此外,老化测试还用于评估研发实验室中新开发器件的性能和可靠性。

半导体器件的质量和可靠性已变得至关重要,尤其是在汽车行业等客户长期要求每百万缺陷零件率极低的行业中。为了满足这些需求,多家公司提供了全面的测试系统解决方案,包括生产和认证封装部件的老化测试系统,以及晶圆级老化及测试系统。

该领域的一个关键重点是实现"无妥协测试",即晶圆上测试的每个器件都具有 100% 的可追溯性。这意味着测试系统详细记录对每个器件进行了哪些测试,并精确指出器件何时失效。

市面上有多种测试系统可供选择,例如 Aehr Test Systems 公司推出的 FOX 系列晶圆级测试系统和老化测试系统。该系列包括用于单片测试的 FOX-CP、用于双片测试的 FOX-NP,以及能够同时测试多达 18 片晶圆的 FOX-XP。这些系统还支持裸片或模块测试以及老化应用。

FOX 平台是目前领先的解决方案，在整个晶圆上跟踪每个器件或晶圆的特性和位置时，通过该系统提供的高电子密度来实现测试。

FOX 平台包括各种系统配置：

FOX-1P：高度并行的系统，使用内置自检来一次性评估整个晶圆，从而提供具有成本效益的解决方案。

FOX-CP、FOX-NP 和 FOX-XP：模块化系统，不同配置间共享通用电子组件。

通道模块（Channel Module）：利用通道模块为被测器件提供测试模式和电源。

刀片（Blade）：包含多个通道模块，提供高密度的活动测试通道。

FOX-CP 有一个刀片，FOX-NP 可以并行拥有最多两个刀片（两个晶圆），而 FOX-XP 可以容纳最多 18 个刀片（18 个晶圆）进行同时测试，从而显著降低老化成本和测试成本。

SiC 在功率领域中越来越多地取代 Si，但它面临着与早期失效有关的问题。为了缓解这些问题，必须在封装级或晶圆级进行扩展应力测试或老化测试。在封装之前芯片性能的稳定是一个关键问题，特别是多芯片并联封装。因为它们可能会稳定在不同的阈值范围，这在运行时可能导致一些问题。

除了老化测试外，诸如正栅极应力、负栅极应力、漏极应力和体二极管应力等应力测试对于达到所需的质量水平至关重要，特别是在 SiC 和多芯片封装或模块中。由于早期失效的良率损失与每个模块的芯片数量之间存在线性关系，因此该行业的发展方向是晶圆级老化测试系统。这种转变是由最小化良率损失的需求驱动的，因为良率损失的成本高于老化测试本身的成本。

（5）缺陷

SiC 晶圆中的缺陷大致可分为两大类：晶圆内部的晶体缺陷和晶圆表面附近的表面缺陷。晶体缺陷包括多种类型，例如：

- 基面位错（Basal Plane Dislocations，BPD）；
- 堆垛层错（Stacking Faults，SF）；
- 刃位错（Threading Edge Dislocations，TED）；
- 螺位错（Threading Screw Dislocations，TSD）；
- 微管（Micropipes）；
- 晶界（Grain Boundaries）。

SiC 晶圆外延层的质量在很大程度上取决于生长参数。在生长过程中，晶体缺陷和污染物可能延伸到外延层和晶圆表面，从而产生各种表面缺陷，如胡萝卜型缺陷、多型夹杂物和划痕。在某些情况下，这些缺陷甚至可能转变为其他类型，最终影响 SiC 器件的性能。

目前常用的一种 SiC 晶圆是在 4°偏角的 4H-SiC 衬底上生长的 SiC 外延层。这种选择是基于大多数缺陷与生长方向平行。因此，在 SiC 衬底上以 4°偏角生长 SiC 外延层不仅保留了 4H-SiC 晶体，而且还确保了缺陷具有可预测的方向。此外，这种方法增加了从单个晶锭中可以获得的晶圆总数。

然而，值得注意的是，较低的偏角可能导致不同类型缺陷的产生，如 3C-SiC 多型夹杂物和内部生长的堆垛层错。

7.4 器件工艺

MOSFET 自诞生以来，就作为高度成功的器件脱颖而出，主要用作功率变换器中的开关。SiC 功率 MOSFET 的结构设计与 Si MOSFET 非常相似，都具有绝缘栅结构。与 Si 器件相比，SiC 功率 MOSFET 具有更高的阻断电压能力，同时保持较低的导通损耗和开关损耗。这一优势源于 SiC MOSFET 固有的较低导通电阻和较小尺寸。值得注意的是，SiC 功率 MOSFET 利用了 SiC 的优异材料特性，从而显著提高了器件性能。然而，SiC 功率 MOSFET 存在一个缺点，即在栅氧化层界面引入碳簇，这会提高栅氧化层的界面陷阱密度（Dit），导致沟道电阻增加。

SiC 功率 MOSFET 可根据栅极和漂移区的结构特点分为不同类型。基于栅极结构，SiC MOSFET 结构有两种基本类型：平面栅 MOSFET（DMOSFET）和沟槽栅 MOSFET（UMOSFET）。平面栅 MOSFET 可进一步细分为传统 MOSFET 和超结 MOSFET（SJ MOSFET）。如图 7.3 是三种 MOSFET 的示例。

许多著名的 Si 基技术和方法已成功移植到 SiC。然而，由于 SiC 的特性，一些操作必须进行优化，如晶圆减薄、刻蚀、热注入、退火以及低电阻欧姆接触的形成。由于 SiC 对化学溶剂具有惰性，因此无法用化学溶剂有效刻蚀。此外，SiC 的硬度导致光刻胶的选择受限，因此通常需要使用由金属或电介质制成的"硬"掩模来进行 SiC 的光刻图案化和刻蚀。

由于 SiC 的高熔点和掺杂剂在 SiC 内部的扩散常数较差，因此传统热扩散不是掺杂 SiC 的可行方法。对于 $10^{16} \sim 10^{20} \mathrm{~cm}^{-3}$ 的掺杂密度（更高的掺杂密度有助于欧姆接触的形成），通常使用加热离子注入，而室温注入可能对低注入剂量（$10^{15} \mathrm{~cm}^{-3}$）有效。氮/磷和铝分别是 n 型和 p 型 SiC 掺杂的推荐杂质。为了晶格损伤的恢复和高掺杂剂电激活，离子注入后进行 1600~1800℃ 的退火。对于铝、磷和氮，退火后其注入深度分布仍然存在，这是预料之中的，因为它们的扩散常数较低。在 SiC 中，由于没有扩散，生成浅连接很简单，但构建深连接却具有挑战性。在退火过程中，置于 SiC 晶圆顶部的保护帽层可防止表面原子迁移和 Si 解吸损伤。

由于 SiC/金属势垒值较高，产生了整流金属接触，而欧姆接触的产生需要金属沉积后退火。为了在晶圆的 n 型和 p 型掺杂部分同时生成欧姆接触，通常会在晶圆上沉积并图案化一层 50~100nm 厚的镍（Ni）。通过对镍图案化的晶圆进行高温退火，可生成镍硅化物，从而产生低电阻欧姆接触。

与 Si 晶圆相比，SiC 晶圆具有半透明性。因此，使用针对 Si 的仪器对 SiC 进行

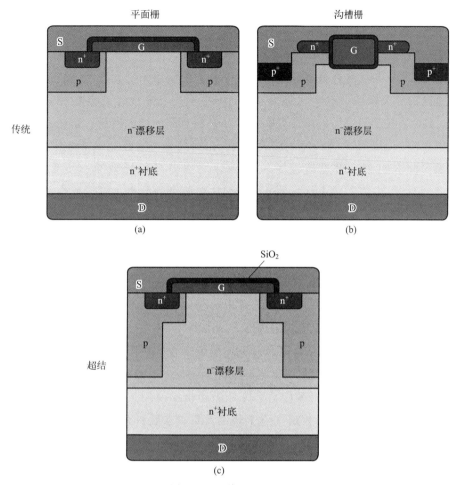

图 7.3 三种 MOSFET

CD-SEM（关键尺寸扫描电子显微镜）测量和计量测量会更加困难，因为需要使用光学显微镜来确定焦平面。目前，许多公司提供针对 SiC 特定波长的计量/检测仪器。

另一个问题是，SiC 晶圆平坦度不如 Si 晶圆，使其光刻更加困难。此外，高温 SiC 制造有时会使晶圆进一步变形，从而使其不适用，在厚外延晶圆上制造 3.3kV 器件时尤其困难。目前业内正在努力制造具有更平坦起始表面的 SiC 晶圆，并减少在整个制造过程中平坦度的降低。最后，SiC/SiO_2 界面质量差会降低反型层的迁移率。因此，与 Si 一样，可通过钝化工艺（如氮化物中退火）改善 SiC/SiO_2 界面质量。

封装

封装为功率器件提供外部可用性，它提供的一些关键功能包括：

① 互连：将电源和信号引脚从芯片上的金属化焊盘连接到封装引线框架。

② 外部引脚连接和接口：可以通过多种选项实现与外界的接触，例如引脚或焊盘。

③ 保护：封装提供电压隔离、机械支撑以及湿气保护。

④ 功率/散热能力：连接和保护层需要能够承受器件的额定电流和功率水平。一个重要功能是通过提供低热阻（R_{th}）实现散热。

SiC 凭借其材料优势在许多高压、大功率和高温应用中受到青睐，较低的寄生参数也允许更高的开关频率。这些优势为器件带来了高电流密度、高电场和高热通量。与 Si 相比，SiC 表现出更高的热膨胀系数（CTE）和更高的杨氏模量，这两者都会导致更高的热机械应力。更快的开关速度放大了与外部封装相关的寄生效应的影响，并且高压工作增加了爬电距离。通过改进工艺和设计实现更高传导效率（更低的导通电阻 $R_{DS(on)}$）可以减小芯片尺寸，但会进一步增加封装级的散热难度。成本和封装密度正推动着提高安培/美元（A/$）指标的趋势，这与新材料和认证所需的费用相冲突。

最小化封装寄生效应对于实现良好的开关性能至关重要。降低封装电感，可以减少电压过冲；增加源极开尔文连接，可以最小化源极功率电流和外部源极连接的相关电压，降低栅源信号驱动的影响。

烧结是一种利用温度和压力将纳米/微米（nm/μm）级颗粒结合在一起并与表面结合的过程。其中材料可以是层压薄膜的形式，可以放置弹簧组件来平衡模块中各组件的压力。银（Ag）烧结越来越受欢迎，因为其能带来较低热阻（R_{th}）、较薄的键合线厚度（Bond Line Thickness，BLT）即黏合剂的厚度，以及能够在 200℃ 下操作。人们担心的是银迁移以及增加的热机械应力。无压力银烧结使用致密化的聚合物基体，但其 R_{th} 可能不如有压银烧结。虽然铜（Cu）烧结具备成本低和 R_{th} 低的优点，但缺点在于其复杂性，无法以薄膜形式提供，并且需要惰性环境，因此，铜烧结并不常见。金锡（Au-Sn）共晶的优点在于其 BLT 极薄（仅 3~4μm，而其他材料则大于 50μm）。

铝（Al）线最为常用，其线径可根据器件电流额定值和并联的数量而变化，最大为 20mil[1]（500μm）。粗线需要较大的焊盘尺寸，所以栅极焊盘可使用比大型源极焊盘上更细的线，尽管变化的线径会影响焊接输出容量。SiC 器件的上表面通常是铝铜基焊盘金属，铝线通常可以通过超声波楔形焊接到该金属上。粗铜线（即与铝线直径相同的线）具有更好的热传导性和可靠性，但应力更大，而且不能直接焊接到铝铜焊盘金属上。因此，SiC 芯片需要在其表面增加芯片顶部系统（Die Top System，DTS），这个额外的步骤实现了铜箔直接放置在焊盘表面上。另一种方法是在制造工艺中添加电镀表面铜层，但缺点是增加了铜处理带来的制造污染风险，以及需要钝化层（可能是薄铝层）来防止铜氧化。也可以使用铜夹片（Cu Clips）代替铜线。

正面烧结省去了引线键合，其连接是通过金属柱实现的，这些金属柱电气连接到器件键合焊盘。在这种情况下，可以在制造工艺中在铝铜焊盘金属上方放置金烧结附着层。

---

[1] 1mil = 10^{-3} in = 25.4×10^{-6} m。

7.5 沟槽栅 MOSFET 和平面栅 MOSFET

平面栅 MOSFET（DMOSFET）是一种用于高压领域的双扩散 MOS 结构。它们通过双扩散工艺创建沟道，使其能够承受高电压。然而，4H-SiC/绝缘体界面的散射导致沟道迁移率较低，从而影响了其性能。此外，寄生结型 FET 电阻增加了正向工作期间的导通损耗。

以 2.3kV 阻断电压和 27nm 栅氧化层厚度的 4H-SiC 平面栅 MOSFET 的为例，当施加 15V 的栅极偏压时，其性能得到提升，如降低了比导通电阻（$R_{on,sp}$）并有更高的高频品质因数（FOM）。然而，由于栅氧化层较薄，会出现栅极电压过冲失效的问题。

另一个 4H-SiC 平面栅 MOSFET 的案例是通过多个浮动场限环来截止终端，实现 2.4kV 的阻断电压和约 42mΩ·cm² 的比导通电阻。该器件的沟道迁移率为 $22cm^2/(V·s)$，并具有 8.5V 的阈值电压。

为了解决导通损耗和开关损耗问题，业内开发了用于功率应用的沟槽栅 MOSFET（UMOSFET）。这种设计在 U 形凹槽中具有垂直栅极沟道，提高了沟道迁移率并消除了寄生 JFET 电阻。沟槽栅 SiC MOSFET 的导通电阻是平面栅 SiC MOSFET 的一半，使其成为功率器件的首选。

1992 年推出的第一款沟槽栅 MOSFET 具有 150V 的击穿电压和约 3.3mΩ·cm² 的比导通电阻（$R_{on,sp}$）。然而，由于沟槽角落处的高电场，它在反型层中会存在低迁移率的问题。

富士电机（Fuji Electric）开发了一种具有低开关损耗的 1.2kV 沟槽栅 SiC MOSFET，与传统平面栅 SiC MOSFET 相比，其导通电阻降低了 48%。

普渡大学（Purdue University）推出了一款 5kV 阻断电压的沟槽栅 MOSFET，该器件在沟槽氧化层中集成了保护功能，并采用了扩展的结终端。此外，还报道了一款 4H-SiC 平面栅 MOSFET，最高阻断电压约 10kV。

单沟槽设计的一个常见问题是电场集中在栅极沟槽底部，从而导致可靠性问题。双沟槽栅 SiC MOSFET（DT MOS）是将电场集中分布到源极区域，从而提高击穿电压。p^+ 屏蔽区有助于实现这种分布，并提高了开关性能。

对于需要更快开关速度和更低损耗的高功率开关应用，业内引入了诸如分裂栅双沟槽 MOSFET（SG-MOSFET）和中央注入 MOSFET（CI MOSFET）之类的设计，以降低电容和电荷效应。

在功率逆变器应用中，SiC MOSFET 通常与续流二极管（Free-wheeling Diodes，FWD）一起使用，但这些二极管存在缺陷。为了解决其问题，有人提出了将 SBD 与 SiC MOSFET 相结合的技术方案。

7.6 器件可靠性

SiC 器件出色的功率处理能力使其在电力电子领域极具前景。微电子设计中心和代工厂的大部分资金都投向了 SiC 半导体材料。但是，SiC/SiO_2 中的界面态密度降低了 SiC 和 SiO_2 之间的势垒，导致更多的载流子被注入到氧化层中。由于导带固有的微小偏移，SiC/SiO_2 界面的稳定性尚未达到 Si/SiO_2 的稳定性。

同时，业内已经证明 SiC 晶圆和外延层中的微管、位错、晶界和外延缺陷等缺陷会降低临界击穿电场，增加泄漏电流并降低器件的导通状态性能。因此，SiC 器件的可靠性研究受到了更多关注。衬底材料、结构设计和工艺技术都会对器件可靠性产生影响。

与时间相关的电介质击穿（Time-dependent Dielectric Breakdown，TDDB，也称经时击穿）、高温反偏加速寿命测试（Accelerated Life Test High-temperature Reverse Bias，ALT-HTRB）、中子诱导的器件击穿（Neutron-induced Device Breakdown，NIDB）和雪崩击穿是 SiC 功率 MOSFET 的主要芯片级失效模式。当栅氧化层磨损时，器件会在导通状态发生 TDDB，这也是 ALT-HTRB 的基础条件。当连接到高漏极偏置的 JFET 氧化层的高电场导致其磨损时，就会发生 ALT-HTRB。中子诱导的器件击穿是暴露在粒子中引起的，这会导致不可预测的失效。如果器件位于地球上较高的位置，则失效将更加严重。高电场压力是导致雪崩击穿的原因。阈值电压漂移、栅氧化层退化和体二极管退化是 SiC MOSFET 最可能发生的可靠性问题。

（1）阈值电压漂移

阈值电压漂移是半导体器件中的一个关键问题，尤其是 MOSFET。它是由于阈值电压的不稳定而发生的，主要由两个因素引起，即氧化层陷阱充电和激活。器件中缺陷的程度受制造工艺的影响。

氧化层陷阱充电是一种通过直接隧穿机制发生的现象，导致器件的阈值电压在室温下发生偏移。当氧化层陷阱由于电子从氧化层中隧穿而带正电时，会导致阈值电压负偏移。相反，当正氧化层陷阱被隧穿回氧化层的电子中和时，阈值电压会向正偏移。这个隧穿过程可以无限地继续下去。

阈值电压的显著负偏移可能导致阻断状态泄漏电流的增加，如果泄漏电流变得过高，可能会导致器件失效。相反，明显的正偏移会增加器件的导通电阻。阈值电压的稳定性还受到氧化后进行的一氧化氮（NO）退火的影响。导致这些偏移的陷阱的激活能约为 $1.1\sim1.2eV$，这使得器件长时间暴露在高温（高于 100℃）下时阈值电压更加不稳定。

（2）栅氧化层退化

栅氧化层退化是 SiC MOSFET 的一个重要问题，因为这些器件的栅氧化层较薄。为了得到期望的阈值电压和跨导值，SiC MOSFET 的栅氧化层比 Si MOSFET 更薄。此外，SiC 和 SiO_2 之间较低的隧穿势垒（约为 2.7eV）使得电子更容易从 SiC 跳到栅氧化层。

与 Si 器件相比，SiC MOSFET 中栅氧化层的可靠性可以通过三种方式进行分析：

① SiC MOSFET 具有较低的反型层沟道迁移率，需要更高的电场来获得较低的沟道电阻。这在较低的导通电阻和较好的栅氧化层可靠性之间产生了权衡。

② SiC/SiO_2 界面处较高的界面态密度降低了势垒高度，导致更多可移动的热载流子从掺杂的 SiC 注入到氧化层中。这种非平衡载流子行为导致栅氧化层中的位错。

③ SiC 和 SiO_2 之间较小的导带偏移导致在相似的栅极场和温度条件下产生更高的 Fowler-Nordheim 隧穿电流，增加了经时击穿（TDDB）的可能性。

SiC/SiO_2 界面质量相对较差，以高浓度的碳簇为特征，使得界面粗糙并有助于在界面区域及其周围引入陷阱和缺陷。

栅氧化层退化主要由两种类型的应力引起：高电场应力和高温应力。高温和高电场应力激活了界面附近的额外氧化层陷阱，促进了陷阱过程。高电场应力的分布因不同的 SiC 功率 MOSFET 结构而异，UMOSFET 和 DMOSFET 具有特定特性。栅氧化层退化的关键指标包括 Miller 平台时间长度、Miller 平台电压幅度、阈值电压、漏极泄漏电流、栅极泄漏电流和导通电阻。

（3）体二极管退化

与 MOSFET 相关的另一种失效模式是体二极管退化（双极退化）。当流过 MOSFET 体二极管的正向电流增加时，会发生这种情况，导致产生称为"堆垛层错"的缺陷。此缺陷会影响电流路径，导致体二极管的导通电阻和正向电压增加。

在 SiC 中，最显著的缺陷是微管缺陷，它是由晶格堆垛层错引起的，从晶圆的顶部延伸到底部表面。其他材料缺陷可分为晶圆级缺陷和外延缺陷，晶圆级缺陷通常作为外延缺陷的成核点。

正向电压下的堆垛层错主要是由于正向传导过程中基面位错（BPD）的扩展引起的。重合的电子和空穴为 BPD 提供能量，使其在漂移区扩展成三角形堆垛层错。这些扩展的 BPD 作为载流子传导的障碍，降低了载流子迁移率，并增加了正向电压和电阻。

随着时间的推移，在具有扩展 BPD 的 MOSFET 中观察到状态泄漏的逐渐增加，并且这些扩展的 BPD 充当漂移区域中的电荷生成中心。因此，体二极管退化会导致导通电阻和正向电压的增加。

参考文献

[1] W. J. Choyke, Silicon Carbide, vol. 1 (Springer).
[2] P. Friedrichs (ed.), Silicon Carbide. Growth, Defects and Novel Applications, vol. 1 (Wiley).
[3] B. J. Baliga, Wide Bandgap Semiconductor Power Devices: Materials, Physics, Design, and Applications (Elsevier).
[4] T. Kimoto, Fundamentals of Silicon Carbide (Wiley).
[5] M. Mukherjee (ed.), Silicon Carbide-Materials, Processing and Applications (InTech).
[6] E. O. Prado, An overview about Si, superjunction, SiC and GaN power MOSFET technologies in power electronics

applications. Energies 15,5244(2022).

[7] M. Shur,SiC Material and Devices 1 and 2 (World Scientific).

[8] Technical articles of M. Di Paolo Emilio. https://www.powerelectronicsnews.com/author/maurizio/.

[9] F. (Fred) Wang,Characterization of Wide Bandgap Power Semiconductor Devices (The Institution of Engineering and Technology,London,United Kingdom).

[10] Y. Zhong,A review on the GaN-on-Si power electronic devices. Fundam. Res. 2,462-475(2022).

第 8 章

SiC 功率器件

在能源效率、紧凑设计和高性能至关重要的时代，电力电子领域正在经历一场变革。碳化硅（SiC）器件已成为这场技术革命的先锋，为众多应用提供了无与伦比的效率，减少了能源浪费，并带来了紧凑化解决方案。当我们踏上探索 SiC 器件领域的旅程时，将探索这一变革核心的三个基本构成部分：SiC MOSFET、SiC 肖特基二极管和先进的 SiC 模块。这些器件将单独或协同为电力电子新时代铺平道路，推动行业变革，并引领我们走向可持续和能源高效的未来。

本章将深入探讨 SiC MOSFET、SiC 肖特基二极管和 SiC 模块的复杂工作原理，揭示它们作为 SiC 革命基石的卓越能力。

8.1 SiC MOSFET

市场上存在多种 SiC MOSFET 设计和结构，导电沟道的类型决定了它们是 n 沟道器件还是 p 沟道器件。根据导电模式，SiC MOSFET 主要可分为耗尽型或增强型。

当栅极施加的电压为零时，存在称为耗尽型的导电沟道。当栅极施加电压（n 沟道 SiC MOSFET 栅极加正电压或 p 沟道 SiC MOSFET 栅极加负电压）时，沟道的导电性会增加。

SiC MOSFET 是单极半导体器件，因为其工作电流仅包含单一载流子。图 8.1 展示了罗姆半导体（ROHM Semiconductor）公司制造的平面栅 n-n 沟道增强型 SiC MOSFET 的外形图，该器件包括 n^+ 衬底、n^- 漂移区、p^+ 基区、n^+ 区、栅氧化层、源极、漏极和栅极。

上述结构为垂直电流传导，可以增强 SiC MOSFET 器件的电气和耐压水平，并且雪崩能量更大。此外，寄生电容也相当大。与传统 Si MOSFET 结构相比，上述 SiC MOSFET 结构的漏极已重新定位到器件底部，形成了垂直电流传导结构。此外，在 SiC MOSFET 中，源极区域（n^+）和基极区域（p^+）生长在器件漂移区的左右两侧。

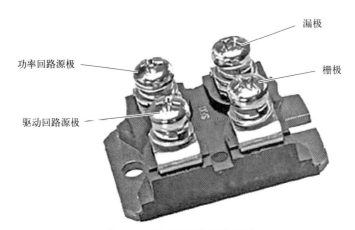

图 8.1 SiC MOSFET 的外形

当栅极的外部电压源为正时，氧化层将形成电场梯度；因此，在 p^+ 基区，由于氧化层电场的吸引，载流子电子将移动到基区与氧化层之间的结处，形成横向且通常较短（约 $1\sim2\mu m$）的导电沟道。在器件的左侧和右侧，都形成了导电沟道，以增加器件的电流承载能力和放电电流。由于器件通过许多电子导电，其开关速度通常更快。基区（p^+）和漂移区（n^-）结合形成 pn 结，也称为体二极管。源极（n^+）、基区（p^+）和漂移区（n^-）可以同时形成三极管。通过将源极、源极区域（n^+）和基极区域（p^+）连接起来，可以在器件中形成一个简短的电路，从而降低其导电性。栅氧化层的作用是隔离栅极与基区（p^+），防止电子从基区进入栅极，并提高器件的工作稳定性。由于 SiC 材料具有高击穿场强，即使器件漂移区的厚度不大，也可以保持器件的耐压水平。简而言之，这种结构的 SiC MOSFET 具有许多优点，包括制造工艺简单、开关速度快、抗压性能高以及导通时电流损耗低。然而，氧化层和沟道之间的接触面积大，氧化层将吸收电流中的载流子并导致性能下降，从而降低器件的稳定性。

图 8.1 所示 SiC MOSFET 具有四个端口——功率回路源极、漏极、栅极和驱动回路源极，基于常规结构（仅三个端口，源极、漏极和栅极），额外配置了栅极驱动的源极端口，以最大程度地减少导通损耗。驱动源极和栅极通常连接到驱动电源，而放电端口和电源通常连接到外部电路。

图 8.2 是 SiC MOSFET 的等效电路图。除了四个端口外，还有三个寄生电容：栅极-漏极电容 C_{GD}、栅极-源极电容 C_{GS} 和漏极-源极电容 C_{DS}。同时，可以观察到一个体二极管。目前，大多数 SiC MOSFET 封装都沿用模块封装技术。该结构从上到下分为多层，包括芯片、芯片焊料、DBC（直接覆铜）上铜层、陶瓷、DBC 下铜层、基板焊料（也称为系统焊料）和铜基板。模块封装技术可以提高封装密度，缩短处理器之间互连材料的长度，并加快器件运行速度[3]。当器件正常运行时，半导体表面会产生并释放大量热量。热量可以通过 DBC 基板（由 DBC 上铜层、陶瓷和 DBC 下铜层组成）传

递到铜基板,然后传递到散热器,从而完成器件的散热。如果器件一直在高温下运行,由于不同材料通常具有不同的 CTE,因此芯片与连接焊料层之间的热应力将有所不同,从而导致 SiC MOSFET 失效。

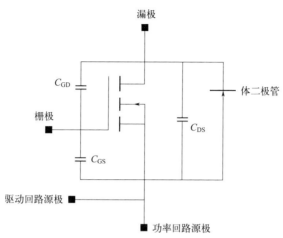

图 8.2 SiC MOSFET 的等效电路

SiC MOSFET 器件的导通原理与第一代 Si MOSFET 器件的导通原理几乎完全相同,都是基于栅极电压的控制。

截止:当栅极未连接到任何电压源时,栅极电压保持在 0V,漏极和源极之间的 p^+ 基区和 n^- 漂移区可以形成 pn 结,此时器件处于关断状态。如果此时由于器件中的 pn 结处于反向偏置状态而施加了一个从 0V 上升的漏源电压 V_{DS},那么载流子就很难从漏极端口移动到源极短端口,器件的内部电流几乎可以完全被忽略。当 V_{DS} 电压超过一定的临界电压时,器件的内部电流会迅速增加。该电压会导致器件失效,因为它就是阻断电压。

导通:当栅源极施加正电压时,栅极下方的氧化层的电位会上升,吸引 p^+ 基区中的电子并使其聚集在基区表面。当施加的 V_{GS} 大于器件阈值电压 V_{th} 时,p^+ 基区的上表面会积累足够的电子,导致该区域的空穴浓度低于电子浓度,从而形成反型层。反型层的存在使整个器件的内部电流变为导电状态,从而使器件开通。当外部电路向漏源极端口施加正电压时,器件内部会产生漏极电流。

(1) 基本特性

SiC MOSFET 的转移特性描述了保持漏源电压 (V_{DS}) 恒定时,漏源电流 (I_{ds}) 随栅源电压 (V_{GS}) 的变化情况。转移特性曲线说明了栅源电压 (V_{GS}) 对漏源电流 (I_{ds}) 的调节能力。

另一方面,SiC MOSFET 的输出特性揭示了在固定栅极电压 (V_{GS}) 下,漏源电流 (I_{ds}) 随漏源电压 (V_{DS}) 的变化,直到达到稳定状态。

SiC MOSFET 的操作和特性可分为几个关键区域，每个区域都具有不同的行为和属性，这些区域对于理解这种半导体器件的工作原理至关重要。下面深入介绍这些区域。

① 截止区。该区域中，施加的栅源电压（V_{GS}）小于阈值电压（V_{th}）。因此，SiC MOSFET 不会形成反型层，并保持在关断状态。在这种状态下，几乎没有电流流过器件。

② 线性区。当栅源电压（V_{GS}）超过阈值电压（V_{th}），且漏源电压（V_{DS}）小于 V_{GS} 与 V_{th} 之差（$V_{DS} < V_{GS} - V_{th}$），SiC MOSFET 进入线性区。在这个区域，MOSFET 处于导通状态，允许漏源电流（I_{DS}）流动。I_{DS} 与各参数之间的关系可以通过下式表示：

$$I_{DS} = u_n C_{ox} \frac{W}{L} \left[(V_{GS} - V_{th}) V_{DS} - \frac{1}{2} V_{DS}^2 \right]$$

该式考虑了电子迁移率（u_n）、栅氧化层电容（C_{ox}）、沟道宽度（W）和沟道长度（L）。电压 V_{DS} 相对较小，在大多数情况下可以忽略不计，使得电子迁移率（u_n）几乎保持恒定。因此，I_{DS} 和 V_{DS} 大致呈线性关系。

③ 饱和区。在饱和区，V_{GS} 超过 V_{th}，且 V_{DS} 大于 V_{GS} 与 V_{th} 之差（$V_{DS} > V_{GS} - V_{th}$）。在这种状态下，I_{DS} 电流与相关参数之间的关系可以通过下式描述。其中，电流主要取决于 V_{GS} 的大小。SiC MOSFET 在该区域中作为电流放大器工作。

$$I_{DS} = u_n \frac{k}{2} (V_{GS} - V_{th})^2 V_{DS}$$

④ 阻断特性。在这种模式下，当栅极未施加电压或施加的电源电压为负时，SiC MOSFET 处于关断状态。在没有栅极信号的情况下，如果向漏极端子施加正电压，使其电位高于源极，则在基区（由空穴主导）和漂移区（由电子主导）之间形成 pn 结。该结处于反向偏置状态，有效地产生了极高的电阻，通常被认为是无穷大的。然而，如果施加到漏源极的正向电压超过某个阈值，pn 结可能发生击穿。在发生这种击穿之前，SiC MOSFET 能够承受的最大电压被称为阻断电压。

了解 SiC MOSFET 的这些工作区域和特性对于其在各种电子应用中的有效使用至关重要，尤其是那些需要高性能功率开关和放大的应用。

（2）分析

当 SiC MOSFET 器件工作在第三象限时，即向源极施加正电压时，源极的电位高于漏极，阈值电压降低的现象被称为体效应。与低压 Si MOSFET 相比，SiC MOSFET 的体效应更为显著。由于 SiC 具有更宽的带隙，因此 SiC MOSFET 具有更低的本征载流子浓度，从而导致 SiC MOSFET 等效体二极管的正向电压更大。当 SiC MOSFET 器件工作在第三象限时，源极电压大于漏极电压就会产生从源极到漏极的电流。目前，源极和地是相连的，这构成了一个简单的电路。因此，p^+ 基区的电压大于放电电压并等于源电压。此时，电压阈值将会下降。阈值电压可以使用以下公式进行计算：

$$V_{th(body)} = V_{th} + V_{bias}$$

$$V_{th} = V_{fb} + 2\varphi_p + \frac{\sqrt{2qN_A\varepsilon_s(2\varphi_p)}}{C_{ox}}$$

$$V_{bias} = \gamma(\sqrt{V_{SB} + |2\varphi_p|} - \sqrt{|2\varphi_p|})$$

$$\gamma = \frac{\sqrt{2qN_A\varepsilon_s}}{C_{ox}}$$

其中，$V_{th(body)}$ 表示受体效应影响的阈值电压；V_{th} 表示不受体效应影响的阈值电压；V_{bias} 是受体效应影响在栅极上产生的等效电压；V_{fb} 是平带电压；q 代表单位电荷量；N_a 是有效沟道掺杂；φ_p 是表面电位；C_{ox} 是氧化层电容；γ 是体效应参数；V_{SB} 代表源体电压。源漏电压公式可以表示为：

$$V_{SD} = \frac{2KT}{q}\ln\left(\frac{J_T d}{2qD_a n_i F\left(\frac{d}{L_a}\right)}\right) = V_F, \quad V_{GS} < V_{th}$$

$$V_{SD} = \frac{2KT}{q}\ln\left(\frac{R_{CH} J_T d}{(R_{CH} + R_{PiN})2qD_a n_i F\left(\frac{d}{L_a}\right)}\right) = V_F, \quad V_{GS} > V_{th}$$

其中：

$$J_{PiN} = \frac{R_{CH}}{R_{CH} + R_{PiN}} J_T$$

$$R_{CH} = \frac{L_{CH} W_{cell}}{W_{cell} u_{ni} C_{ox}(V_{GS} - V_{th})}$$

玻尔兹曼常数，记作 K，是物理学中的一个基本常数。T 代表温度，是衡量系统中粒子平均动能的指标。J_T 用于表示两个端口之间的电流密度，特别是从源极到漏极的电流密度。变量 d 对应于长度，它等于漂移区宽度的一半。扩散系数，记作 D_a，是表征每个系统中扩散速率的基本参数。本征载流子浓度，用 n_i 表示，是指在未掺杂的半导体材料中的电荷载流子浓度。此外，函数 F 是一个多方面的数学函数，它依赖于距离 d 和双极扩散长度之间的相互作用，双极扩散长度是衡量在双极器件中电荷载流子在复合之前可以传播的距离的指标。此外，V_F 表示 PiN 二极管上的电压降；R_{CH} 表示无论是否存在栅极电压，导电沟道的电阻；R_{PiN} 表示器件内体二极管的等效电阻值；J_{PiN} 表示电流通过体二极管时达到的电流密度。所涉及的变量表示如下：L_{CH} 代表沟道长度，W_{cell} 代表单元的宽度，W_{ch} 代表沟道的宽度，u_{ni} 代表反型层的电子迁移率，而 V_{GS} 代表栅源电压。

当 SiC MOSFET 工作在第三象限且 $V_{GS} < V_{th}$ 时，反型层的形成是不完全的。此时，沟道电阻 R_{CH} 远大于体二极管电阻 R_{PiN}。体二极管的电流密度定义为源极和漏极之间流动的累积电流密度。在此期间，器件内部电流的大部分都通过体二极管（图 8.3）。此外，源极和漏极之间的电压，记作 V_{SD}，可以通过表示体二极管两端电压

降的公式来近似计算。当栅源电压超过阈值电压 V_{th} 时，会形成反型层，从而形成导电沟道。目前，沟道电阻 R_{CH} 和体二极管电阻 R_{PiN} 之间的差异已经显著减小。根据上面的公式，可以得出结论，目前 J_{PiN} 与 J_T 的值并不相同。因此，从源极流向漏极的电流将被分成两个分量，即通过导电沟道的电流和通过体二极管的电流。

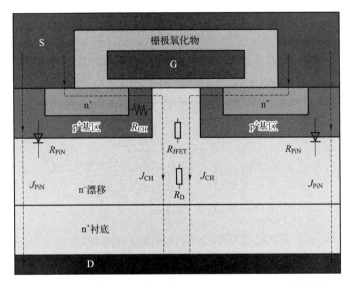

图 8.3 采用体二极管结构的平面栅 SiC MOSFET 原理图

因此，为了确保通过体二极管的内部电流主要是单向的，可以通过在栅极施加负电压来关断导电沟道。没有沟道分流的情况下，源极和漏极端子之间的电压 V_{SD}，对应于体二极管上的电压 V_F。根据图 8.4 所示的数据，当电流保持不变时，施加的栅极电压 V_{GS} 会相应下降；在电流保持一定的情况下，栅极上施加的电压 V_{GS} 稳定下降会导致沟道的反型程度降低。

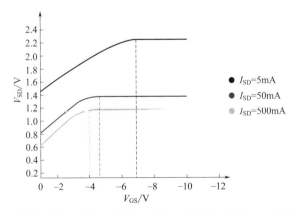

图 8.4 不同源漏电流下，栅源电压 V_{GS} 与源漏电压 V_{SD} 之间的关系

这种现象导致反向传导热（Reverse Conduction Heat，RCH）升高，从而放大了体二极管处的电流分流。目前，体二极管两端端子上的电压降呈逐步上升趋势。当栅源电压低于阈值电压时，图 8.4 中出现一个临界点，导致导电沟道完全关闭。当栅极电压 V_{GS} 降低时，电流仅通过体二极管流动，这时 J_{PiN} 的值与 J_T 相当。同时，在没有沟道分流的情况下，V_{SD} 指的是体二极管上的电压，该值保持不变。当电流增加时，J_{PiN} 和 J_{CH} 分量同时上升。因此，通过该区域的电流增强，从而增强了 SiC MOSFET 的体效应。反过来，这又进一步降低了使栅极失效所需的负电压。

在高电场强度下，SiC MOSFET 会产生栅氧化层泄漏电流，导致量子效应并出现 Flower-Nordheim（F-N）型隧穿电流。当这种隧穿电流在栅氧化层内部或边界流动时，无论是由电子还是空穴携带，它都容易被栅氧化层内三种陷阱（电子陷阱、空穴陷阱和中性陷阱）捕获。这些被捕获的载流子随后在陷阱中积累电荷。最终，由于陷阱中积累了大量电荷，陷阱附近的局部电场显著增强。如果局部电场继续增加到超过某个阈值，可能会导致栅氧化层击穿，从而导致性能下降。

偏置温度不稳定性（Bias Temperature Instability，BTI）表征的是 SiC MOSFET 在高温环境中栅极应力对这些器件的长期影响。SiC MOSFET 形成隧穿电流的载流子受电场强度的影响，并可能被位于或靠近 SiC/SiO_2 界面的电荷陷阱捕获，从而引起阈值电压的偏移[8]。根据所加电压属性，偏置温度不稳定性可分为负偏置温度不稳定性和正偏置温度不稳定性两种。

① 负偏置温度不稳定性（NBTI）：这种情况发生在给栅极施加负电压时。器件内的空穴载流子被界面处或附近的电荷陷阱捕获，导致阈值电压向更正的方向偏移，这被称为"负向漂移"。

② 正偏置温度不稳定性（PBTI）：当栅极的外部电源为正电压时，界面处或周围的电荷陷阱捕获了内部电子载流子，导致阈值电压偏离其正常值，这被称为"正向漂移"。

BTI 对 SiC MOSFET 影响显著，这主要是由于其栅氧化层界面的敏感性。这种敏感性可归因于以下两个主要因素。

① SiC/SiO_2 界面的小能带偏移。相关研究机构的实验结果表明，SiC/SiO_2 界面和 Si/SiO_2 界面的能带偏移分别为 2.7eV 和 3.2eV。SiC/SiO_2 界面上较小的能带偏移使得 SiC MOSFET 更容易产生热电子。这些热电子可以穿越 SiC/SiO_2 界面的势垒并进入栅氧化层，从而导致阈值电压漂移。此外，SiC/SiO_2 界面的势垒受温度影响显著，随着温度的升高而降低，这加剧了阈值电压漂移。

② SiC/SiO_2 界面的大量电荷陷阱。研究人员感兴趣的是 SiC/SiO_2 的界面电荷，其显著的电荷积累主要来源于四个方面：界面陷阱电荷 Q_{it}、氧化层陷阱电荷 Q_{ot}、可动离子电荷 Q_m 和固定电荷 Q_f。界面陷阱电荷 Q_{it} 的分布主要集中在 SiC 和 SiO_2 的界面上，这些电荷主要归因于热氧化过程、结构缺陷以及金属中的杂质，其存在可能会导致阈值电压的漂移。与氧化层陷阱相关的电荷 Q_{ot} 则主要位于氧化层内部，这些电荷通

常是由氧化层内的陷阱通过诸如 F-N 隧穿和雪崩注入等过程捕获的载流子所产生的。可动离子电荷 Q_m 通常分散在界面处的氧化层内，主要由带正电的离子如钠离子、锂离子和钾离子组成；这些离子通常是在器件制造过程中引入的，从而导致阈值电压的偏移。固定电荷 Q_f 则主要分散在界面氧化层内，其来源可能归因于制造过程中高温退火时半导体的部分氧化，这种不完全氧化也可能导致阈值电压的漂移。在实际应用中，很难辨别出导致阈值电压漂移的具体电荷。因此，提高阈值电压的稳定性需要提高界面质量。

通过调节高温氧化退火过程中的气体环境，可以控制阈值电压的漂移。事实表明，在氢气或惰性气体环境中进行高温退火，可以减少界面处的固定电荷 Q_f、氧化层陷阱以及缺陷前体的数量。可动离子电荷 Q_m 通常是在低温或环境温度下迁移受限的阳离子，随着温度的升高，可动离子被激活并向界面移动，从而导致阈值电压的漂移。目前，工艺污染问题可以通过有效的控制措施来缓解。

然而，解决界面和氧化层陷阱问题仍然具有挑战性，这些问题会导致电子的捕获和释放，以及阈值电压的偏移。

8.2 SiC 模块

（1）概述

相较于传统 Si 器件，SiC MOSFET 许多优势是显而易见的。首先，对于给定的额定电压，SiC MOSFET 在导通状态下表现出更低的电阻。其次，这些器件由于具有更高的开关速度，从而减小了开关损耗。此外，SiC MOSFET 还能够在更高的结温下运行。

SiC 模块由于其卓越的特性和功能，正在显著改变电力电子领域。基于 SiC 半导体材料的模块在一系列应用中越来越受欢迎，包括电动汽车、可再生能源系统和工业电源。接下来，我们将介绍 SiC 模块，包括其优势分析、在不同领域的应用，以及对电力电子领域的影响。

将 SiC 芯片用作开关的功率模块被称为 SiC 功率模块，主要用于电能的高效变换，通过电流和电压的乘积得到能量。通过多芯片并联来提升功率模块电流水平是一种常用的技术，由于针对每个模块的寄生电感和电容进行了单独优化而提高了可重复性，因此该技术受到青睐。

使用 SiC 器件设计开发并联模块时，需要解决几个问题以获得最佳效果。由于 SiC 器件具有优异的开关能力，因此优化模块设计和栅极驱动设计，对于最小化寄生电容以实现多芯片间一致的电流分布至关重要。器件的 $R_{DS(on)}$ 和模块内部的封装电阻是决定静态电流均衡的关键因素。在强栅极驱动的影响下，SiC MOSFET 中的 $R_{DS(on)}$ 的正温度系数能够实现很好的并联，因为电流会重新分配：承载更高电流的 MOSFET 会产生更多热，导致其 $R_{DS(on)}$ 与在较低温度下运行的 MOSFET 相比有所上升。通过采用这种方法，可以防止发生热失控。相反，阈值电压表现出负温度系数，导致具有更高结温的器件更早激活，从而产生更大的开关损耗。

由于 SiC 器件较高的开关速度，其对封装内的寄生电感更加敏感。器件电容可能导致出现不期望的电磁干扰。在高速电流瞬变和快速变化率（di/dt）的情况下，器件内部可能发生显著的浪涌。这种浪涌有可能对器件的可靠性产生负面影响，甚至导致灾难性故障。

功率模块经常通过多芯片并联来提升电流额定值。寄生电感/电容或器件静态特性（如阈值电压）的不平衡，可能导致并联芯片之间出现不同的瞬态电压过冲。过冲较大的芯片会产生更多的开关损耗，从而导致温度升高，这种现象有可能缩短模块的整体寿命。使用外部栅极电阻是控制过冲的普遍做法；然而，值得注意的是，这种方法可能会导致更长的开关时间和更高的损耗。业内已经提出了各种低电感无线连接解决方案，例如使用连接到金属柱的平行板，使用去耦电容也可以有效地减少寄生电感造成的不利影响。还有一种方法是在功率器件顶部放置电容器，从而建立一个保持模块水平尺寸的垂直功率回路。

传统功率模块通常在绝缘陶瓷基板（如直接覆铜，DBC）和散热器之间呈现出寄生电容，而散热器通常是接地的。在电压随时间快速变化（dV/dt）的高压瞬变时，所述电容成为共模（Common-mode，CM）电流流经系统接地的通道。滤波器和电感器可以有效地缓解这种现象。然而，值得注意的是，它们的引入增加了额外的成本和复杂性。通过使用多层陶瓷基板，可以引入一个屏蔽层，有效地将共模电流重定向回芯片，从而减少高频噪声的存在。

在高压器件（High-voltage，HV）中产生的电场有可能超过封装中介电材料的击穿电阻。局部放电（Partial Discharge，PD）的发生有可能对绝缘陶瓷基板的完整性造成有害影响。针对局部放电的具体位置，降低绝缘基板附近的电场，从而提高局部放电的触发电压（PDIV）至关重要。

使用 SiC 模块有如下优点：

提高效率。SiC 模块的主要特性之一是其出色的能源变换效率。与传统 Si 器件相比，SiC 半导体能够在更高的温度和电压下运行，从而降低导通损耗和开关损耗。能源变换效率的提高使功耗降低，从而实现节能。此外，由于 SiC 模块具有出色的热性能，其尺寸和重量有所减小，从而实现了更高的功率密度。这一特点使设计人员能够构建更小、更轻的电力电子系统，非常适合空间有限的应用，如电动汽车和可再生能源逆变器。此外，与 Si 器件相比，SiC 器件能够提供更快的开关频率，从而有利于实现更高频率的运行和更精确的电力电子系统调节。这一特点提高了电气设备的整体效率和反应能力。

增强可靠性。SiC 模块出色的可靠性可归因于其耐高温和对恶劣环境条件的适应能力，这使得它们能够在长时间内保持稳定的性能。

SiC 模块已成为多个领域的变革性技术，极大地改变了许多关键领域的前景。

电动汽车（EV）行业中的 SiC 模块被视为重大进步，因为它们能够提高效率并减小电动汽车的整体尺寸和重量。由于这些进步，电动汽车的续航里程更长，充电时间更短，从而提高了它们的整体运行效率。

在电动汽车中使用基于 SiC 的功率器件可以提高加速能力和再生制动的效率，因此在未来几年内将加强它们在可持续交通领域的领先地位。SiC 模块对于提高太阳能逆变器、风力机转换器和能源存储系统的效率至关重要，与电动汽车一起为可再生能源系统作出了重大贡献。这些系统的高效率保证了从可再生能源中获得的大部分能源能够有效地转化为可利用的电能，从而降低系统总成本，推动向可持续能源的转型。

SiC 模块还越来越多地用于许多工业领域，如高频电源、电机驱动和焊接设备。这主要归功于它们卓越的开关速度和耐用性，使它们非常适合用于严苛的生产条件。

此外，SiC 模块越来越多地用于航空航天和军事工业，在这些行业中，耐用性、尺寸和重量等因素都至关重要。SiC 模块广泛用于功率变流器、雷达系统以及无人机和飞机的电力推进系统，因此，在这些关键领域开创了一个创新的新时代。

（2）封装

电力电子技术在中压（Medium-voltage，MV）配电和转换中应用广泛，包括并网逆变器，太阳能等可再生能源系统的 DC/DC 变换器，固态断路器等电源管理和中断保护设备，直流微电网的 DC/DC 变换器，以及蓄电池储能系统的双向逆变器等关键技术。传统上，这些应用依赖于 Si 器件，尤其是绝缘栅双极晶体管（IGBT）。然而，SiC 功率器件因其优异的材料特性，包括更宽的带隙、更低的本征载流子密度、更高的热导率和更高的饱和速度，因此已成为一种有前景的替代方案。

SiC 器件相较于 Si 器件具有多种优势，包括在给定电压额定值下具有更低的比导通电阻、更高的电压额定值（例如，SiC MOSFET 最高可达 15kV，而 Si IGBT 为 6.5kV），以及在相同 $R_{DS(on)}$ 下由于更小的芯片尺寸而减小的电容。这些优势相结合，可以降低导通损耗和开关损耗、提高开关频率、简化散热系统、减少功率变换损耗、提高效率、简化转换器拓扑结构、增强高温性能，并通过减小尺寸、重量和系统成本来节省总成本。

然而，针对中压电网应用的高压（HV，如 3.3kV 以上）SiC 器件和模块的封装面临着诸多挑战。

① 对寄生电感的敏感性：SiC 器件的开关速度更快，因此对封装中的寄生电感高度敏感。这些电感可以与器件电容发生谐振，从而产生不希望的电磁干扰。在高速电流瞬变（di/dt）期间，这可能导致器件上的过电压，进而降低器件可靠性或导致灾难性故障。

② 并联器件的不平衡：为了提升模块的电流额定值，通常会使用并联器件。然而，寄生电感、电容或静态器件参数（如阈值电压）的不平衡可能导致并联芯片上出现不同的瞬态电压过冲。这会导致不同的开关损耗、更高的温度和更短的模块寿命。添加外部栅极电阻可以控制过冲但会增加开关时间和损耗。

③ 共模电流：传统功率模块中存在跨绝缘陶瓷基板的寄生电容，这种电容可能在较高电压瞬变（dV/dt）期间成为共模电流的路径。这可能在系统接地方面带来问题，并引入高频噪声。多层陶瓷基板上的滤波器、扼流环或屏蔽层等解决方案可以缓解这些问题，但会增加成本和复杂性。

④ 局部放电：高压 SiC 器件中的高电场可能超过封装中介电材料的击穿场强，这可能导致局部放电（PD），损坏绝缘陶瓷基板。为了减轻这种情况，降低绝缘基板附近的电场，对于提高 PD 起始电压（PDIV，通常是发生 PD 的电压值）至关重要。

为了应对这些挑战，正在进行的研究和开发工作集中在增强用于中压电网应用的高密度、高速 10kV SiC 功率模块的封装。

(3) Formula E

Formula E（电动方程式锦标赛）自 2014 年开赛以来，一直要求使用经过全面优化的功率半导体模块，包括最新一代的功率变换器。由于其高度竞争的环境，Formula E 采用了传统商业电动汽车所不具备的独特标准。其中一个例子就是几年前引入的攻击模式，以提高比赛的观赏性和吸引力。当赛车在赛道上行驶到预定路径时，该功能会在特定时间内为电机提供额外的 35kW 功率。攻击模式可通过 Halo 设备上的蓝色指示灯进行监控，以实现有效利用，其中还需要通过能量管理技术进行适当的补偿，并需要精心考虑相关功率模块的设计。

作为一项极具竞争性的赛事，Formula E 关注的重点是在锦标赛期间从动力总成模块中获得卓越的性能。因此，与商业电动汽车相比，其长期耐用性和成本等因素的重要性略有降低。在 Formula E 中，几个关键的标准包括功率密度、重量功率比和全功率快速响应性。这些因素对于该赛车系列中车辆的成功运行和性能至关重要。一个显著的优势是逆变器设计的自由度更高，这可能归因于不太严格的批量生产要求和逆变器采用更手动化的装配技术。此外，冷却介质的选择和冷却特性可以更灵活地选择，并且冷却系统内允许更高的压力差。与其他应用一样，由于 SiC 作为一种替代技术具有广阔的应用前景，Formula E 中的 Si IGBT 模块已逐渐被 SiC MOSFET 所取代。Formula E 作为一个优先考虑减轻重量和提高效率的应用场景，可以在逆变器设计中利用 SiC MOSFET 的低损耗优势。

例如，日立 ABB 电网公司的 RoadPak 1.2kV SiC MOSFET 半桥模块旨在满足电动汽车领域不断增长的需求。该模块采用最新一代 SiC MOSFET，具有出色的可靠性和低损耗。此外，值得注意的是，该模块结构紧凑，尺寸小于 70mm×75mm。RoadPak 针对电动汽车市场的基础设计是使用 8 个 SiC 芯片并联。此外，无需对整体结构进行任何改动，即可将 SiC 芯片的数量扩展到 10 个。由于单个 SiC 芯片有效表面积扩展的固有局限性（主要归因于制造工艺及其相关的良率问题），因此该方案被认为非常可行。值得注意的是，目前市场上可用的 SiC MOSFET 的有效面积小于 $30mm^2$。根据热建模的结果，多个 SiC 芯片的并联会导致散热性能恶化并增加热阻（R_{th}）。这可能是由于相邻芯片之间产生热耦合，需要谨慎考虑。

SiC MOSFET 的适当选择应基于不同开关频率下的导通损耗（P_{cond}）、开关损耗（P_{sw}）以及可靠性等因素。在导通期间，限制 MOSFET 中最大电流的主要因素是导通损耗。这些损耗主要由 MOSFET 的沟道导通电阻 $R_{DS(on)}$ 决定。导通损耗 P_{cond} 与 $R_{DS(on)}$ 之间的关系可以使用公式 $P_{cond} \approx R_{DS(on)} I_{rms}^2$ 来近似表示。因此，必须选择具有最低 $R_{DS(on)}$ 的 SiC MOSFET，同时还需要权衡其使用寿命。SiC 功率模块的另一个好处是减小了开关损耗，包括开通损耗（E_{on}）、关断损耗（E_{off}）和反向恢复损耗（E_{rec}）。重要的是要认识到，开关频率的增加也会增加功率模块的总开关损耗。除了 $R_{DS(on)}$ 参数外，最大电流还取决于最大结温 T_{Jmax}。因此，必须选择具有更高 T_{Jmax} 值的器件，并优先考虑热控制以降低模块的热阻。大多数商用 SiC MOSFET 的最大结温 T_{Jmax} 通常设计为 150～175℃，目前可用的 RoadPak 模块的最大结温为 175℃。此外，行业内普遍倾向于将 T_{Jmax} 进一步提高到 200℃。

与商业电动汽车相比，Formula E 赛车在极低环境温度下的运行能力较差。因此，这些汽车中使用的冷却液可以减少水-乙二醇混合物中的乙二醇比例。这种调整具有降低黏度和提高冷却效率的优点。此外，使用黏度降低的冷却液可减少水冷系统的压力差，从而可以使用尺寸更小、重量更轻的泵。经过精心设计，RoadPak 功率模块采用了一种改进的针翅（Pin-Fin）设计的串行单侧冷却技术。这种方法提供了出色的冷却能力和逆变器系统内的无缝集成。

此外，热阻受到多种设计因素的影响，例如芯片焊料材料及其厚度的选择、基板陶瓷的类型，以及底板的形式。RoadPak 选择烧结材料来做芯片焊料是基于提升的功率循环能力、降低的电阻和提高的热导率。与焊接方法相比，采用紧凑且高导电性的银烧结层［热导率为 320W/(m·K)］进行芯片贴装，可使热阻显著降低约 5%。在 RoadPak 设计中，选择铜作为散热器/底板的理想材料是合理的，因为其热导率［385W/(m·K)］明显高于铝碳化硅［AlSiC，180W/(m·K)］。此外，铜还表现出优异的热扩散效果。使用铜底板的模块由于热膨胀系数（CTE）较高，在被动功率循环中的使用寿命通常会缩短。然而，在 RoadPak 设计中，通过精心选择与整个功率模块设计 CTE 有效匹配的化合物，能成功减轻铜底板高 CTE 带来的不利影响。

功率模块封装布局时还需要仔细考虑电磁的影响，因为 SiC MOSFET 芯片尺寸小，一般通过多芯片并联来实现可观的电流额定值。开关动作的不一致会导致振荡加剧和器件的寄生导通。这些不利影响可能会降额或限制开关速度，从而削弱 SiC MOSFET 在低损耗方面的优势。

用于 Formula E 赛车的 RoadPak 1.2kV 器件经过了优化设计，以达到最高功率密度。通过改进功率模块的热管理和整个冷却系统，使得 R_{thmax} 值低于 83K/kW 成为可能。平均温度和最高温度芯片之间的热阻抗 Z_{th} 略有差异，这表明并联器件的冷却非常均匀。先前指出的低热阻（R_{th}）使其在特定工作参数（$V_{DC}=800$V，$f_{sw}=10$kHz，$T_{in}=45$℃，$\cos\phi=0.825$，$m=0.95$）下，均方根电流值 I_{rms} 超过 900A。这一特性使 RoadPak 成为应对挑战性应用的先进 SiC 功率模块。

8.3 SiC 肖特基二极管

SiC 肖特基二极管是禁带宽度比传统 Si 肖特基二极管更大的半导体器件，因此，SiC 二极管适用于大功率和高频应用，例如电动汽车（EV）的牵引逆变器、光伏逆变器、电源等。此外，与 Si 器件相比，SiC 器件提供更高的击穿电压、更低的导通电阻和更高的热导率。

预计在 2023 年到 2033 年期间，SiC 肖特基二极管的全球市场将以 21.4% 的复合年增长率（CAGR）增长。这一增长是由许多应用领域对高功率、高效率半导体器件的需求不断增加所驱动的。与 Si 基 pn 结二极管相比，使用 SiC 肖特基二极管可以提高功率变换应用的效率和性能。

（1）功率变换中的续流二极管

如图 8.5 所示，对于 IGBT 逆变器支路驱动感性负载（例如电机等）的情况，当器件 VT2 关断时，跨接在 VT1 上的续流二极管会传导感性负载电流，从而最大程度地减少输出端的电压尖峰，并确保更平稳的电力输送。二极管起着至关重要的作用，其特性会影响功率变换模块的整体效率和稳健性。

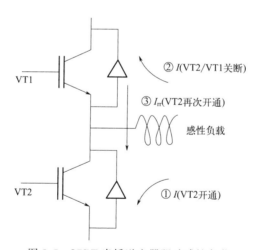

图 8.5 IGBT 半桥逆变器驱动感性负载

（2）反向恢复损耗

考虑图 8.5 中 VT1 和 VT2 关断后的情况（步骤②），此时感性负载的电流通过上桥续流二极管。一旦 VT2 重新开通（步骤③），二极管中的电流不会直接降为零，而是变为负值。所谓的反向恢复电流（I_{rr}）来源于在步骤②中二极管内部产生的少数载流子电荷（Q_{rr}），这些电荷现在需要放电。Q_{rr} 的数量和恢复时间（t_{rr}）取决于多个因素，包括开关变换的陡峭程度（di/dt 越高则 Q_{rr} 越高）、负载电流的大小（I 越大则

Q_{rr} 越高)、二极管的少数载流子寿命(寿命越短则 t_{rr} 越短)等。

Q_{rr} 会导致开关损耗,对于二极管是关断损耗 E_{OFF},对于互补开关是在开通时的开启损耗 E_{ON}(图 8.5 步骤③)。此外,反向恢复的 di/dt 会因寄生电感而产生电压过冲。

(3) 二极管类型

在 SiC 肖特基势垒二极管(SBD)出现之前,由 p 型和 n 型掺杂的硅组合而成的 Si pn 结二极管是高压应用中的主要选择。这些二极管依靠正向状态下的少数载流子注入,并在反向电压下的低掺杂区域中产生耗尽层,从而实现器件的电压额定值。高压 pn 结二极管能够达到高达数十千伏(kV)的额定值。如前所述,业内已采用了各种技术来增强 pn 结二极管的反向恢复特性。某些方法需要通过辐射来减少载流子寿命,或引入如铂等金属。

SBD 是一种单极半导体器件,通常通过在轻掺杂(n^-)表面上沉积势垒金属(例如钛等)来作为阳极而制成。n 层位于重掺杂的 n^+ 衬底之上,从而建立欧姆阴极接触。SBD 相较于其他二极管的优势是不需要少数载流子传导。因此,SBD 没有反向恢复损耗,并且只有很小的电容关断损耗。在 SiC 技术进步之前,由 Si 制成的 SBD 通常仅限于较低的电压额定值。现在,商用 SiC SBD 的电压额定值为 3.3kV。

MOSFET 的体二极管是由器件的 p^+ 体接触和 n(漏极)区域形成的,其功能与标准 pn 结二极管类似。一个值得注意的区别在于,栅极用于调节二极管的开启电压。通常,当电压超过 2V 的阈值时,SiC MOSFET 中的体二极管会被激活。然而,使用正栅极电压会降低此参数,并在一些应用中已被证明[9-11]。

SiC SBD 的主要优点如下。

作为单极器件,SBD 在反向偏置转换过程中不会受到存储电荷(Q_{rr})耗散的影响。pn 结二极管表现出这种反向恢复效应,即反向电流(I_{rr})中的尖峰,这不仅会导致二极管关断时产生更高的功率损耗,还会导致在开启时必须承载此 I_{rr} 电流的互补器件产生更高的开启损耗 E_{ON}。而 SBD 只需要对其自身电容放电,相关电荷可以比 pn 结二极管中的 Q_{rr} 小一个数量级。例如,在升压变换器中,此类反向恢复损耗可能是主要损耗。随着开关频率的增加,pn 结二极管的反向恢复损耗通常会增加,因此,对于要求苛刻的应用,SBD 的优势更加明显,其中可能会使用超过 $100kV/\mu s$ 和数 $kA/\mu s$ 的变化率。pn 结二极管在反向恢复行为中的另一个缺点是它的温度依赖性,这使得电路优化变得困难。SiC SBD 不会表现出这种随温度的反向恢复变化。

在正常应用电流驱动范围内,SiC SBD 的正向压降具有正温度系数(Positive Temperature Coefficient,PTC)。这使得它们更易于并联,因为 PTC 可以自然平衡电流并防止热失控。另一方面,Si pn 结二极管具有负温度系数(Negative Temperature Coefficient,NTC),需要在并联运行时进行降额,或使用额外的电路来强制均流。SBD 中的这种 PTC 会增加其在高温下的导通损耗。但是,动态损耗的优势通常可以弥补这一点。

由于 SiC SBD 的软关断和电容性关断行为,其开关扰动大大降低。对于 pn 结二极管可能产生的高频传导和辐射发射,电磁干扰(EMI)滤波器通常效果较差。SiC SBD 软恢复行为的另一个好处是,它可以在关断期间减少电压过冲。这种反向恢复电压尖峰有时会超过额定电压并导致可靠性问题。尽管快速恢复 Si 二极管可以跨接阻尼器以限制边缘速率和阻尼振荡,但这些附加器件会消耗能量,从而影响整体系统效率[1,4-7]。

SBD 更低的损耗可转化为更小、更轻且所需冷却更少的模块中更高的功率密度。

(4) SiC SBD 的挑战

使用反并联 SiC SBD 会增加模块成本,包括芯片成本和封装成本的提高。将 SBD 集成到 MOSFET 芯片中的方法可以降低成本,例如共享芯片内的终端区域。

在更高 R_G 的条件下,由于以牺牲开关损耗为代价来减少过冲,SiC SBD 作为续流元件的优势会下降。当在室温下以非常轻的负载运行时也是如此,因为 SBD 存在附加电容损耗。

SiC SBD 的 PTC 会增加在高温下的正向压降和电阻。这会导致 SBD 和体二极管之间的电流分流更明显,并可能导致更高的净损耗。在某些应用中,SiC MOSFET 的并联组合可能比 SiC SBD 的并联能提供更好的选择。

如果器件工作在第三象限,通过在 SiC MOSFET 上使用正栅极电压,也可能使 SiC SBD 的优势下降。

传统 SiC SBD 的浪涌电流能力明显低于 Si pn 结二极管。单极器件的较高导通电阻会在高电流浪涌期间产生高的正向压降,这可能会引发灾难性的热量。

参考文献

[1] W. J. Choyke, Silicon Carbide, vol. 1 (Springer).

[2] P. Friedrichs (ed.), Silicon Carbide. Growth, Defects and Novel Applications, vol. 1 (Wiley).

[3] B. J. Baliga, Wide Bandgap Semiconductor Power Devices: Materials, Physics, Design, and Applications (Elsevier).

[4] T. Kimoto, Fundamentals of Silicon Carbide (Wiley).

[5] M. Mukherjee (ed.), Silicon Carbide - Materials, Processing and Applications (InTech).

[6] E. O. Prado, An overview about Si, superjunction, SiC and GaN power MOSFET technologies in power electronics applications. Energies 15, 5244 (2022).

[7] M. Shur, SiC Material and Devices 1 and 2 (World Scientific).

[8] Technical articles of M. Di Paolo Emilio. https://www.powerelectronicsnews.com/author/maurizio/.

[9] F. (Fred) Wang, Characterization of Wide Bandgap Power Semiconductor Devices (The Institution of Engineering and Technology, London, United Kingdom).

[10] J. Yao, Working principle and characteristic analysis of SiC MOSFET. J. Phys.: Conf. Ser. 2435, 012022 (2023).

[11] Y. Zhong, A review on the GaN-on-Si power electronic devices. Fundam. Res. 2, 462-475 (2022).

第9章
SiC应用

碳化硅（SiC）已成为技术创新前沿的变革性材料。凭借其卓越的物理与电学性能，SiC大大改变了电子、能源等多个领域，其影响远远超出这些领域。本章将深入探讨SiC的多方面应用，揭示其在塑造现代世界中发挥的关键作用。

9.1 电动汽车

在迅速发展的电动汽车（EV）领域中，SiC已成为推动变革性技术的关键因素。这种宽禁带材料，作为硅碳复合材料，拥有非凡特性，极大地提升了电动汽车的效率、性能和可持续性。

9.1.1 电动汽车动力系统

电动汽车动力系统的设计及其部件相较传统内燃机驱动的汽车要简单得多。一个典型的电动汽车动力系统包括电池单元、用于电力传输的逆变器以及连接至最终减速驱动装置的电机。

电动汽车动力系统的核心部件包括：

- 电池组：电池单体以串联和并联方式连接，组成电池组。电池的输出功率由串联和并联连接的数量调节，这决定了电池的电压和电流限制。
- 牵引逆变器：为了驱动电机，牵引逆变器将电池组的直流电（DC）转换为交流电（AC）。电动制动是另一重要功能，它通过减少急停造成的磨损，延长了机械制动系统的使用寿命。
- 电机和减速传动装置：电机利用从传动系统接收的电能动力，产生推进所需的机械能。车辆的最终减速传动装置接收电机的输入，并将其转换为车轮的高扭矩输出。
- 车载充电器（Onboard Charger，OBC）：充电口的电力（AC）由OBC调节后，

转换为 DC 并存储在电池中。

• 动力系统电子控制单元（Electronic Control Unit，ECU）：ECU 根据驾驶员的油门和刹车输入，调节 DC/AC 转换器的输出电压和频率。

在构建电动汽车时，动力系统的效率至关重要，原因包括改善热管理和行驶里程。由于功率损失增加和随之而来的热量产生，电动汽车的总体尺寸必须扩大，以提供散热空间。功率密度（车辆每单位体积所传递的功率）是优化电动汽车动力系统的另一关键因素。

在提高经济性和功率密度方面，基于半导体的功率开关与动力系统架构同样重要。采用 SiC MOSFET 可减少逆变器体积，从而提升效率，其还具备其他诸多优势特性，如：

• 与 Si 基 IGBT 和 MOSFET 相比，开关损耗和导通损耗降低，对于提高电动汽车行驶里程至关重要。

• 结温可达 175℃ 以上，因此可以构建几乎无需冷却的集成动力系统，而 Si MOS-FET 器件只能达到 150℃。

• 由于开关频率高，可使用小型 DC 旁路电容器、升压电感器和 EMI 滤波器。这些基于 SiC 的半导体器件的优势使得动力系统更加紧凑，从而提高了电动汽车的功率密度。

目前，Si IGBT 在低至中等功率（80kW）逆变器市场占据主导地位，但随着 SiC 的介入，这一格局正在迅速改变，尤其是在高功率（>150kW）逆变器领域。SiC 器件通常用于大于 200kW 的高性能电动汽车、电动 SUV 和电动卡车市场中。

半导体制造商正在升级 Si 封装技术，以应对广泛的汽车应用需求，如热管理及改善半导体封装，以满足严苛的功率密度要求。

9.1.2 电动汽车充电器

近五年来，电池和充电站的功率等级分别提升到 2 倍以上和近 3 倍。电池化学与构造的进步，以及充电器电路拓扑与组件的改进，共同促成了这一成就。

图 9.1 是一个典型电动汽车充电站的示意图。左上角采用功率因数校正和高效有源器件对输入的三相交流电进行整流。电动汽车电池接收 400~1000V 范围内的电力，同时监测电流和电压的输入。所有高压功率器件均由一个并行且电气隔离的低压域管理，该域包含所有接口、微控制器及交流-直流变换器。

SiC MOSFET 与二极管，结合相关的栅极驱动，为此类高性能电动汽车充电设备提供了显著的成本效益优势。为降低有源区的导通电阻并保持高压运行，第四代 SiC MOSFET 采用了专利沟槽结构。这改善了寄生电容，并减少了器件有源区的导通损耗。在寄生元件的高速充放电过程中，功率损耗降低了 40%，从而减少了产生的热量，并缩小散热片面积。

由于电动汽车充电器使用如此高的电压和电流，其可靠性至关重要。MOSFET 的短路承受时间（SCWT）是此类应用中的一个重要可靠性指标。

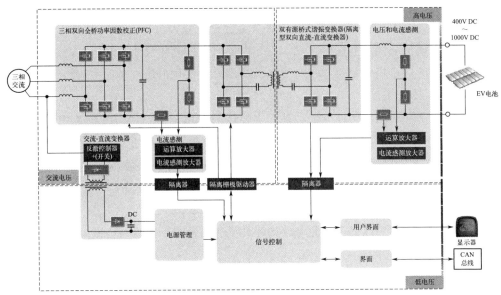

图 9.1 电动汽车充电器框图（来源：ROHM Semiconductor）

电动汽车充电系统，尤其是 LLC 谐振逆变器，极度依赖于高速高压二极管。SiC SBD 实现了高反向击穿电压，同时保持了低寄生电容电荷。这使得其反向恢复时间极快，且不受周围环境的影响。

9.1.3 电动汽车逆变器

SiC 因其可提高逆变器效率的功能而成为宝贵资源。逆变器是将电池中的直流电压转换为驱动电机所需的交流电压的关键组件。尽管在讨论电动汽车性能时，电池和电机技术通常备受瞩目，但忽视逆变器对电动汽车性能和效率的重要性则是不明智的。

与 Si 基 IGBT 的传统逆变器相比，SiC 带来了多项效率提升。SiC 半导体不仅体积更小，而且产生的热量更少，其开关特性对温度变化的敏感性也更低。SiC 使得逆变器能够设计得更为小巧、轻便，且运行所需能量更少。SiC 并非新材料，但整个行业尚未完全认识到其为电气化带来的益处。随着电动汽车技术的不断进步和消费者对电动汽车的广泛接纳，SiC 的价值将日益凸显。

迈凯伦应用技术公司（McLaren Applied）已开发出一款 800V SiC 逆变器 IPG5（图 9.2），能够实现超快速充电，并提供卓越的动力传动系统效率。迈凯伦应用技术公司十余年来一直致力于通过高性能汽车和赛车等应用场景来拓宽逆变器技术的边界，最终研发出第五代逆变器，该逆变器将一级方程式赛车的前沿技术优化应用于汽车市场。

据介绍，IPG5 体积仅为 3.88L，质量为 5.5kg，与 IGBT 逆变器相比，可使电动汽

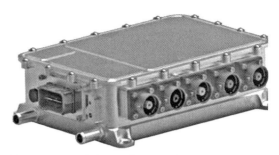

图 9.2　IPG5 逆变器（来源：迈凯伦应用技术公司）

车续航里程提高 7% 以上。IPG5 采用了基于第三代 1200V SiC MOSFET 技术的 STACEPACK DRIVE 功率模块，开关频率最高可达 32kHz。

下一代 IPG5 800V SiC 逆变器可为电机提供 400kW 峰值功率和 250kW 平均功率。它符合 ISO 26262 ASIL-D 要求，能在汽车应用中与高速电机有效配合工作（包括直接驱动）。

迈凯伦应用技术公司的汽车团队视效率为推动电气化发展的第三股"浪潮"。第一阶段由早期的技术先驱构成，而第二阶段则以近年来电动汽车的普及为标志。第三阶段，即效率阶段，将涉及使用 SiC 半导体逆变器技术，尤其是在需要更大续航里程和更快充电速度的汽车中，高效功率电子器件至关重要。

SiC 逆变器将能有效解决这些问题。与传统逆变器把电池能量传递到电机仅能实现 97%～98% 的效率相比，SiC 逆变器可实现高达 99% 的效率。必须强调的是，燃油经济性提高 0.1 或 0.2 个百分点，对汽车的影响都是巨大的。

9.1.4　高压保护

电动汽车电气系统需要一种方法来在发生过载时保护高压配电和负载。微芯科技（Microchip Technology）公司设计了 E-Fuse 演示板以满足这一需求。利用微芯的 700V 和 1200V 技术，E-Fuse 这一未来技术展示出支持 400～800V 的电池系统，并在六种不同配置下提供最大 30A 的电流。

E-Fuse 是一种兼具保险丝和继电器功能的混合设备。与传统继电器不同，它是一种固态设备，没有活动部件，从而避免了继电器常见的接触磨损、电弧和电压跳动等问题。E-Fuse 的可定制跳闸电流是其众多优点之，可对其进行调整以便仅在预定值时激活和切断电流，使其在各种情况下均有用武之地。

E-Fuse 通过测量电流来识别过电流情况。相比之下，传统保险丝则是对过电流的主要影响（如热量和能量）作出反应。E-Fuse 通过直接测量电流，为系统提供了更快、更准确的识别和保护。E-Fuse 可通过循环＋12V 电源或发送局部互联网络（Local Interconnect Network，LIN）消息来重置，这是一项重要功能。E-Fuse 演示板的高压固态设计使其能够在几微秒内识别和切断故障电流，使其比传统机械解决方案快100～500倍。

E-Fuse板采用SiC技术相较于Si技术具有多重优势：
- 更低的导通电阻，意味着在运行过程中以热能形式损耗的功率更少。
- 更高的开关速度，缩短了开/关转换时间。E-Fuse设计通过快速开关限制峰值短路电流，从而防止对系统造成损害。
- SiC器件具有更高的结温，使其能在比Si器件更热的环境中工作。由于能够在更高的结温下运行，E-Fuse无需额外的冷却设备即可安全承受更高的电流负载。因此，E-Fuse能够提供增强的电流能力和热控制。
- SiC器件的关断状态泄漏电流低于Si器件。E-Fuse较低的泄漏电流有助于降低其在关断状态下的功率耗散，从而提高效率。
- SiC的热导率超越了电子领域中常用的Si材料。由于这一特性，SiC器件芯片能承受更大的电流而不会过热，同时保持其高热导率。
- 雪崩能力显著高于Si基电路。器件的"雪崩能力"是指其承受高压瞬态或击穿条件而不受损坏的能力。SiC增强的雪崩能力可保护E-Fuse组件免受电压尖峰和其他瞬态事件的损害。

9.2 SiC技术案例

诸如SiC等宽禁带半导体，为提升系统效率提供了极低的开关损耗，实现了高功率密度，从而减小了尺寸与重量，并且相较于Si而言，具有更为卓越的热导率。这些特性意味着对散热器的需求有所降低，使得设备占地面积更小、重量更轻。

此外，SiC的高温工作能力提高了整体系统可靠性，使之成为需要高功率密度的应用中的优选方案。再者，SiC的辐射抗性对于空间及核能应用至关重要，加之其宽禁带特性，使其能够承受高电压水平，从而在电力分配系统中抵御电压骤升及过电压状况。

9.2.1 微芯科技（Microchip Technology）的SiC技术

在历经1000h高温栅偏（High-Temperature Gate Bias，HTGB）实验前后，微芯科技（Microchip Technology）开发的mSiC技术所展现的阈值电压偏移微乎其微。换言之，微芯的mSiC技术展现出了卓越的栅氧稳定性，这对于高功率应用而言极具优势。

相关应力实验也表明mSiC技术体二极管的稳定性前景可期。根据俄亥俄州立大学（Ohio State University）的应力实验，在应力测试前后（持续100h），微芯mSiC体二极管的I-V曲线及$R_{DS(on)}$测量值几乎完全重合。此外，微芯的设计策略巧妙利用了其器件中固有的二极管（体二极管）来实现整流及续流等功能。mSiC技术在电动汽车节能系统及可再生能源转换等多个领域展现出巨大潜力，其坚固性亦可提升关键系统的可靠性。

微芯的增强开关技术（Augmented Switching Technology）采用先进的电路技术与控制策略，以优化功率半导体器件（如 MOSFET 及 IGBT）的开关行为，从而抵消 SiC 开关在高频运行时产生的电流与电压急剧变化。

该技术旨在减少半导体器件在开关转换过程中导通与关断状态的重叠，进而将导通损耗与开关损耗降低多达 50%。因此，器件得以实现更快、更高效的开关，从而减少能源浪费，并提升整体系统效率。

除调节开关转换过程中电压与电流的变化速率外，增强开关技术还具备控制电压与电流变化速率的能力，从而使电压过冲降低多达 80%。通过实现更为平稳、受控的转换，该技术减少了高频电压尖峰及电流瞬态的发生，这些现象可能引发电磁干扰（EMI）。

降低 EMI 对于必须遵守电磁兼容（EMC）标准的应用及确保附近电子设备正常运行而言大有裨益。借助增强开关技术及其他创新成果，微芯 mSiC 产品正广泛应用于各行各业的众多领域之中。

9.2.2 安森美（onsemi）的 SiC 技术

凭借在 SiC 技术开发各方面的多年经验，安森美（onsemi）公司的 EliteSiC 系列 SiC MOSFET 器件性能实现了显著提升。400～800V 的电池供电电压要求逆变器的额定电压需达到 600～1200V，且每相需能处理高达 1000A 的电流。以往的重点在于平面栅 MOSFET 技术，而这一点在新发布的产品中得到了体现。

其中，M1 平面栅 1200V MOSFET 通过单元间距及薄晶圆工艺的显著改进，演化为 M3S 器件，从而提高了 MOSFET 的比导通电阻（$R_{DS(on)}$）。M3E 器件则是最新一款平面栅 SiC 器件，它提供同类产品中的最佳性能，同时优化了 $R_{DS(on)}$ 与短路性能之间的权衡。750V 及 1200V 的 M4T 沟槽栅器件目前正在开发中。沟槽栅 SiC MOSFET 能够提供额外的尺寸缩减和其他性能优势。

得益于热管理及损耗降低方面的改进，安森美得以在其 VE-Trac™ 系列车规级功率模块中提供多种模块功率等级，涵盖从带有导热脂散热器附件的 120～150kW 系统，到配备烧结散热器的 150～300kW 系统。为了提升热性能及可靠性，基板技术采用了诸如氮化硅 AMB（活性金属钎焊）和 DBC（直接覆铜）、正面金属铜带键合及烧结银焊料等尖端组件。

EliteSiC MOSFET 系列产品与专为电动汽车牵引逆变器市场设计的 VE-Trac™ 功率模块相结合，使安森美得以充分利用电动汽车市场高增长的预期。

9.3 可再生能源

世界正在通过更加重视低碳的可再生能源来适应气候变化。

2022年，全球能源需求增长率放缓，约为2%。2024至2025年间，预计这一需求增长率将提高至超过3%。2022年，电动汽车销量创下历史新高；交通运输电气化的加速预计将对电力需求的发展产生推动作用。到2025年，预计中国的用电量将达到全球的三分之一。

2022年，可再生能源产量增长了5.7%，其中亚太地区占比超过这一增长的一半。预计未来几年，该产业将实现超过9%的年化增长率。令人振奋的是，未来三年内预计增长的电力需求中，超过90%将由可再生能源满足。

就可再生能源供应而言，可进一步细分为以下两类：

① 可调度可再生能源，如水能和地热能，通常具有更大的长期储能能力；

② 可变可再生能源，包括太阳能和风能。

对于可变能源的持续扩展而言，储能能力至关重要。大规模电池储能系统以及采用更高效功率转换方案的电网集成方案显得尤为重要。

9.3.1 太阳能逆变器

太阳能电池是专为转换光能为电能而设计的精密装置，其工作原理源于半导体物理学，尤其是采用了大面积pn结二极管。这些二极管经过巧妙设计，允许光线穿透耗尽层，其中，由于内建电场的作用，光生载流子（即电子和空穴）被分离。这一分离过程促使电子和空穴分别向pn结各自为多数载流子的一侧移动，从而产生反向光电流。

太阳能电池的行为可通过肖克利（Shockley）二极管方程来阐述，该方程将反向光电流作为理想二极管方程的附加项来考虑。

太阳能电池的电流-电压（I-V）特性表明，光电流从理想二极管电流中流出，使得I-V曲线进入第四象限。这一区域象征着太阳能电池向外部电路供电的状态。Si太阳能电池的开路电压通常位于$0.5\sim0.65V$之间，具体数值受光子流量和温度等因素影响。

太阳能电池产生的功率等于电流与电压的乘积（$P=IV$）。当电流与电压的乘积达到最大时，即达到最大功率点。商用太阳能阵列通常配备有控制系统，这些系统采用扰动和调整技术，以持续优化工作点，从而实现最大功率输出。

为了使太阳能电池产生的电力适应电网的使用，电力电子技术是必不可少的。这些电子技术将太阳能阵列产生的低压直流电（DC）转换为与公用电网同步的高压正弦交流电（AC），通常能实现接近1的功率因数。转换过程包括以下几个阶段。

① 太阳能阵列产生的低压直流电通过开关模式逆变器转换为高频低压交流电。

② 此交流电通过升压变压器提高其电压至更高水平。

③ 高压交流电经过整流和滤波，产生高压直流电。

④ 该高压直流电再次被转换为高压工频交流电，与公用交流电网同步。

对于较小的太阳能阵列，如单户住宅所用的阵列，通常连接到单相交流线，导致输出电压较低（通常在$208\sim240V$）。相反，较大的商用太阳能阵列需要三相连接，输出电压通常较高（例如480V），然后通过工频变压器进一步升压至12kV或更高，以便与电网集成。

分析家预测，至2026年，太阳能发电装机容量将超越天然气，并于2027年赶超煤炭，跃居全球首位，实现从2022年至2027年的三倍增长。全球范围内，太阳能发电的平准化成本较煤炭与天然气低40%。

近期，纳微半导体（Navitas Semiconductor）公司与KATEK集团宣布，KATEK的coolcept fleX系列Steca太阳能逆变器已采用全新的GeneSiC功率半导体，以期在效率、尺寸、重量及成本上实现显著提升，同时大幅拓展市场。通过收购GeneSiC，Navitas成功涉足宽禁带技术的高功率应用领域，如电动汽车、太阳能光伏发电及数据中心等。

SiC功率器件能提供更高水平的功率，降低功率损耗、最大化效率并减小组件体积，同时，以其高电热导率和极快的开关速度而著称。

热导率是一项关键性能，反映了半导体器件中由功率损耗产生的热量被耗散（从而防止器件工作温度危险地上升）的容易程度。对于由热导率有限的材料（如Si）制成的半导体器件，保持较低的工作温度更为困难。为此，特别设计了降额工作模式，即在高温下通过部分降低性能来保护器件。

另外，高热导率使器件能够在不降低性能的情况下得到有效冷却。SiC能在超过200℃的温度下工作，比Si MOS器件的结温高出50℃。对于许多SiC器件而言，这一温度甚至可达400℃或更高。这一特性使SiC功率器件即使在高温下也能高效运行，防止性能降额以及平均故障时间（MTTF）减少，从而提升品质与可靠性。

据Navitas称，其GeneSiC MOSFET产品具有经100%测试的雪崩能力，短路承受时间增加30%，以及稳定的阈值电压，便于直接并联。每个4.6kW的Steca coolcept fleX逆变器均内置十六个GeneSiC G3R75MT12J SiC MOSFET。这些1200V/75mΩ的器件被用于具有双向升压变流器和H4拓扑结构的两级变流器中，以实现交流电压输出。

除DO-214（SMD）封装外，GeneSiC产品均采用银烧结技术制造。这是一种芯片贴装与键合技术，能提供无空洞的牢固结合，同时具备卓越的热导率和电导率。银烧结可将电子器件的结温降低高达100℃。

采用GeneSiC技术的SiC MOSFET采用了远低于4MV/cm的最大栅极氧化场强设计，有效解决了栅氧化层的可靠性问题。此外，SiC MOSFET内部体二极管的稳定性亦是一个需重点考量的因素。在传统的H桥功率变换电路中，MOSFET体二极管在续流操作时导通额定电流。由于体二极管的工作特性，多家领先设备制造商所生产的SiC MOSFET器件特性会出现显著退化。

9.3.2 风力机

风力机作为全球可再生能源领域的重要组成部分，产生了大量的绿色能源。为利用风力机产生的电力并将其并入公用电网,需采用精密的电力电子变流器。这些变流器的设计与配置取决于风力机的永磁交流发电机额定功率与输出电压。

对于中等功率风力机或小型水力发电机组,通常采用三相交流变流器。此转换器作为发电机产生的变频三相交流与要求固定频率交流的公用电网之间的接口。变流器由以下几个关键部件组成:

① 二极管整流器:变流器的第一阶段涉及二极管整流器,旨在将发电机产生的三相交流输出转换为直流,以便后续处理。

② 滤波器:二极管整流器后通常接有滤波器,以平滑直流输出,减少任何不需要的谐波,并为后续阶段提供更稳定的输入。

③ 开关模式逆变器:变流器的核心为开关模式逆变器。此逆变器将滤波后的直流转换回三相线路频率交流。逆变器的操作受到精确控制,以确保其输出与公用电网同步,并以接近1的功率因数运行。

对于输出电压与额定功率更高的大型商用风力机,通常介于 3～5kV,高达 10MVA,则需采用不同类型的变流器。

9.4 储能技术

众多国家正积极推动一项趋势:家家户户配置储能系统(Energy Storage System,ESS),并与家用电动汽车实现双向连接,仅在必要时使用公共电力。在住宅太阳能应用中,功率输出通常低于 15kW,电压范围则为 90～240V。

相较于 Si 基充电技术,SiC 基 ESS 电池充电技术展现出诸多优势。与 Si IGBT 相比,SiC 解决方案更为紧凑高效,能提供高出 1%～2% 的效率,以及高达 35%～50% 的功率密度提升。SiC 更高的开关频率缩小了无源元件的尺寸并减少了成本,同时增强的导通电阻随温度变化可降低导通损耗,从而使系统总体成本下降。此外,SiC 优异的热导率和整体系统损耗的降低还减少了冷却费用。

在太阳能的工业应用中,常见的是最大功率点跟踪(Maximum Power Point Tracking,MPPT)升压和数十千瓦功率的组串逆变器。此时,直流电压水平可能显著提高,如 800～1500V,这有助于减少电缆损耗。

Si IGBT 的开关频率为 10～15kHz,需配备大型升压电感器,而 SiC 器件的开关频率则可达 75～100kHz。除了提高功率转换效率外,SiC 基系统的体积可缩小至 Si 的 1/3,重量减轻至 Si 的 1/10。尺寸与重量优势能显著降低安装成本。对于公共事业规模的应用场景,一系列组串逆变器可转换兆瓦级电力,此时安装成本的优势更为显著。

对于 50kW 太阳能组串逆变器应用,根据地理位置(日照充足地区数值更高)的不同,能源投资节约量(Energy Saved on Energy Invested,ESOI)可达 55～77。这相当于每年节省数百千瓦时的能源,凸显了在此类应用中提高能源效率的重要性。

9.5 并网储能

储能系统通过补偿电压波动（例如短期尖峰或下降、长期涌流或电压下降）、供电主频变化、低功率因数（电压与电流相位严重不符）、谐波以及服务中断等电气异常和扰动，提升了电网的性能。在电力需求与供应低谷期，利用附加储能系统购入廉价电力，可于电价高昂时节省开支。此外，储能系统亦可替代新增能源发电。当前，储能系统日益被用于稳定风能和太阳能等可再生能源的间歇性供电。

全 SiC 逆变器将彻底改变电力分配、可再生能源集成及储能领域。众所周知，Si 基半导体因其固有局限性，并不适用于公用事业规模的应用。而 SiC 则使静态转换开关、动态电压恢复器、静态无功补偿器、高压直流输电系统以及灵活交流输电系统等电力电子应用实现了经济可行性。SiC 助力中压（MV）逆变器制造商在 100kW～1MW 范围内实现超过 97.8% 的效率，从而推动了更为紧凑的逆变器在住宅及工业领域的广泛应用。

通过双主动桥（Dual Active Bridge，DAB）等隔离拓扑结构，后接主动前端变流器，可将电池储能系统（Battery Energy Storage System，BESS）集成至中压电网（2.3kV、4.16kV 或 13.8kV）中。与两电平拓扑相比，三电平（中点钳位）拓扑可降低滤波器需求及 SiC MOSFET 上的电压应力。根据电网电压，串联 3.3kV 的 SiC MOSFET 二极管器件是可行的。

中压 SiC MOSFET 的快速开关瞬态可导致高达 100kV/s 的电压变化率（dV/dt），因此栅极驱动电路需具备极低的隔离电容。功率传输阶段的设计目标包括高隔离要求、最小耦合电容及栅极驱动小型化。通常，中压应用需串联器件以实现冗余和高工作电压。串联中压 SiC 器件时，需采用能够同时切换所有器件的栅极驱动。串联连接器件的开启延迟可能导致电压不匹配，进而引发过电压或器件间电压分布不均。

采用中压 3.3kV SiC MOSFET 二极管替代串联的低电压（1200V 或 1700V）MOSFET 或 IGBT，具有诸多优势，例如：简化的栅极驱动，因用单个中压器件替换多个低电压晶体管及整流器而降低的寄生电感，更低的导通损耗，以及更高的效率。因此，功率变流器的尺寸、重量及冷却需求可大幅缩减。

Navitas GeneSiC 3.3kV 分立式及单片集成 MPS 二极管的 SiC MOSFET 的击穿电压范围通常为 3600～3900V，远超数据表所列数值。在高电场作用下，肖特基势垒降低，致使单片二极管漏电流在高压下略有增加。实验中，Navitas GeneSiC 单片 SiC MOSFET 在额定电压 3.3kV 阻断电压下，漏电流为 $50\mu A$（或 $0.3mA/cm^2$），击穿电压为 3.5～3.7kV，测得导通电阻约为 $80m\Omega$。

在逆变器中采用 SiC，将加速能源存储技术的普及，使其成为未来基础设施不可或缺的组成部分。通过隔离拓扑结构将电池储能系统（BESS）集成至中压电网，证明使用单片 3.3kV SiC MOSFET 相较于等效 Si IGBT 或两个 1700V SiC MOSFET 串联，可实现更高的系统效率、更低的运行温度及更小的芯片尺寸。

Navitas GeneSiC 3.3kV 单片集成 MPS 二极管 SiC MOSFET，其击穿电压远超 3.3kV，且在单片 MPS 二极管全激活状态下展现出平滑的开关性能。这显著降低了第三象限运行时的功率损耗，并通过减轻双极退化，提高了器件可靠性。非钳位感性开关（Unclamped Inductive Switching，UIS）测试表明，其具有强大的雪崩耐受能力和高达 $4.5\mu s$ 的短路承受能力。

9.6 光伏电池的效率

太阳能电池利用光电效应，将基于光子的入射能量转换为电能。掺杂 Si 等半导体材料吸收的光子能量，会激发电子脱离其分子或原子轨道。随后，这些电子或以热能形式耗散多余能量并回归其轨道，或迁移至电极并参与电流循环，以中和其在电极上所产生的电位差。

与所有能量转换过程一样，太阳能电池并非能将所有输入能量全部转换为所需的电能。实际上，单晶硅太阳能电池的效率数十年来一直在 20%～25% 之间波动。然而，太阳能光伏的潜力如此巨大，以至于研究团队数十年来一直在利用日益复杂的结构和材料来提高电池转换效率。

光伏转换可将每平方米地球表面入射的 1kW 太阳能转换为 200～300W 的电能，这是在最佳条件下的情况。然而，电池表面沉积的雨水、雪水和灰尘，半导体材料的老化效应，以及植被生长或新建结构导致的遮阴增加等环境变化，都可能降低转换效率。

在实际应用中，尽管太阳能是免费的，但其捕获、储存和转换为电能的过程必须精心优化，才能产生有用的电量。将太阳能电池阵列（或其电池组）的直流（DC）输出转换为交流（AC）以供直接使用或输送至电网的逆变器设计，是提高效率的最大机遇之一。

在开关应用中，MOSFET 备受青睐，因其为单极器件，即不使用少数载流子。Si 双极器件虽能使用多数载流子和少数载流子来实现高压工作，但其开关过程因需等待电子和空穴的复合以及复合能量的耗散而延迟。

Si MOSFET 通常用于最高约 300V 的开关应用，此时器件的导通电阻会增加至设计者必须采用较慢的双极替代方案的程度。SiC 的高击穿电压使其能够构建电压远高于 Si MOSFET，同时还能保持低压 Si 器件的快速开关速度优势。此外，其开关性能相对独立于温度，使系统在升温时仍能保持性能一致。鉴于功率转换效率与开关频率成正比，SiC 因此展现出双重优势：它既能承受比 Si 更高的电压，又能在高速下实现开关操作，这是达到高转换效率所必需的。

SiC 的热导率是 Si 的 3 倍之多，这使得它能在更高的温度下稳定运行。相比之下，Si 在大约 175℃ 时便失去了半导体特性，而在约 200℃ 时则转变为导体；而 SiC 直到温度高达 1000℃ 时才会发生这种转变。SiC 的热性能优势可通过两种途径来利用：一是制造出比 Si 基产品需要更少冷却的功率变流器；二是在空间受限的场合（如车辆和蜂窝基站）中，利用 SiC 在高温下的稳定工作特性，构建出极高密度的功率变换系统。

9.7 电机驱动技术

9.7.1 电机控制基础概述

电机广泛应用于众多电气领域，几乎无处不在。据市场研究人员统计，每年新增的电机数量高达 110 亿台，占电能总消耗量的 45%。

市场上电机种类繁多，设计者在选择时需根据具体应用的技术和经济需求进行权衡。主要的电机类型包括有刷电机、无刷电机［进一步细分为无刷直流电机（BLDC）和永磁同步电机（PMSM）］、感应电机以及步进电机。

图 9.3 展示了上述四种电机的类型，并概括了它们各自的优缺点。

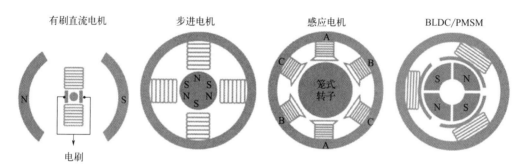

图 9.3 常用电机类型（来源：Qorvo）

由于 BLDC 和 PMSM 均采用电子换向技术，因此它们需要一个专门的电路来精确控制线圈通电的时序，以确保实现精确的速度调节、扭矩控制和效率优化。

目前，这种电路（也称为电机控制器）已经集成到一个高性能单片机中，该单片机负责驱动外部（以及在某些情况下的内部）高功率 MOSFET。集成解决方案的两大显著优势在于：一是将复杂性转移至单片机，从而简化了电机驱动电路的设计；二是减少了外部组件的数量（即物料清单，BOM），进而降低了成本。

以下是电机控制器中实现的核心功能：
- 电机转速、扭矩或输出功率的精细调控。
- 启动阶段（软启动）的精准管理。
- 电路缺陷与过载的全面保护。
- 加速与减速曲线的优化设置。

现代集成的电机控制器，巧妙地将控制电机运转所需的所有模拟与数字组件融于一体，集成于单个芯片之中。

微控制器核心不仅内置了模拟前端、功率驱动器、电源管理系统，还配备了脉宽调制（Pulse Width Modulated，PWM）发生器及序列驱动的数据采集功能，功能全面而强大。

此外，电源管理器还肩负着系统内部基准生成、计时管理、休眠模式控制，以及电源与温度的实时监控等多重职责。

相较于传统的分立组件方案，这种集成化设计不仅实现了紧凑的结构与软件可配置性，更为各类应用提供了便捷高效的解决方案，极大地简化了设计流程，降低了成本，并缩短了产品上市的时间。

9.7.2 伺服驱动

电机控制，尤其是频率控制的驱动技术，近年来因电机在多种应用场景中的广泛应用以及节能的巨大潜力而迅速发展。自其问世以来，基于框架的电机控制功率模块在众多对价格、尺寸和性能尤为敏感的应用领域引发了显著变革，其中工业自动化领域最具代表性。

伺服驱动是机器人、传送带等多种自动化生产设备中的电机激活组件。SiC MOSFET 的欧姆导通损耗和完全可控的开关瞬态特性与其负载特性相得益彰。

在电机控制和电力控制等领域采用 SiC 器件，因其能效高、尺寸小、集成度高且可靠性强，而标志着显著的技术进步。如今，在逆变器电路中，已可选择连接电机的最佳开关频率，从而为电机设计带来显著优势。

新型 CoolSiC MOSFET SMD 封装的器件阻值范围为 $30\sim350\mathrm{m}\Omega$，短路承受时间为 $3\mu s$，完全满足伺服电机的需求。此产品采用基于沟槽栅的 SiC MOSFET 技术，具有极低的开关损耗和零电压关断，极大简化了驱动电路。该器件内置一个具有坚固本体的二极管，适用于严苛的换相操作。

SMD 封装能够通过完全自动化的生产线实现极为简便的组装。英飞凌公司强调，与 IGBT 解决方案相比，此类晶体管技术因损耗较低，有助于实现功率半导体的无风扇冷却，从而满足了电机驱动逆变器设计者长期以来的愿望，即显著降低现场维护需求。

这种特定的驱动周期与 SiC MOSFET 相似的线性输出特性相结合，使得在低扭矩操作模式下，其损耗远低于 IGBT。在较低温度和部分负载模式下，此 SiC MOSFET 的导通损耗优于 IGBT。在制动过程，通过内部体二极管反向续流工作时，同样能够大幅降低导通损耗。因此，在所有工作模式下，静态损耗均可得到降低。

这种情况同样适用于开关损耗。即便是在 $5\sim10\mathrm{V/ns}$ 这一若干驱动中典型的低 dV/dt 范围内，与当今的 IGBT 相比，总开关损耗亦可降低 60%。这主要归因于近乎为零的 Q_{rr}（反向恢复电荷）、尾电流的消除以及与温度无关的开关行为。

在各种驱动器中采用此类元件，可提高功率密度。根据为 CoolSiC 所选功率的类型，与额定值相当的 IGBT 相比，在保持相同外形尺寸的条件下，可获得更高的电流，同时 SiC MOSFET 的结温显著低于 IGBT（SiC MOSFET 约为 40～60℃，而 IGBT 为 105℃）。SiC MOSFET 使得在给定设备尺寸下，无需风扇即可驱动更高电流。

此组合使得在功率密度至关重要的电机驱动领域（如伺服驱动）中能够实现被动冷却，从而助力机器人和自动化行业实现免维护、无风扇的电机逆变器。在自动化领域，无风扇解决方案因在维护和材料方面节省的资金和时间，而开辟了新的设计可能。

9.8 工业驱动领域

风扇、水泵、伺服驱动、压缩机、缝纫机及冰箱等，皆依赖于强效电机以应用于工业领域。其中，最常见的电机为三相电机，由基于逆变器的驱动器所驱动。此类电机可消耗高达工业总电力需求的 60%，因此，驱动器实现高效率至关重要。

SiCMOSFET 相较于传统硅基解决方案（如常用于工业应用的 IGBT），能显著提升效率、减小散热器尺寸并降低成本。SiC 技术的比导通电阻 $R_{DS(on)}$ 极低、开关频率高，且在体二极管关断后发生的反向恢复阶段中，能量损失几乎为零。

最常见的基于三相逆变器的驱动电路采用的是基于两电平三相逆变器的拓扑结构，根据功率需求，使用分立式或功率模块 IGBT 及续流二极管。六个功率晶体管以三个半桥的形式连接，以产生用于电机及其他应用的三相交流电。为控制欧姆感应负载（即电机）的速度、位置及电磁扭矩，每个半桥需在特定频率下切换。

IGBT 晶体管为少数载流子器件，具有高输入阻抗及显著的双极电流承载能力。由于电机控制应用中的感应负载特性，通常需添加反并联或续流二极管，以实现全功能开关。

当下桥续流二极管处于反向恢复时，其电流流向与上桥开关相同，反之亦然。因此，在换流过程中会出现过冲，导致额外功率损失并降低整体效率。与将 Si IGBT 和续流二极管集成封装相比，SiC MOSFET 由于其反向恢复电流及反向时间值显著较低，能大幅减少恢复损失并明显提高效率。

在工业驱动中，需特别注意开通与关断的换流速度，SiC MOSFET 的 dV/dt 值可显著高于 IGBT。意法半导体（ST）对两款相似的 1.2kV 功率晶体管（一款为 SiC MOSFET，另一款为 Si IGBT）进行对比研究，即使在 5V/ns 的条件下，SiC MOSFET 器件仍能确保开关时的能量损失显著更少。

ST 的分析使得能够使用相同类型的晶体管，在静态与动态工作中比较其特性（或电压-电流）曲线。对比特性曲线可知，SiC 解决方案在整个电压与电流范围内均具有显著优势，这主要归功于其线性的正向电压降。相比之下，IGBT 晶体管则表现出依赖于集电极电流的非线性电压降（$V_{CE(sat)}$）。

还可以通过双脉冲测试，从动态角度对这两款器件进行评估。该测试的主要目的是确定在开通和关断过程中产生的动态损耗。与 Si IGBT 相比，SiC MOSFET 在研究的整个电流范围内，即便是在 5V/ns 的条件下，也展现出了显著较低的开关能量（约降低 50%）。当条件提升至 50V/ns 时，SiC MOSFET 的损耗进一步减少，而 IGBT 则无法达到这样的高换流速度。

9.9 其他应用领域

在商业应用中，工作电压超过 6.5kV 的功率器件并不常见。然而，这类应用展现出创新性系统解决方案的众多可能性。为了展示其显著优势，以及面临的技术挑战和解决方案，业内已开发了高压 SiC 器件的原型。

一个典型的例子是 10kV SiC MOSFET 在光伏发电系统中的应用。当前的光伏发电站容量可达 100MVA 或更高，而电能的分配通常发生在低压层面。然而，这些发电站主要将电力输送到中压电网。

光伏发电阵列产生的直流电压通常不超过 1000V。这些电能被收集并送入逆变器，逆变器将其转换为三相交流电，相间电压通常为 250~400V。通常还需要变压器将这一输出连接到中压电网。

在光伏发电站中，多个组件（包括光伏发电机、逆变器、变压器和开关设备）构成了功率通常约为 1MVA 的子单元。这些子单元构成了整个光伏发电站。如果在不改变电压水平的情况下提高每个子单元的输出功率，将需要更大的电流，这反过来又需要更粗的铜缆，从而导致热损耗和材料成本的增加。在现有的高传输比下提高变压器的功率等级，也会遇到物理限制。

因此，提高子单元输出功率最实际的方法是在遵守低压指令的同时，提高系统的电压水平。这种转变带来了多重优势。其中一个提出的概念涉及在中压层面进行直流收集的光伏发电站。通过未来可能提高光伏发电模块的输出电压，DC/DC 变流器可以将光伏发电机连接到公共的直流配电网络。使用中压进行收集，可以使用相对较小的电缆直径。然后，使用中压转换器将光伏发电站的电力输送到电网。这一概念消除了对变压器的需求，从而节省了核心材料和铜的成本。

系统组件的减少亦提升了效率。中压逆变器的额定功率可达数兆瓦，其具体数值取决于未来半导体模块的发展情况。

在此背景下，可利用 10kV/10A SiC MOSFET 与集成的 10kV/10A SiC 二极管，开发一款 DC/DC 变流器。此变流器设计为升压变流器，输入电压为 3.5kV，输出电压为 8.5kV，额定功率为 28kW。MOSFET 的低开关能量使其能够实现 8kHz 的高开关频率，约为传统中压变流器的 10 倍。这减少了材料消耗，缩小了组件尺寸，并为电感器和电容器节省了成本。高频电感器采用非晶态磁芯，并通过空气进行主动冷却。

为解决电气隔离和热传递问题，MOSFET 被安装在散热片上。外壳底部处于最高可达 8.5kV 的漏极电位，因此必须与散热片进行电气隔离。为此，可采用具有优异热导率 [200W/(m·K)] 和高击穿电压（15kV/mm）的氮化铝（AlN）陶瓷基板。晶体管通过压板机械地固定在 AlN 基板和散热片上。

在控制与监测方面,变流器侧面安装了一块控制电路板。它可测量输入电压、输出电压以及下桥 MOSFET 的电流。当在中压阻抗下运行时,该变流器的最高效率可达 98.5%。

传统上,中压电网的有源滤波器依赖于低压逆变器,其通常工作电压约为 690V。然后,这些逆变器通过 50Hz/60Hz 的变压器耦合到更高的电压等级,如 330kV。然而,这种配置限制了有源滤波器的带宽,因其受限于变压器的截止频率。无论逆变器的动态能力如何,带宽仍受限制。

尝试使用 3.3kV 或 6.5kV 的传统 Si IGBT 直接设计电网耦合的中压逆变器,并未能显著提高带宽。这一限制缘于这些器件所能实现的低开关频率,导致带宽仍保持在之前的范围内。

为克服这一挑战,研究人员提出了一种利用 SiC 晶体管的新方法,该方法可大幅提高动态范围。由德国联邦教育与研究部支持的一个研究项目探索了使用 15kV MOSFET、IGBT 和结势垒肖特基二极管(JBS)开发三相中压逆变器的可能性。这些器件在动态范围和带宽方面展现出了实现更高性能水平的潜力。

参考文献

[1] W. J. Choyke, Silicon Carbide, vol. 1 (Springer).
[2] P. Friedrichs (ed.), Silicon Carbide. Growth, Defects and Novel Applications, vol. 1 (Wiley).
[3] B. J. Baliga, Wide Bandgap Semiconductor Power Devices: Materials, Physics, Design, and Applications (Elsevier).
[4] T. Kimoto, Fundamentals of Silicon Carbide (Wiley).
[5] M. Mukherjee (ed.), Silicon Carbide - Materials, Processing and Applications (InTech).
[6] E. O. Prado, An overview about Si, superjunction, SiC and GaN power MOSFET technologies in power electronics applications. Energies 15, 5244 (2022).
[7] M. Shur, SiC Material and Devices 1 and 2 (World Scientific).
[8] Technical articles of M. Di Paolo Emilio. https://www.powerelectronicsnews.com/author/maurizio/.
[9] F. (Fred) Wang, Characterization of Wide Bandgap Power Semiconductor Devices (The Institution of Engineering and Technology, London, United Kingdom).
[10] J. Yao, Working principle and characteristic analysis of SiC MOSFET. J. Phys.: Conf. Ser. 2435, 012022 (2023).
[11] Y. Zhong, A review on the GaN-on-Si power electronic devices. Fundam. Res. 2, 462-475 (2022).

第10章

宽禁带器件仿真

本章是模拟仿真氮化镓（GaN）和碳化硅（SiC）解决方案这一复杂领域的入门介绍，旨在让读者对这两种材料在当代半导体技术中的基本特性有大致了解。在本章中，将使用 LTspice 仿真平台进行各种简单的模拟，从而更深入地理解这些材料的实际应用及其意义。

10.1 使用 LTspice 估算 SiC MOSFET 的开关损耗

为了有效利用各类能源，必须广泛采用变流器，其目的是将一种能源转换为更适合终端应用的另一种能源。如今，企业正专注于减小变流器的重量和尺寸，并提高其效率，提高转换频率是使器件更轻便的一种策略。此外，现代开关元件的开关速度并不非常高，并且在转换过程中会不可避免地损失一部分能源（尽管随着新型电子元件的开发，这个问题正在逐渐改善）。我们将使用 LTspice 仿真软件来确定 SiC MOSFET 的开关损耗。

10.1.1 开关损耗

从一个电平到另一个电平的电能转换是一项技术挑战，旨在优化效率。最大的困难与器件状态改变时在开关瞬态中抵消能量损失有关。事实上，当漏极电流和漏源电压都大于零时，MOSFET 就会产生损耗。正弦脉宽调制（SPWM）状态下，晶体管的正弦调制平均功率损耗由下式确定：

$$P_{T,sw} = \frac{1}{\pi} f_{sw}(E_{T,on} + E_{T,off})$$

其中，数值参数如下：
- f_{sw}：逆变器的开关频率；
- $E_{T,on}$：导通状态下的开关能量损耗；

- $E_{T,off}$：关断状态下的开关能量损耗。

IGBT 可以承受 5kV 的电压和 1000A 的电流，但开关频率不能超过 100kHz。MOSFET 在高开关频率下（甚至达到兆赫数量级）表现良好，但具有相对较高的导通电阻、较高的导电损耗以及 600V 以下的电压限制。从理论上讲，SiC 器件可以克服这些问题。

与 Si 器件相比，SiC 器件具有诸多优势，包括更低的能量损耗和更高的开关频率。由于其内部电容量减小，因此在开-关转换过程中的损失也更少。这些特点有助于提高转换器的功效，并减小其重量和尺寸。然而，遗憾的是，SiC MOSFET 与其他所有开关元件一样，都存在开关损耗。这些损耗发生在导电过程中的非零电压损失以及非理想和非同步的开-关转换过程中。人们不断努力改进电子元件，以实现极高的开关速度和极低的导通阻抗。

10.1.2 静态分析

尽管 SiC MOSFET 的导通电阻 $R_{DS(on)}$ 越来越低，但在大功率下仍存在明显的损耗。让我们观察图 10.1，以了解电路的静态行为。工作参数如下：

- V_{CC}：48V；
- V_G：20V；
- V_D：799.28893mV；
- $R_{(LOAD)}$：5Ω；
- $I_{(LOAD)}$：9.4401426A；
- $P_{D(LOAD)}$：445.58144W。

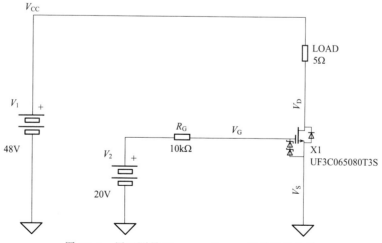

图 10.1　用于测量 $R_{DS(on)}$、$R_{DS(off)}$ 和效率的电路

电路的效率计算如下：

$$E_{\text{eff}} = \frac{P_{\text{out}}}{P_{\text{in}}} \times 100\%$$

$$E_{\text{eff}} = \frac{445.58144\text{W}}{453.12685\text{W}} \times 100\%$$

$$E_{\text{eff}} = 98.335\%$$

因此，在静态工作中，由于电子开关并非理想开关而是具有一定的小电阻，所以电路在导通状态下自然会显示出损耗。此电阻越小，电路的效率就越高。通过相同的电路，我们可以通过漏极和源极之间的电压以及电流，计算出 SiC 的 $R_{\text{DS(on)}}$。

$$R_{\text{DS(on)}} = \frac{V_D - V_S}{I_D}$$

$$R_{\text{DS(on)}} = \frac{799.28893\text{mV} - 0}{9.4401426\text{A}}$$

$$R_{\text{DS(on)}} = 0.084669\Omega$$

其作用几乎等同于一个闭合的开关，这也证实了 SiC 制造商在官方数据表 UF3C065080T3S 中报告的技术规格，该规格证明其典型电阻为 80mΩ。我们还可以通过将 MOSFET 的栅极接地，并使用相同的公式来计算 $R_{\text{DS(off)}}$ 电阻：

$$R_{\text{DS(off)}} = \frac{V_D - V_S}{I_D}$$

$$R_{\text{DS(off)}} = \frac{47.999928\text{V} - 0}{14.797931\mu\text{A}}$$

$$R_{\text{DS(off)}} = 3243691.83773\Omega$$

其作用正如一个打开的开关。

10.1.3 动态分析

现在，让我们来观察 MOSFET 在开-关切换阶段工作状态下的动态行为。如前所述，尽管电子开关具有出色的功率、速度和低电阻特性，但它们的行为并非理想（见图 10.2 中的接线图）。出于这些原因，所有转换电路都会受到不同程度开关损耗的影响。

事实上，由于非理想过渡，即状态变化并非瞬时且非同步，因此会存在功率损失。换句话说，电压和电流过渡并非同时发生，因此会造成功率损失，如图 10.3 所示。由于这些事件的非同步性，开-关转换过程中的能量损失很高。在图 10.3 中，可以观察到以下信号：

- 信号①：这是漏极电压，从 48V 切换到接近 0V。在此例中，开关频率为 100kHz；
- 信号②：这是流经漏极（和负载）的电流，其值约为 9.4A。显然，此信号的相位与电压的相位相反；
- 信号③：这是由 MOSFET 耗散的功率，其最大峰值（115.27W）位于逆变器状态变化处，峰值持续时间仅为几纳秒。

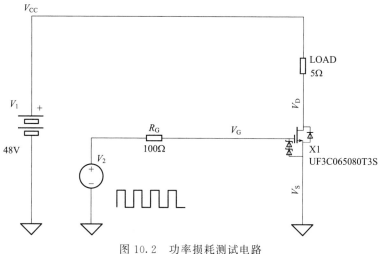

图 10.2　功率损耗测试电路

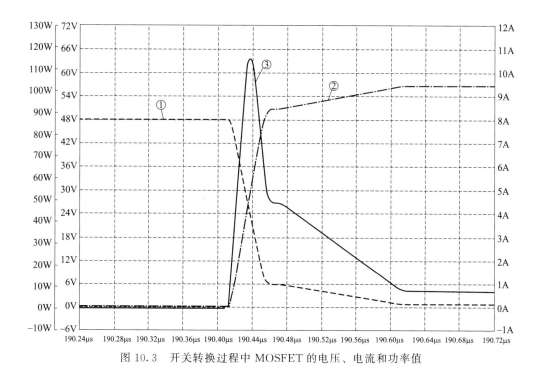

图 10.3　开关转换过程中 MOSFET 的电压、电流和功率值

降低开关损耗的一种方法是实现零电压切换（Zero Voltage Switching，ZVS）或零电流切换（Zero Current Switching，ZCS）。为此，可以实施"软开关"和"硬开关"解决方案。

10.2 GaN 器件的 LTspice 仿真

在提高功率变换效率方面，GaN 技术的应用超越了 Si 技术。GaN 的使用对功率晶体管本身以及整个系统和相关费用都产生了重大影响。在电源和变流器中使用 GaN 可使尺寸减小至 1/4，重量减轻至 1/4，效率提高到 4 倍。GaN MOSFET 的推荐栅极电压为 6V/0V，特别是对于额定功率高达 1500W 的系统。某些项目还使用了 +6V/-3V 电压，从而最大限度地减少对电路的干扰。无论在哪种情况下，最高的栅极电压可达 7V，即使器件在 +10V/-20V 的驱动电压下仍保持完好无损。

10.2.1 GaN 器件测试实例一：GaN System GS61008P

本例测试所用的模型是 GaN System 公司的 GS61008P（见图 10.4），其特点包括：

- 100V 功率晶体管；
- 底部采用冷却配置；
- 导通电阻 $R_{DS(on)}$ 为 7mΩ；
- 最大漏极电流 I_{DS} 为 90A；
- 采用低电感 GaNPX 封装；
- "栅极"电压范围为 0~6V；
- 极高的开关频率（>10MHz）；
- 快速且可控的上升和下降时间；
- 具备反向电流能力；
- 反向恢复零损耗；
- PCB 的尺寸缩小至 7.6mm×4.6mm；
- 源极感应引脚，用于优化栅极驱动；
- 符合 RoHS 3（6+4）标准。

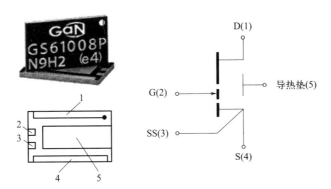

图 10.4 GaN Systems GS61008P GaN 晶体管（来源：GaN Systems，现属于 Infineon）

10.2.2 制造商提供的库

主要电子元件制造商都深刻认识到，随产品附带的 SPICE 模型具有极高的应用价值。实际上，它们能够完美模拟各种器件，并且由于这些模型是由同一家公司创建的，因此可以肯定相关元件在所有配置中都能完美运行。因此，使用自己的电子模拟器与 SPICE 模型是必不可少的一步。现在，让我们看看成功使用 GaN System 公司 GS61008P 晶体管的 SPICE 库所需的各个步骤。如图 10.5 所示，晶体管数据表（以及其他元件）通常包含多个项目。请检查是否存在"SPICE Models"（SPICE 模型）或类似内容。它允许下载包含多个文档的压缩（ZIP）归档文件。在此特定 ZIP 文件中，包含以下类型文件：

- .asy：这些文件包含单个电子元件的设计。
- .lib：这是包含元件 SPICE 指令的库文件。
- .pdf：PDF 文档包含有关在仿真程序中使用元件的一些建议。它不是器件的数据表。

对于我们的测试而言，重点关注的文件包括：
- GaN＿LTspice＿GS61008P＿L1V4P1.asy；
- GaN＿LTspice＿GS61008P＿L1V4P1.lib；
- Spice Model User Guide＿190729.pdf。

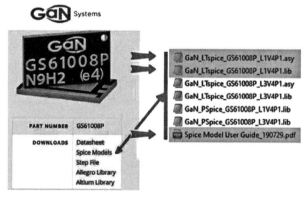

图 10.5 GS61008P GaN 页面

10.2.3 LTspice 上的符号

在这个特定的例子中，我们很幸运地拥有了由该元件制造商开发的 GaN 晶体管的电气符号。LTspice 可以检查文档"GaN_LTspice_GS61008P_L1V4P1.asy"的属性，如图 10.6 所示。该符号设计简洁明了，具有可见的互连，以实现外部连接。这些实体被称为"Doors"(门),并且需要在SPICE模型中指定相同的名称。否则,需要在库中或符号本身中修改其名称。此外,在接线图需要包含它们的情况下,可以使用线条、圆圈和文本工具等辅助视觉特征来增强符号的可读性。值得注意的是,该文档的文件扩展名为".asy"。

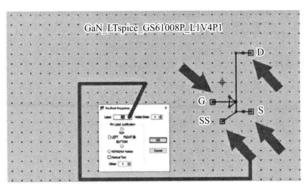

图10.6 该器件制造商创建的电气符号

10.2.4 开关速度测试

前面两个文件(.asy和.lib)必须复制到工作文件夹中,同时包括应用的接线图(带有.asc扩展名)。如果库、符号和器件具有相同的名称,则无需使用".INCLUDE"指令。测试电路(见图10.7)可以对晶体管进行有效的开关速度测试,从图中可以观察到以下运行特性,这些值完全符合所讨论元件的"绝对最大额定值":

- 电源电压:DC 48V(V2);
- 栅极电压:DC 6V 脉冲电压;
- 负载:5Ω功率电阻。

设置开关频率为10kHz,并执行瞬态仿真,可以生成图10.8中的两个示波图,在图中可以观察到两个方波信号:

- 图10.8(a):I(R2),表示负载电流;
- 图10.8(b):V(gate),表示元件"栅极"上0V/6V的方波脉冲电压。

如图所示,这两个信号在10kHz的频率下完全同步并且相位一致。在该运行条件下,电路效率达99.8%。频率的增加显然会大幅降低效率。下面展示了10kHz~5MHz频率范围对应的效率:

- 10000Hz:99.88%;
- 20000Hz:99.86%;
- 30000Hz:99.84%;
- 40000Hz:99.82%;

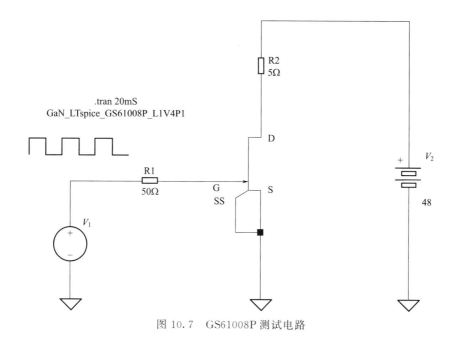

图 10.7 GS61008P 测试电路

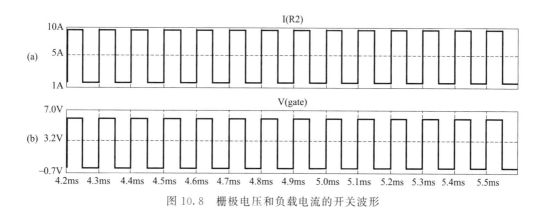

图 10.8 栅极电压和负载电流的开关波形

- 50000Hz：99.80%；
- 60000Hz：99.77%；
- 70000Hz：99.75%；
- 80000Hz：99.73%；
- 90000Hz：99.71%；
- 100000Hz：99.69%；
- 200000Hz：99.48%；
- 500000Hz：98.90%；
- 1000000Hz：98.06%；

- 2000000Hz：96.69%；
- 5000000Hz：96.13%。

随着开关频率的增加，输出信号开始产生天然失真。无论如何，本例所介绍的这款器件都是市场上速度最快的器件之一，这从其初始特性就可以看出。图10.9显示了四个快速傅里叶变换（Fast Fourier Transform，FFT）图，目的是检查负载上输出电流的失真情况，频率分别为10kHz、100kHz、1MHz和2.5MHz。

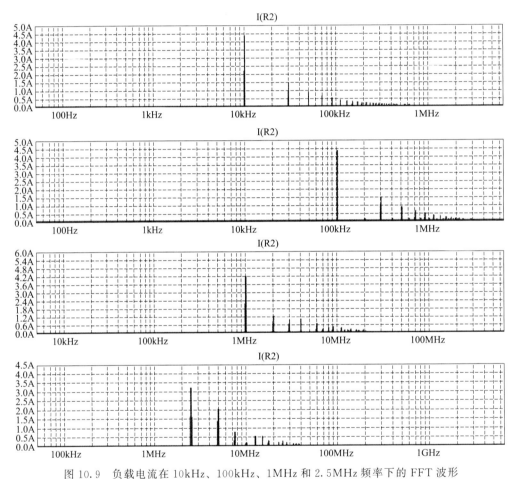

图10.9 负载电流在10kHz、100kHz、1MHz和2.5MHz频率下的FFT波形

10.2.5 GaN器件测试实例二：eGaN FET EPC2001

EPC公司的这款eGaN FET EPC2001器件具有非常有趣的特性：
- 漏源电压（V_{DS}）（连续）：100V；
- 漏源电压（V_{DS}）（在125℃下高达10000个5ms脉冲）：120V；
- 负载电流（I_D）（连续）：25A；

- 负载电流（I_D）（脉冲）：100A；
- 栅源电压（V_{GS}）：-5V/+6V；
- 工作温度（T_j）：-40～125℃。

参见前例说明导入模型后，可以创建如图10.10所示的接线图，其目的是持续驱动负载。

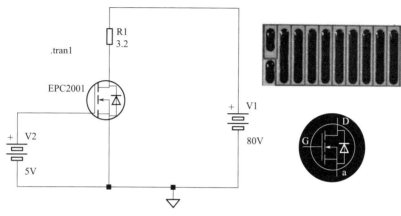

图 10.10 EPC2001 测试电路

下面分析计算其 $R_{DS(on)}$ 值，运行参数如下：
- V_{CC}（V1）：80V；
- V_G（V2）：5V；
- 负载电阻（R1）：3.2Ω。

静态状态下的仿真结果如下：
- V_{DS}：142.99mV；
- I（R1）：24.955A；
- MOSFET 耗散的功率：3.5724W；
- R1 耗散的功率：1992.9kW；
- 电池 V1 耗散的功率：1996.4kW。

因此，效率为：

$$(V_{R1}I_{R1})/(V_{V1}I_{V1}) \times 100\% = 1.9929/1.9964 \times 100\% = 99.82\%$$

现在，计算上述工作条件下的 $R_{DS(on)}$ 值：

$$R = V/I = V_{DS}/I_{R1} = 0.143\text{V}/24.955\text{A} = 0.0057Ω = 5.7\text{m}Ω$$

能够在不实际使用的情况下模拟 GaN 器件是一项极其重要的操作，而将任何电子元件导入到你常用的模拟器中是非常有用的。由于采用了 SPICE 模型，甚至新型电子元件也能够以极简单和安全的方式成功进行测试。

10.3 SiC 二极管的仿真

在 SiC 技术中使用的主要二极管类型是肖特基二极管（SBD）。商用 SiC SBD 在十多年前就已经有了，并被用在多种电源系统中。二极管被 SiC 功率开关所取代，包括 JFET、BJT 和 MOSFET。目前可用的 SiC 开关的击穿电压范围为 600~1700V，额定电流范围为 1~60A。本节讨论的主要焦点是关于以有效方式测量 SiC MOSFET 的最佳方法。

10.3.1 SiC 二极管

最初，只有简单的二极管可供使用，但随着技术的进步，升级版的 JFET、MOSFET 和双极晶体管开始生产。SiC SBD 具备更高的开关性能、效率、功率密度和更低的系统成本。这些二极管具有零反向恢复、低正向压降、良好的电流稳定性、高浪涌电压能力和正温度系数等特点。新型二极管主要应用于各种功率变流器，包括光伏太阳能逆变器、电动汽车（EV）充电器、电源和汽车应用。与 Si 相比，它具有更低的泄漏电流和更高的掺杂。一个重要的特性是它在高温下的表现。随着温度的升高，Si 的直接特性会发生很大的变化，而 SiC 是一种非常坚固且可靠的材料。然而，SiC 仍然局限于小范围应用。

本例的 SiC 二极管模型是 SCS205KG，这是 Rohm（罗姆）公司的一款 SiC SBD（图 10.11）。以下是其最重要一些的特点：

- V_r：1200V；
- I_f：5A（在+150℃时）；
- 非重复浪涌正向电流：23A（PW=10ms 正弦波，T_j=25℃）；
- 非重复浪涌正向电流：17A（PW=10ms 正弦波，T_j=150℃）；
- 非重复浪涌正向电流：80A（PW=10μs 方波，T_j=25℃）；
- 总功耗：88W；
- 结温：175℃；
- TO-220AC 封装。

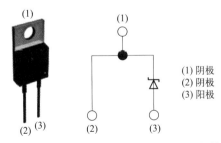

图 10.11 Rohm 的 SCS205KG SiC 二极管

该器件鲁棒性强，具有恢复时间短和高速开关的特点。其官方 SPICE 模型如下，允许在任何条件下模拟该器件：

```
*SCS205kg
*SiC Schottky Barrier Diode model
*1200 V 5 A
*Model Generated by ROHM
*All Rights Reserved
*Date:2015/11/16
***************** A C
.SUBCKT SCS205kg 1 2
.PARAM T0 =  25
.FUNC R1(I) {40.48m*I*EXP((TEMP-T0)/155.8) }
.FUNC I1(V) {2.102f*(EXP(V/0.02760/EXP((TEMP-T0)/405.3))-1) *
+EXP((TEMP-T0)/7.850*EXP((TEMP-T0)/-601.3)) }
.FUNC I2(V) {TANH(V/0.1)*(710.4p*EXP(-V/198.3)*EXP((TEMP-T0)/54.40)+
+26.02f*EXP(-V/63.22/EXP((TEMP-T0)/178.9)) *
+EXP((TEMP-T0)/8.493*EXP((TEMP-T0)/-600))) }
V1 1 3 0
E1 3 4 VALUE ={R1(MIN(MAX(I(V1)/0.5,-500k),500k)) }
V2 4 5 0
C1 5 2 0.5p
G1 4 2 VALUE = {0.5*(I1(MIN(MAX(V(4,2),-5k),5))+I2(MIN(MAX(V(4,2),-
5k),5)))+
+I(V2)*(913.9*(MAX(V(4,2),0.5607)-0.5607)+
+727.2*(1-360.9*TANH(MIN(V(4,2),0.5607)/360.9)/1.121)**-0.4987) }
R1 4 2 1T
.Ends SCS205KG
```

10.3.2 正向电压

第一步关注的是 SiC 二极管的正向电压。如图 10.12 所示是测试的简单电路及其三维模型示意图。

测试接线图包含与约 6.7Ω 的强大电阻串联的 SCS205KG SiC 肖特基二极管，该电阻的尺寸允许 5A 的电流通过电路，电源电压设定为 36V。为了更好地优化散热和分散热量，使用了 10 个 67Ω 的电阻并联，以模拟单个 6.7Ω 的电阻。每个电阻的功率必须至少为 20W。根据 SCS205KG 的数据表，确定元件在不同工作温度下的电压如下：

$$I_f = 5A, T_j = 25℃：1.4V$$
$$I_f = 5A, T_j = 150℃：1.8V$$

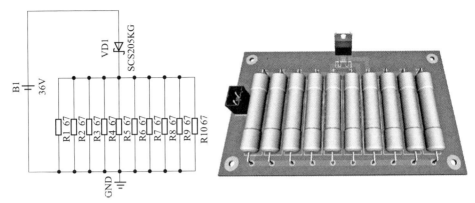

图 10.12 测试 SiC 二极管的正向电压电路

$$I_f=5A, T_j=175℃:1.9V$$

这些特性解释了二极管两端的电压如何高度依赖于其温度。因此,设计者必须尽可能地控制这种电压波动,因为它会改变最终系统的行为。直流扫描模拟涉及在 0~200℃ 的温度范围内测量功率二极管两端的电压,使用的 SPICE 指令如下:

```
.DC  temp  0  200  25
```

仿真结果返回二极管在不同温度下的电压值,完全证实了数据表所提供的相关数值。其中也包含文档中报告的测试温度。

如图 10.13 所示,曲线①显示了二极管阳极上的固定电压为 36V,曲线②显示了与温度相关的阴极电压。这种电位差构成了"正向电压"。该图中还可以观察到各组件上的电位差,这是由于阳极和阴极之间的电压的代数差造成的。此测试只能进行几秒。

10.3.3 容抗

第二步关注的是 SiC 二极管的容抗。图 10.14 是测试的简单电路及其三维模型示意图。

该电路图包含 SCS205KG SiC 肖特基二极管和串联在电路中的约 0.1Ω 的极低电阻,还有一个与二极管并联的非常高阻值的电阻。电源电压是设定为 1V 的正弦波源。我们可以通过 AC 模拟在 200kHz~2MHz 的频率范围内功率二极管的容抗,SPICE 指令如下:

```
.AC lin 1000 0.2Meg 2Meg
```

仿真结果(图 10.15)返回正弦波源在不同频率下的不同容抗。其中,二极管就像一个小电容器,电容量取决于其开关频率。

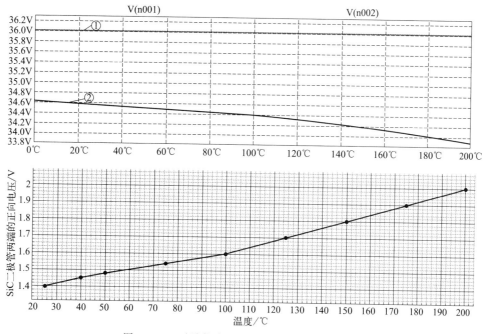

图 10.13　时域仿真测量 SiC 二极管的正向电压

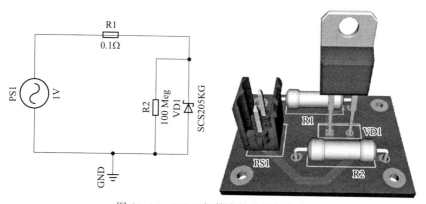

图 10.14　SiC 二极管容抗的测量电路

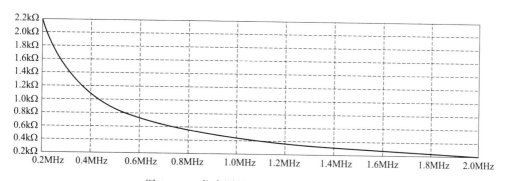

图 10.15　仿真测量 SiC 二极管的频域容抗

参考文献

[1] W. J. Choyke, Silicon Carbide, vol. 1 (Springer).
[2] P. Friedrichs (ed.), Silicon Carbide. Growth, Defects and Novel Applications, vol. 1 (Wiley).
[3] B. J. Baliga, Wide Bandgap Semiconductor Power Devices: Materials, Physics, Design, and Applications (Elsevier).
[4] T. Kimoto, Fundamentals of Silicon Carbide (Wiley).
[5] M. Mukherjee (ed.), Silicon Carbide - Materials, Processing and Applications (InTech).
[6] E. O. Prado, An overview about Si, superjunction, SiC and GaN power MOSFET technologies in power electronics applications. Energies 15, 5244 (2022).
[7] M. Shur, SiC Material and Devices 1 and 2 (World Scientific).
[8] Technical articles of M. Di Paolo Emilio. https://www.powerelectronicsnews.com/author/maurizio/.
[9] F. (Fred) Wang, Characterization of Wide Bandgap Power Semiconductor Devices (The Institution of Engineering and Technology, London, United Kingdom).
[10] J. Yao, Working principle and characteristic analysis of SiC MOSFET. J. Phys.: Conf. Ser. 2435, 012022 (2023).
[11] Y. Zhong, A review on the GaN-on-Si power electronic devices. Fundam. Res. 2, 462-475 (2022).

第11章
宽禁带半导体市场及解决方案

在全球能源消耗的当代格局中，大约 9000TWh（太瓦时）的能量推动着世界经济的齿轮转动。减小碳排放及提升能源效率，构成了全球应对气候变化的核心策略，尤其是在工业领域内。为更好地理解这一点，根据国际能源署（IEA）所称，工业效率仅提高 1%，就意味着节约 93.6TWh 的能源，从而减少了 3.2 万吨二氧化碳排放。

然而，其中存在的挑战是：现行的硅基技术已触及物理极限，不再能满足市场对更高功率密度和能源转换效率日益增长的需求。于是，宽禁带半导体应运而生——特别是碳化硅（SiC）和氮化镓（GaN）。这些材料的特别之处在于电子从价带跃迁到导带所需的能量，分别约为 3.2eV（SiC）和 3.4eV（GaN），远超硅的 1.1eV。

近年来，SiC 和 GaN 已超越理论潜力，证实了它们在能源效率方面的商业可行性。GaN 凭借其卓越的电子迁移率，成为了高频电源应用的理想之选。相比之下，SiC 的禁带宽度使其能够承受高压和高温，因此在电动汽车充电领域表现出众，从电力效率到热效率等多个维度展现出明显优势。

本章将深入全面地分析宽禁带半导体市场，主要内容基于作者在 2023 年所作的系列采访。借助多个行业巨头的见解，我们将从各个公司的角度出发，全方位揭示宽禁带半导体材料的多方面特性。同时也详细分析了业界领先企业，凸显他们在 SiC 和 GaN 领域独特的观点与创新成果。

"我对所有愿意听的人说，就像太阳每天早晨升起一样确定，在 650V 及以下电压等级的功率变换领域，GaN 器件一定会取代 Si MOSFET。"宜普电源转换公司（EPC）的首席执行官 Alex Lidow 表示。

11.1 BelGaN

BelGaN 是一家位于比利时的知名 GaN 晶圆厂[1]，曾是一家大型垂直整合器件制造

---

[1] 已于 2024 年 7 月申请破产。

商（Integrated Device Manufacturer，IDM）的生产基地，其主要产品面向汽车、工业和医疗等领域。该公司将重心转向消费者市场，专注于 GaN 产品的研发。尽管如此，BelGaN 公司的目标仍是成为欧洲领先的车规级 GaN 晶圆代工厂。凭借先进的 GaN 半导体技术，BelGaN 公司致力于支持消费、工业及汽车等行业，其贡献在于推动制造出更加节能、小巧且成本效益高的产品，进而支持绿色环保与可持续发展的未来愿景。

该公司拥有一座有 4 万平方英尺（约 $3700m^2$）的无尘室的晶圆厂，具备 6 英寸和 8 英寸晶圆生产能力，除了提供 GaN 技术外，还涵盖 $0.35\sim2\mu m$ 工艺节点的模拟 CMOS 及 BCD 技术，满足各类电压需求。

据 BelGaN 公司透露，由于以下因素影响，GaN 市场有望迎来增长：

- 追求更为紧凑（快速）的充电器和功率器件；
- 减小元件尺寸，尤其是功率电感器和 EMC 滤波电容，带来成本节省；
- 提升效率减少能耗和热量产生；
- 减少热输出，延长组件寿命。

然而，若晶体管的可靠性无法满足行业需求，则市场扩张或将受到阻碍。BelGaN 公司认为，当前晶体管的稳定性适用于消费品，但对于汽车和工业领域，则需进一步加强。

另一个担忧是产业界向 GaN 过渡的速度。虽然快充器等消费品已经开始采用 GaN 技术，但诸如立法和政治决策等因素可能会影响数据中心和电信业的转变进程。工业领域对小型电机驱动展现兴趣，但价格竞争激烈。汽车行业对高压应用（如逆变器）有着高需求，BelGaN 公司预计，满足可靠标准的高压（1200V）GaN 晶体管即将发布。

相较于传统 Si 基器件，宽禁带半导体的优势体现在：

- 开关速度：GaN 器件的开关速度远高于 Si MOSFET，大幅降低开关损耗；
- 元件尺寸：GaN 器件的体积明显更小，有助于节省空间；
- 辅助元件尺寸：GaN 器件的高频率允许使用较小的功率电感和缓冲/滤波电容，从而降低成本。

对于 GaN 晶体管的封装，BelGaN 公司指出了三个关键点：

- 漏极与源极之间必须要隔离；
- 必须具备低热阻抗；
- 与栅极驱动的最佳连接。

鉴于这些要求，QFN（方形扁平无引脚）/DFN（双边扁平无引脚）封装似乎是恰当的选择，芯片级封装（CSP）也是可行的替代方案。

为了优化热管理，BelGaN 公司推荐改善晶体管芯片、焊盘与印刷电路板（PCB）或散热片之间的热连接。展望未来，BelGaN 公司预测 GaN 将在消费市场占据主导地位，特别是在个人电子产品的快速充电器领域。此外，数据通信电源部门可能会过渡到主流电源供应。汽车产业在未来几年也将见证更大规模的应用渗透。

宽禁带半导体器件生产的新兴趋势包括：

- 集成低压部件用于模拟电路，为片上驱动器和预驱动器提供可能性；
- 引入有利于更高工作温度的新衬底材料；
- 利用硅通孔（Through Silicon Via，TSV）技术实现不同电路组件的集成封装，而无需键合。

11.2 Cambridge GaN Devices

Cambridge GaN Devices（CGD）有限公司源自著名的剑桥大学，是半导体领域的先驱，专注于高效 GaN 功率器件的设计、开发与商业化，旨在引领可持续电子解决方案。其标志性技术 ICeGaN 是一种独特的增强型（E-mode）GaN 晶体管，具有类似 Si MOSFET 的开关能力，无需专门的栅极驱动和复杂电路。

GaN 市场的一大难题在于易用性。对此，CGD 公司推出了集成内置电路的 ICeGaN HEMT，使它们兼容传统的 MOSFET 驱动。可靠性是另一大挑战。Si 和 SiC 已在市场上占有一席之地，GaN 面临激烈竞争。为应对这一挑战，CGD 公司最近展示了独立学术研究结果，突出其 ICeGaN HEMT 令人印象深刻的过电压裕量（超过 70V），这要归功于其智能保护技术。此外，ICeGaN 技术展示了很好的阈值电压（3V）、广泛的电压范围（0~20V）和优秀的栅极电压钳位性能，尤其在低温条件下表现优异。

在 ICeGaN 智能电路中嵌入 Miller 钳位设计，提供了对高 dV/dt 和 di/dt 事件的增强耐受力，并消除了 HEMT 关断时负栅极电压的需求。这项创新减少了动态 R_{on} 应力。不过，半导体市场仍存在供应链问题，尤其是在芯片短缺期间加剧。

GaN 市场增长的动力来源于提高效率、增加功率密度和降低系统成本等需求。在高端应用如数据中心服务器、车辆及绿色能源平台中，对热管理的重视正在为 GaN 铺路。GaN 面临的潜在阻碍包括用户界面、可靠性和可用性。考虑到从 Si 向 SiC 的前期投资，尤其是在汽车和高功率领域，市场对于再转向 GaN 存在一定的顾虑。需证明 GaN 相对于 SiC 具有无可比拟的优越性。

关于 GaN 与 Si 的辩论最终取决于客户优先考虑的是什么：提升效率、功率密度，还是削减系统成本。虽然 Si 乍看之下似乎更具成本效益，但那些寻求顶级效率和功率密度，或是从整体系统角度看成本的客户倾向于选择 GaN。

技术的采纳往往是渐进的。目前，GaN 主要依赖 6 英寸晶圆，而 Si 则以 8 英寸为主，这意味着 GaN 的成本优化空间较大。尽管 GaN HEMT 比超结器件所需的掩模较少，但昂贵的 GaN 外延层抵消了这一优势。然而，随着生产规模扩大，GaN 的价格有望下降。

GaN 的主要目标是在顶级效率和高频运行下达到卓越的功率密度。在封装方面，CGD 公司倾向于采用表面贴装（SMD），因其寄生参数和电感最小，这有助于高频应用。然而，主流电力传输方法仍依赖于引脚封装，需要更多的创新。

在热管理方面，CGD 公司指出，GaN 晶体管因效率较高，产生的热量低于 Si 同类产品。但高级热管理解决方案和封装的创新仍有待发掘。将晶体管嵌入 PCB 并利用 PCB 层进行散热是一个令人兴奋的方向,尽管目前仍处于实验阶段。

鉴于 GaN HEMT 横向结构的独特性,区别于 Si 和 SiC 器件,CGD 公司正积极整合附加功能直接进入功率晶体管内部。这种方法能满足特定应用需求,同时解决与耐用性、可靠性和易用性相关的挑战。

针对价格方面,CGD 公司承认,目前 GaN HEMT 成本约为 Si 产品的 2 倍。然而,随着大规模生产和向 8 英寸乃至 12 英寸晶圆的转换,这一差距预计将得以缩小。现在已经显示出 GaN 带来的系统级成本优势,得益于其更高的效率和功率密度,导致无源元件数量减少,冷却需求降低。

11.3 EPC

2007 年 11 月,三位拥有共计 60 年高级电源管理技术经验的工程师创立了 Efficient Power Conversion (EPC,宜普电源转换公司)。该公司 CEO(首席执行官)Alex Lidow 曾在 20 世纪 70 年代作为共同发明人,发明了 Si 功率 MOSFET;除研发和制造岗位外,他还担任过国际整流器公司(International Rectifier,IR)的 CEO,长达 12 年。

随着时间的推移,EPC 公司的创始人逐渐意识到 Si 已经达到性能极限,无法像往常那样推动创新向前发展。EPC 公司旨在提供多种类型的 GaN 基功率晶体管和集成电路。

EPC 公司是 GaN 基功率管理技术的领先供应商,不仅致力于提升电气效率,更是带来了革命性变化。GaN 技术相比传统 Si 器件,具有显著优势,包括更高效率、更快的切换速度和更小的体积。这些优点被广泛应用于消费电子、汽车、可再生能源乃至航天等领域。

GaN 技术是进取型企业渴望保持行业领先地位所偏好的技术。

据 EPC 公司所述,推动市场成长的关键因素之一是对各类应用领域高功率密度解决方案的追求,涵盖企业计算、太阳能、汽车及低成本卫星等方面。

然而,一些潜在风险和不确定性可能影响市场增长。来自客户的关注焦点主要集中在以下几个类别:

- 小尺寸和热管理;
- 可靠性;
- 易用性;
- 成本。

GaN 器件比 Si MOSFET 快 10~100 倍,因此精心布局非常重要。另外,其尺寸可以小至 Si MOSFET 的 1/10~1/15,因此需要多关注制造和热管理方面。

因为 GaN 晶圆级芯片也比 MOSFET 小,可能需要更精密的仪器。对于熟悉大规模生产消费品的制造商而言,这些设备不会造成困扰。然而,EPC 公司也提供 PQFN

（功率方形扁平无引脚）封装的 GaN 器件，以进一步缓解处理上的疑虑。这种封装既不引入电感也不增加电阻，且热效率显著。它结合了低热阻的巨大好处与 PQFN 组装的简便性。

EPC 公司的第五代 GaN 器件，例如 EPC2071 的尺寸约为 $10mm^2$，作为对比，标准 Si 器件尺寸大约为 $31mm^2$。Si MOSFET 的导通电阻比 GaN 器件高出约 20%。GaN 芯片大小只有 Si MOSFET 的 1/3，但其结到壳热阻却降低到 1/70，可以全方位散热。

EPC 公司的 GaN 产品增速最快的领域是太阳能，其次是企业级计算。两者都使用 40~200V 的 GaN 器件。此外，电动自行车、动力工具和汽车电源都在新设计中开始使用 GaN。GaN 之所以受欢迎，是因为在这些应用中比 Si MOSFET 更有效率，同时提供了更高的功率密度。

11.4 英飞凌（Infineon Technologies）

成立于 1999 年的英飞凌科技股份公司（Infineon Technologies AG，简称"英飞凌"）处于设计、开发、生产与销售各种半导体器件及相关解决方案的前沿。该公司重点聚焦于汽车、工业和消费产业等关键细分市场，提供从标准化组件到定制化组件，涵盖数字、模拟和混合信号等用途的产品，辅以定制解决方案和相关软件。

凭借遍布全球的 59 个研发中心和 19 家生产基地的强大网络，英飞凌展现出了庞大而多样化的产品与解决方案组合。其中，包括汽车、可持续工业能源、电力和传感器系统，以及互联安全系统应用等专业领域。英飞凌强调应对气候变化的紧迫性，将其视为宽禁带半导体行业增长的重要催化剂。

尽管英飞凌认识到潜在的不确定性，但他们坚信向可持续能源和高效消耗转型的趋势不可逆转。宽禁带技术的崛起主要受限于材料供应，但当前由于英飞凌多元化的供应链覆盖欧洲、美国、日本和中国，加上在 Si、SiC 和 GaN 方面的全面供应，这一点并不构成威胁。

在传统 Si 器件和宽禁带半导体之间作出选择需要综合考虑。首先宽禁带器件往往要求更为严格的参数设计，特别是在处理快速瞬变时。在很多情况下，为了平衡较高的元件成本，对系统物料清单或运营成本进行全面的成本收益分析至关重要。

宽禁带半导体的封装也伴随着独特挑战：

- 最小化杂散电感，且在并联过程中实现一致的功率和信号线路设计。
- 确保直接的栅极信号连接。
- 尽管 SiC 相比于 Si 总体上降低了损耗，但由于 SiC 芯片的小尺寸，单位面积损失可能会随尺寸减小而增加。作为对策，英飞凌推出了 .XT 互连技术来智能化管理提升的功率密度。

此外，为了保证器件稳定运行，对热管理的优化至关重要。英飞凌推荐以下措施：

- 在功率封装内采用适当的材料。

- 利用热分布技术。
- 使用双面冷却和热存储设施来处理瞬变电流。

英飞凌预测，宽禁带半导体器件的普及将始终超过功率半导体的平均增长率。在德国德累斯顿，英飞凌采用了一种新颖的冷切割（Cold Split）技术将 SiC 晶圆从单晶棒分离，增强了 SiC 晶圆的供应。同时，从 150mm 向 200mm 直径过渡等进展将提升 SiC 产品的可获取性。

英飞凌在二十年内针对 GaN 申请了超过 400 项专利，确立了其行业领导地位。凭借他们在 Si、SiC 和 GaN 领域的丰富知识，英飞凌正在推动 GaN 跨应用领域的融合。GaN 的独特属性，如更高功率密度、更高效率和系统成本降低，凸显出其重新定义传统 Si 结构的潜力。

虽然 SiC、GaN 和 Si 各自具备独特的优点，最优性能依赖于量身定做的设计。市场上三种材料都有丰富的选项，需要逐案评估，确定具体产品和应用的成本效益。

11.5 英诺赛科（Innoscience）

2015 年 12 月 17 日，英诺赛科以 IDM 形式成立，旨在建立世界上最大的专注于 GaN 技术的制造基地。英诺赛科拥有和控制着全球最大的专用 8 英寸硅基氮化镓（GaN-on-Si）晶圆生产能力。这家公司由一群专家和热心人士组成，他们的使命是以最具竞争力的价格提供最高品质和最可靠的器件，并配合业界所需的大量产能和供应保障，推广 GaN 技术。

英诺赛科从一开始就战略性地专注于 8 英寸晶圆尺寸，这意味着每片晶圆几乎可以产出 6 英寸晶圆 2 倍数量的器件。此外，英诺赛科决定发展与 Si 器件兼容的工艺流程，以便能够借鉴数十年 Si 晶体管大规模生产的知识积累和优化，用于生产 GaN 晶圆。

根据英诺赛科的说法，推动 GaN 市场增长的主要驱动力是需要制造更小、更高效、可能更便宜的功率变流器。主要挑战如同任何新技术一样：建立信心。不过，今天这一挑战已被基本解决。英诺赛科的 HEMT 已被用于 USB-PD 笔记本电脑充电器，其体积仅为 Si 器件的三分之一；采用 GaN 制作的电动车充电器尺寸减小了 75%，从而可以轻松放入背包；数据中心使用的 DC/DC 变换器采用英诺赛科的 InnoGaN 技术，体积仅为 Si 的一半，同时也更加高效，减少了能耗，进而减少二氧化碳排放和节省开支。

GaN 的性能优势已广为人知，驱动 GaN HEMT 的挑战已经被克服，诸如英诺赛科这样的公司提供的可靠性数据表明，它们与 Si 相当——这就只剩下价格和可用性问题。价格和可用性可能是目前限制 GaN 市场增长的主要因素。

英诺赛科是第一家将双向 GaN 器件引入手机市场的公司。假设 2022 年售出的 10 亿部手机中有 10% 采用该技术，这相当于每年生产 1 亿个双向 GaN 器件，或者说每月大约 3000 片 8 英寸晶圆或 5400 片 6 英寸晶圆。根据市场研究机构 Yole 集团的数据，目前全球在无英诺赛科的情况下，GaN 的总产能约为每月 9000 片 8 英寸晶圆或 1.6 万片 6 英寸晶圆。由此可见，单一应用就占了全球产能的 33%。

因此，由于产能不足，GaN 公司无法服务于市场，而市场又因缺乏供给而无法利用这项技术。这个悖论可通过创新得以解决。英诺赛科是最大的专门从事 8 英寸 GaN 晶圆制造的 IDM，其在中国的两个工厂现在已经代表了全球最大的 GaN 产能。预计到 2025 年，公司每月 7 万片 8 英寸晶圆的产量将远超所有其他生产商之和。这让公司能够以低成本提供大量的 GaN。

英诺赛科认为，在特定设计中，宽禁带半导体器件与传统 Si 器件之间的唯一权衡在于价格：Si MOSFET 比 GaN 器件便宜。然而，随着器件变得越来越普及，英诺赛科以其庞大的产能扩张加速了这一趋势，并减小了价格差距。但从物料清单（BOM）成本来看，GaN 方案更具成本效益。

就封装而言，GaN 可以采用 Si 器件的标准 DFN 封装。这类封装简单，且适用于高频应用。某些大功率应用可能需要顶部冷却，但对于大多数情况，底部冷却已足够。英诺赛科还将标准 TO 型封装应用于 GaN 器件：虽然性能不如 DFN 封装优秀，但仍优于 Si 器件，可应用于高达 100kHz 的单侧 PCB。未来，我们可以期待具有更好热结构的封装性能提升，以实现更高的功率密度，但这并未限制当今 GaN 的应用。

为了确保 GaN 功率器件得到恰当的热管理，英诺赛科确保其在给定的热边界内可靠运行。这样，设计者通常无需采取特殊热管理措施，底部冷却应足以满足众多应用场景。因为 GaN 器件效率高于 Si MOSFET，所以运行温度更低，从而风扇和散热器的数量减少，节省了 BOM 成本。

展望未来，英诺赛科看到了 GaN 在 USB-PD 充电器等消费电子产品中的广阔前景，包括用于手机本身（采用双向 InnoGaN）以及工业应用（例如太阳能和数据中心）。然而，任何应用都可以利用 GaN 的高效率、小尺寸和缩减 BOM 的好处。未来，GaN 也将渗透至汽车行业——起初是低压变换，接着是车载充电器，最终应用于多级设计的动力总成中。

英诺赛科已看到宽禁带半导体器件制造的新兴趋势，并加入了 8 英寸晶圆生产行列。作为制造商，公司还研究新材料，比如新型外延层，这将降低整体成本。同时，英诺赛科致力于降低导通电阻和扩大最大栅极电压范围。

据英诺赛科所述，Si 在器件层面仍然更经济实惠。然而，随着 GaN 进入 8 英寸量产，规模经济效益会使价格差距缩小。得益于英诺赛科对 8 英寸晶圆工厂的投资，价格差距已缩减到很小的程度（不再是几年前成倍的差距）。当上升到模块和系统级别时，GaN 已经是更便宜的选择，因此 Si 和 GaN 之间的任何价格差异已在物料清单成本中得到补偿。

11.6 安世半导体（Nexperia）

安世半导体（Nexperia）是一家领先的半导体公司，总部位于荷兰，在全球有着强大的影响力，员工总数超过 15000 人，遍及欧洲、亚洲和美国。其半导体器件几乎是全球所有电子设计的基础，应用于从汽车、工业到消费电子等多个领域。安世半导体在全球拥有庞大的客户基础，每年发货量达到惊人的 1000 亿件。这些产品在效率、燃料、工艺和性能方面树立了行业标杆。安世半导体致力于开创性的创新、最优效率和遵循严格行业标准，这体现在其不断扩大的产品线、丰富的知识产权组合以及 IATF 16949、ISO 9001、ISO 14001 和 ISO 45001 等认证之中。

正如安世半导体所概述的，宽禁带半导体市场（包括 GaN 和 SiC）的快速增长势头，主要归功于数字化、互联互通、自动化、电气化以及可持续性和能源效率的全球趋势。这些大趋势在电源管理和信号转换领域创造了众多机会。安世半导体指出，高电压和大电流需求的应用，如开关电源、AC/DC 和 DC/DC 变流器以及电池基础设施，可以从宽禁带技术中获得巨大收益，使其运行得更加环保、成本更低，并且比纯 Si 器件能更有效地满足严苛的能效规定。

但是，宽禁带材料在全球范围内的迅速普及，面临着错综复杂的供应链带来的挑战，例如从原材料的采购到专业知识的获取。原料短缺甚至是未来熟练劳动力缺口等因素，都可能影响 SiC 和 GaN 的负担能力和可用性。

宽禁带半导体在商业上成功的关键在于能否与现有的 Si 半导体竞争。虽然宽禁带材料取得了显著进展，但在确保质量的一致性以及扩大 SiC 和 GaN 晶圆生产方面仍有提高空间。持续投入的研究必须集中在提高器件性能、可靠性和生产良率上。此外，政府政策、监管决策以及行业标准的变化可能会大幅影响市场对宽禁带半导体的采用率。进步的政策可以促进增长，而监管障碍则可能导致阻碍。

在追求更高功率密度和简化电源变换器的过程中，封装设计正朝着结合通孔封装的热效率和表面贴装技术（SMD）的低电感方向发展。这类设计方案的实施需要精心选择组件，并更加注重保持安全的爬电距离和改善电源变换器的热设计。

为了充分利用宽禁带半导体的优点，复杂的 PCB 设计，如铜嵌入、先进的引脚框架和新型焊接材料，是必不可少的。

安世半导体还预计宽禁带功率器件将在汽车领域，特别是电动汽车中扮演重要角色。初始阶段可能会被 SiC 主导，随后是 GaN。在电动汽车上，主要目标将围绕提高效率、增加续航里程和降低成本牵引逆变器。

在数据中心、光伏和驱动等行业中，日益重要的一个指标是总拥有成本（TCO）。要实现 Titanium 和 Titanium Plus 规格（电源认证的等级），就需要使用 GaN 和 SiC 功率器件，这将催生像图腾柱功率因数校正（PFC）技术这样的革新。

安世半导体还预测，随着宽禁带半导体器件制造的发展，会有越来越多的关注点放在创建针对特定应用的定制化器件上。这一趋势在未来几年预计将延续，从而催生为特定应用和拓扑结构优化的宽禁带解决方案。

仅比较 Si、SiC 和 GaN 的价格容易产生误导。尽管宽禁带器件相比 Si 基产品价格较高，但它们为应用带来的高效率可导致整体成本节约。随着宽禁带半导体器件变得更加普及，产量的增加会降低价格，使它们相比传统的硅基器件更具竞争力。

11.7 Odyssey Semiconductor Technologies

Rick Brown 和 James R. Shealy 创立的 Odyssey Semiconductor Technologies[1]（简称"Odyssey 公司"）为功率应用开发了一种垂直型 GaN 技术，与当前最先进的解决方案相比，此技术在 1200V 时可提供最大转换效率和功率密度。Odyssey 公司的专有技术将使 GaN 取代 SiC，成为高压功率开关首选的半导体材料。

Odyssey 公司认为 GaN 是高压晶体管的未来。由于其材料特性，GaN 对于高压功率开关应用来说远远优于 SiC。然而，当前的 GaN 技术尚未产出能在大于 1000V 电压下运行的 GaN 高压晶体管。当前大部分器件都是基于射频设计改进而来的横向导电结构，其工作电压不超过 1000V，限制了它们在消费电子领域的应用。

Odyssey 公司独特的 GaN 技术实现了垂直电流导通的 GaN 器件，将应用电压从 1000V 扩展到了 10000V 以上，让 GaN 功率开关器件的应用范围远远超越消费电子领域，进入更为苛刻的应用，如电动汽车、工业电机控制和电网应用。

Odyssey 公司认为，推动宽禁带半导体市场增长的主要动力和挑战在于展示全新 GaN 技术路线的长期可靠性和稳健性。单一来源客户不喜欢只有一种解决方案选择，因此将会寻求多元化的制造策略。

垂直结构可以最大化 GaN 的性能优势。将高频和高压结合提出了独特挑战，且很少有控制器存在。幸运的是，许多场效应管驱动器和控制器制造商已在寻求开发符合这些具体要求的解决方案。

为了让 GaN 广泛采用，必须解决可能影响市场成长的风险和不确定性。正在这些庞大市场上工作的工程团队渴望找到解决方案，但风险必须由采购、质量保证等部门来管理，这种策略需要时间和资源。

Odyssey 公司表示，其主要关注的是那些市场已经决定硅材料走到了尽头的市场和应用，客户正在寻找宽禁带解决方案。其主要的折中是在整个硅生态系统与新的有限的宽禁带生态之间进行权衡——例如控制器。

对于特定的宽禁带半导体器件，封装的关键是要考虑减少键合，以降低寄生效应。对于极高功率，Odyssey 公司销售芯片给客户集成到其模块当中。这种方法允许同时优化寄生参数和热效应。

热管理对任何高功率器件都至关重要，以确保其可靠运行。Odyssey 公司在这方面进行了处理，优化了高功率宽禁带半导体器件的制造工艺。这包括将芯片集成到系统模块，从而限制需管理的热连接数量。

在接下来的几年里，宽禁带半导体器件在电力电子行业的应用几乎将达到广泛接受

---

[1] 已于 2024 年破产。

的程度。Odyssey 公司声称，宽禁带将在一些原本未被考虑的领域得到考虑。如果性价比得到进一步提高，特别是在考虑到押注于它的公司的数量时，宽禁带将被选择得更频繁。

根据 Odyssey 公司的供应商所述，到这个十年（2020—2029 年）的末期，体块 GaN 晶圆的尺寸将增加到 6 英寸甚至 8 英寸，这是宽禁带半导体器件生产中的一项新兴趋势，涉及新工艺或新材料。

关于 SiC/GaN 与 Si 在器件、封装、模块和预期系统层面的成本对比，如果认为 Si 的成本与该应用相关，则 Si 就是可行的。因此，在此情况下，宽禁带不太可能取得成功。反之，当 Si 不再合理时，宽禁带胜出。

11.8 Tagore

成立于 2011 年 1 月的 Tagore Technology（"Tagore 公司"）一直处于 GaN-on-Si 半导体技术的前沿，专注于射频（RF）和电源管理解决方案[1]。该公司的独特技术通过提供比传统硅技术更紧凑、更高效和更经济的系统解决方案改变了行业。

Tagore 公司作为一家无晶圆厂（Fabless）半导体企业，设计中心位于在美国伊利诺伊州阿灵顿高地和印度加尔各答。其研发团队致力于利用宽禁带技术应对 RF 和电源设计挑战，确保在 5G 基础设施、汽车、消费电子、国防和安全等不同领域快速推出新产品。通过与顶级半导体代工厂和封装厂合作，确保供应高质量的可靠产品。

Tagore 公司认为 GaN 市场增长的主要驱动力是压缩电源体积和提升功率密度等需求。尽管 GaN 具有优势，但挑战在于摆脱根深蒂固的 Si 技术，并向客户证明 GaN 的功率密度提升和应用可靠性。

当前市场的不确定性可能对 GaN 外延层定价造成连锁反应。此外，某些企业的激进定价策略，旨在争夺市场份额，可能会导致适得其反的竞争，从而阻碍 GaN 技术的进步。

在设计中选择宽禁带半导体而非传统 Si，取决于 GaN 的固有特性。GaN 支持比 Si 更高的开关速度，这意味着同等损耗下的无源元件更小，或相同开关频率下损耗更低。然而，这些较高的开关频率受到一定限制，因为变压器和电感中的铁芯损耗在当前 GaN 产品中已经出现。相关评估指标包括每立方厘米的瓦数和每瓦的成本。

传统 Si MOSFET 往往采用带有更大引线电感的 TO 封装，而 GaN 通常采用表面贴装。由于底层 PCB 的影响，表面贴装的热特性往往不甚理想。因此，业界正趋向于采用顶部冷却的表面贴装，以便在电路顶部放置电容器。

对 GaN 功率器件而言，最佳的热管理对其功能的一致性至关重要。其中，顶部冷

---

[1] 2024 年 7 月，该公司将其射频业务部门分拆为一个独立的实体 TagoreTech Inc，并将其高压电源管理产品组合和相关 IP 出售给 GlobalFoundries（格罗方德）。

却是一个合适的解决方案。另外，绝缘金属基板（IMS）和类似的高性能基板也在考虑之中。

在未来几年，宽禁带半导体器件有望更广泛地采用 GaN 材料，推动因素包括：
- 现场性能数据的增多；
- 改善的磁性材料，支持更高的 GaN 电源开关频率；
- GaN 器件价格下降。

Tagore 公司观察到宽禁带半导体器件的制造趋势包括：
- 从 6 英寸 GaN-on-Si 晶圆向 8 英寸 GaN-on-Si 晶圆转变；
- 在 GaN-on-X 衬底上实现 1200V 的 GaN 器件，其中"X"可能是蓝宝石或其他工程材料；
- 如果可行，发展成本效益高的垂直型 GaN 结构。

11.9 德州仪器

德州仪器（Texas Instruments，TI）是一家全球半导体企业，设计、制造、测试并销售面向工业、汽车、消费电子、通信设备和企业市场的模拟和嵌入式处理器。每一代创新都在前一代的基础上推进，技术使其产品变得更小、更高效、更可靠、更经济，从而使半导体得以应用于各种电子器件中。

根据 TI 的说法，GaN 和 SiC 在高压开关方面优于 Si MOSFET 和 IGBT 解决方案。目前，GaN 可用于 80～650V 电压范围内的器件，以及支持需要 50W～10kW 应用的电流和热能力。根据 TI 的参考设计，GaN 没有体二极管，从而消除了反向恢复损耗，并能够以高达 1MHz 的频率运行。

SiC 在某些方面与 GaN 相媲美，其 650V 电压等级适用于 3～10kW 系统。不过，SiC 的独特高压制造工艺使得 SiC 供应商能够生产出 1200V、1700V 乃至更高电压的器件，非常适合高于 10kW 的三相交流电网系统。GaN 和 SiC 都能承受非常高的 $\mathrm{d}v/\mathrm{d}t$ 和高开关频率，这对习惯于设计 MOSFET 或 IGBT 的工程师们构成了一系列独特的挑战。

为了应对这些挑战，TI 将栅极驱动集成到同一封装，以便 GaN 晶体管能够最小化功率环路，减少其他寄生效应。无论是 GaN 还是 SiC，都需要隔离和栅极驱动元件上的高共模瞬态抗扰度（CMTI），以及响应更快的控制能力，具备自适应死区时间功能。

高开关频率还需要对 PCB 布局和 EMI 管理采取特别的方法。TI 的 GaN 器件配备了可控斜率，以应对这些挑战。因为适用于 100kHz 下工作的硅 MOSFET 的 PCB 布局可能不适用于 500kHz 下工作的 GaN 器件，因此 TI 建议工程师彻底检查他们的 PCB 布局以获得最佳结果。

就宽禁带半导体市场趋势而言，TI 观察到 GaN 和 SiC 市场随着其应用市场持续发展。电动汽车正朝着配备 22kW、三相输入和 800V 电池的车载充电器（OBC）发展。

相比之下，GaN 已被证明在 7kW 单相 OBC 中更具成本效益，设计也更简单，而 1200V SiC 通常更适合更高功率的 OBC。按照 TI 的观点，太阳能行业正呈现出相反的趋势：过去市场由基于 SiC 的 10kW 以上的组串逆变器占主导，如今很多公司开始推出基于 GaN 的 1~2kW 的小型逆变器，用于灵活的住宅太阳能阵列系统中的光伏板。

TI 认为，集成栅极驱动的 GaN 对电源设计者来说极其有益：它使他们能减少对单独 FET 栅极控制的优化，而是利用一个已经针对其 GaN FET 及栅极驱动配对优化过的器件，让他们能够集中精力于整体系统的实现。此外，内部的 GaN 工艺使 TI 成为世界上少数拥有 GaN 制造和可靠性所有权的公司之一，有助于推动成本效益高且稳健的供应链解决方案。

对于 GaN 和 SiC（特别是 GaN）面临的另一个挑战是，设计者需要在机械层面上重新构想他们的系统。当设计者从 TO-247 MOSFET（功耗 10W/器件）转向 QFN GaN FET（功耗<4W/器件），面对的是一套完全不同的冷却装置和机械集成方式。他们要从冷却方式上进行改变，即 Si MOSFET 安装在散热片上并垂直于 PCB，而 GaN QFN 直接贴在 PCB 上通过底部进行散热。由于 GaN 还实现了更高的开关频率，工程师得以减少系统中的磁性元件。许多客户与 TI 一起探索使用 GaN 平面变压器。最终，设计者可以实现冷却性能更好、更纤薄的系统。然而，在设计过程中往往伴随着更大的系统重塑。

TI 认为，宽禁带半导体与传统硅解决方案之间的三个关键权衡如下：

• 当今 GaN 和 SiC 仍比 Si 价格更高。特别是 GaN，通过切换到显著更高的频率，可以减少磁性元件的大小和成本，从而帮助降低系统成本。TI 建议电源设计者全面评估全功率阶段方案，以了解利用 GaN 或 SiC 对其系统的影响。许多客户通过消除散热器、大幅降低磁性元件成本，或通过采用桥式图腾柱 PFC 等新拓扑结构来减少高压器件的数量，实现了新型宽禁带解决方案中的较低物料清单（BOM）成本。

• GaN 和 SiC 具有更高的 dv/dt，减少了开关损耗。然而，如果没有妥善管理，这可能会对 EMI 性能产生负面影响，并给隔离组件带来问题。

• 对于 GaN 和 SiC 来说，它们对栅极驱动和偏置电源电压调节的要求更加严格。大多数 SiC 晶体管即使在其栅极接近最大电压时仍会看到其导通电阻的变化。这意味着为了达到最优性能，需要一个连续且精度可调控的输出偏置电源。GaN 同样面临这一挑战，但这归因于 GaN 有着更敏感的阈值电压，以及栅极可能因接地弹跳或其他系统条件受损的可能性。

德州仪器认为 QFN 封装是 GaN 的理想封装方案，因为它降低了电感。GaN 可以在足够高的频率（>500kHz）下工作，而 TO-247 封装的引线电感大于 10nH，可能对系统构成重大挑战。

此外，TI 提供了包含热界面材料、散热器设计和安装在内的热管理指南，以协助 GaN 器件的设计。

TI 相信，由于 GaN 的低开关损耗和高开关频率，它将应用于越来越多的产品。随着例如 TI 的零电压检测等新技术的出现，GaN 在集成三角电流模式（iTCM）图腾柱 PFC 中可实现最小化系统成本。

11.10　Transphorm

Transphorm 是一家跨国半导体公司❶，处于 GaN 革命的最前沿，为高压功率变换应用提供最高性能和最可靠的 GaN 器件。为了确保这一点，Transphorm 采用了独特的垂直整合业务战略，每个产品开发阶段都利用了业内最具经验的 GaN 工程团队，涵盖了 HEMT 设计、外延晶圆、晶圆工艺和 GaN FET 芯片。

该公司拥有超过 1000 项专利，产生了业界首个通过 JEDEC 标准且唯一通过 AEC-Q101 认证合格的 175℃ GaN FET。Transphorm 的创新让功率器件超越了 Si 的局限，效率超过 99%，功率密度提高了 50%，系统成本降低了 20%。Transphorm 致力于指导和支持客户开发基于高压 GaN 的系统。

据 Transphorm 称，推动 GaN 市场增长的关键因素很简单。无论拓扑如何，GaN 能提供如下优势：
- 经验证的可靠性，以及更高的性能、效率和功率密度；
- 更低的整体系统成本；
- 利用 Si CMOS 生产线制造原生级联 GaN-on-Si 解决方案带来的易制造性；
- 使用二维电子气（2DEG），在级联配置中为一系列大功率应用提供最高的迁移率和饱和电流。

然而，阻碍市场增长的挑战继续存在：
- 成本的计量：部分客户仍聚焦于与 Si 或/及 GaN 器件替代器件的价格，焦点应转移到总系统性能和成本比较。使用如 SuperGaN FET 等高性能 GaN 器件可减少系统机械件和电感器，相当于减少了组件数量和总体成本。
- 一致的度量标准：在所有 GaN 选项（电阻值、封装和操作）中展示出色的品质和可靠性将有利于更广泛的采纳。
- 纠正错误信息：业内存在一定误解，比如通过级联实现 E-mode GaN 技术劣于直接 E-mode GaN 技术。此类说法毫无根据且未经证实；需要持续纠正，以便客户准确评估 GaN 器件。
- 客户转化速度：尽管已有大量设计被采用，但客户推迟了 GaN 产品的发布，直至用完旧的或替代电源转换技术库存。电力电子也是一个保守的行业，其市场生命周期一般超过 5 年。当涉及中高功率应用时，与电源管理市场相比，设计周期也会增加。然而，即便如此，像 Transphorm 这样的经过验证的、高压 GaN 技术的总市场规模达到了数十亿美元。因此，即使存在这些挑战，机会仍然巨大，其进程才刚刚开始。

---

❶　该公司于 2024 年被瑞萨电子收购。

据 Transphorm 所述，如果 Si 无法满足消费者应用所需的功能，GaN 将是下一个合乎逻辑的选择。Transphorm 的 GaN 器件既提供了 GaN 固有的优势，也得益于 SuperGaN 基本物理平台带来的独特优势，最值得注意的是与基于 Si 的电源变换一样熟悉。SuperGaN 平台在所有熟知的封装类型中，包括当今的"TO-×××"封装和表面贴装，以及即将推出的顶部冷却封装，都提供了同样的易用性和驱动性。

在高功率、宽禁带半导体中的热管理，可以通过传统的 TO-××× 封装和顶部冷却的 SMD 进行优化。对于希望最大化提升散热性能的消费者来说，TO-××× 封装是最好的选择。也正是这个原因，它们在 AC-DC 电源前端很常见。随着工作频率和生产效率的提高，应选择底部或顶部冷却的 SMD。

由于其高效的双向电流流动，GaN 技术将开始蚕食 Si 解决方案的市场份额，特别是那些在第三象限运行的解决方案，随着 GaN 技术的普及和设计者对其使用的熟悉程度提高，这种现象将会加剧。

11.11　VisIC Technologies

2010 年成立的 VisIC Technologies 旨在颠覆 GaN 技术领域。初始团队汇聚了一群在材料和器件科学领域享有盛誉的专家。这种专业知识促成了材料工艺和器件设计的重大突破，最终形成数项专利技术。汽车行业将在其创新中大大受益。

VisIC 的核心团队位于以色列耐斯兹敖那（Ness Ziona），主要研发稳固耐用的器件。经过根植于核心科学理解的深入研究后，他们推出了高压和大电流的 GaN 器件（650V，200A）。这不是广为人知、面临栅极挑战的 E-mode GaN，也不是性能受限的 D-mode GaN，而是一种独特的直驱 D-mode GaN 技术，被称为 D3GaN。这项技术被证明特别适合满足电动汽车关键驱动功能的严苛标准。

VisIC 认为坚固的 D-mode 技术对于解决汽车驱动链逆变器领域感性负载情况和栅极振荡的问题至关重要。与较为脆弱的 E-mode 相比（0~7V），更宽泛且坚固的 D-mode（-35~15V）更能应对电机引起的剧烈栅极振荡。

然而，GaN 功率器件的大规模普及并非一帆风顺。VisIC 指出主要障碍在于晶圆厂需从 6 英寸升级至 8 英寸，同时降低成本，匹配汽车行业的生产需求，同时也考虑到汽车动力部件的扩展设计和质量要求。行业中还普遍存在着关于 E-mode GaN 在汽车逆变器中可行性的一种误解。这种观点忽视了 E-mode GaN 的有限栅极强度，尤其与传统的 Si IGBT、SiC 或甚至 D-mode GaN 技术相比，后三者均提供了超过 25V 的驱动范围。

在选择宽禁带半导体器件如 GaN 而非传统 Si 器件的问题上，往往归结于效率方面的考量。正如 VisIC 的高级副总裁 Liesabeths 所强调的，尤其是在传动系统逆变器的部分负载阶段，Si IGBT 相对低效，促使业界趋向于采用 GaN HEMT 和 SiC MOSFET，这归功于它们的阻抗曲线和减小的损耗。然而，这一优势却要求使用专用的驱动板、功率模块，以及对系统进行精细调整，才能充分释放 GaN 的潜能。

在宽禁带半导体封装方面，需要特别注意。VisIC 强调设计功率模块和分立封装时最小化寄生参数的重要性。他们在这方面首选的陶瓷是氮化硅（Si_3N_4），因其具有优越的热属性和冷却能力。

此外，热管理对于高功率宽禁带半导体至关重要。VisIC 提出了诸如陶瓷烧结至散热器，以及利用 3D 打印技术开发的尖端冷却系统等创新解决方案。使用氮化硅或氮化铝（AlN）等陶瓷材料以确保散热效果。

展望宽禁带半导体的未来，VisIC 预计 GaN 器件的使用将迎来激增，从移动充电器扩展到数据中心的高功率应用，随后是在可再生能源和汽车行业的应用。他们预测，到 2030 年，这将形成一个 50 亿美元的市场。

新兴的行业趋势表明，GaN-on-Si 将成为下一个风口，以接近 Si 的价格提供类似 SiC 级别的性能。2035 年之前，氧化镓（Ga_2O_3）或金刚石之类的新型材料不太可能成为商业主流。

从成本角度来看，GaN-on-Si 可能比 Si 高出约 50%，但比 SiC 要实惠得多。结合成本效益和性能，GaN-on-Si 注定将是游戏规则的改变者，业界应优先考虑能源和减少 CO_2 排放，而非纯器件成本。业界越来越重视产品整个生命周期内的总拥有成本，尤其是汽车行业，因此重点将趋于关注车辆寿命期间的能量消耗。这一视角变化将会使得 GaN-on-Si 成为宝贵的资产。

11.12 Wise-integration

Wise-integration 成立于 2020 年，总部位于法国，并在中国台湾设有办事处，作为欧洲领先的可持续能源研究机构 CEA 的子公司而崭露头角。凭借对绿色科技研究和创新坚定不移的承诺，Wise-integration 已经成为电子行业转型的关键推手。他们创新的嵌入式系统应用于从日常手机充电器到先进数据管理中心等各种场景。作为创新的见证，借助 Wise-integration 的技术，电子产品制造商现在可以向消费者承诺使用更环保的器件。

Wise-integration 拥有独家专利，能够充分利用 GaN 的力量，为更强大、更具成本效益的产品铺路。通过使用其技术，集成系统的创建已经得到优化，同时降低了生产成本。

为了确保芯片的优异质量，Wise-integration 与台积电（TSMC，全球半导体代工巨头）合作。鉴于该产业在全球技术进步中的关键作用，与市场领导者结盟成为 Wise-integration 的战略必选。该公司的专长涵盖了整个生产流程，从技术设计到成品组装。正如其首席执行官 Thierry Bouchet 指出的，实现与 Si 成本持平是终极目标，特别是随着 GaN 技术不断进步和 8 英寸晶圆尺寸的使用，这个目标已触手可及。

GaN 解决方案的开发速度至关重要，而从模拟控制过渡到数字控制可以加快开发进程，使之与 Si 并驾齐驱。该公司专有的 WiseWare 基于 32 位 MCU 控制器和专用固件，管理其 WiseGan 器件和电源。这种开创性的数字功率器件设计不仅所需的元件比对应的模拟设计少，而且能在更高频率下运行，还可以在重量和尺寸上相比标准解决方案减少 30%，同时降低生产成本。

将数字控制引入过去由模拟控制主导的供电领域是 Wise-integration 的重要成就之一。原始设计制造商认识到 OEM 日益增长的需求，即寻求紧凑而强大的电源供应，正将 GaN 视为核心组件。然而，GaN 的引入伴随着挑战，例如在使用模拟系统时超出 500kHz 的开关能力受到限制。

还有人担心这种新兴异质结技术的耐用性和可靠性，因为与传统的 SiC 或垂直 Si 器件相比，它仍处于起步阶段。

随着 GaN 产品标准化的推进，一些挑战依然存在，例如难以满足的低热阻封装、栅极电压击穿问题、关键布局细节，以及目前高昂的 GaN 驱动器成本。然而，GaN 的出色软开关能力相较于其他技术，减少了能量浪费。

当前，大多数 GaN 器件采用 DFN 封装，与 TO 封装相比，它的功率耗散能力有限。MOSFET 与 GaN 之间存在耗散差异，导致各种冷却策略，如采用更密集的 PCB、集成更多通孔，或连接 PCB 至金属片或散热器。有预测显示，GaN 即将成为低功率和中功率应用的首选。它有望在较低电压下与屏蔽栅 MOSFET 竞争，并在接近 1200V 的电压下与 SiC 竞争。GaN 的独特之处在于其能在芯片上嵌入必要的高价值功能，这是由于其横向结构使然，而 SiC 和 MOSFET 因纵向结构无法做到这点。虽然 SiC 可能在超过 1200V 和高电流的应用中占据主导地位，但其价格很可能一直高于 GaN。

11.13 X-FAB

X-FAB 在全球范围内脱颖而出，作为专业晶圆代工厂之一，专注于模拟/混合信号半导体技术，其核心专长服务于汽车、工业和医疗应用等领域。作为一家纯粹的专业晶圆代工厂，X-FAB 不仅提供工艺解决方案，还为设计模拟/混合信号集成电路用于终端产品或其附属产品的客户提供强有力的设计协助。

X-FAB 拥有超过三十年的历史，依靠丰富的经验，提供独特的制造工艺和广泛的设计与工程支持体系。据该公司称，宽禁带半导体市场（涵盖 SiC 和 GaN）的扩张受电气化趋势和对高效能源解决方案需求上升的推动。X-FAB 的首席执行官 Rudi De Winter 提到，市场的走势可能受到产能制造环节的影响，尤其是与晶圆产能相关。满足需求取决于产量与预期的一致性。更重要的是，预期的增长很大程度上与汽车行业挂钩，其增长率可能会受到宏观经济因素、电池原材料受限、不可预知的情况（如全球大流行、战争）以及消费模式转变的影响。

X-FAB 指出，在做出使用宽禁带器件而非传统 Si 器件的决策时，为了获得最佳效果，系统设计必须针对宽禁带器件量身定制。仅仅更换器件而不做架构调整，无法发挥出全部潜力。对于宽禁带器件的封装，不同高度、强化的热特性以及更高的电流密度都需要考虑进去。可靠运行的高功率宽禁带器件需要精心的热管理，然而，X-FAB 判断被动冷却通常就足以满足这类器件的需求。

在未来几年，预期宽禁带半导体将在功率器件领域迎来集中爆发。然而，虽然它们的优势众多，确保稳定的供应链将是决定其市场接受度的关键。当面对高功率需求或由电气化和能源效率推动的更高开关频率时，硅基材料显得力不从心，从而为宽禁带器件开辟道路。SiC/GaN 与 Si 之间的竞争将在很大程度上取决于系统总成本，而这可能会因具体应用的不同而变化。

11.14 Power Integrations

Power Integrations（PI）于1988年在美国加利福尼亚州圣何塞成立，是高压电源变换半导体解决方案的先驱。其创新产品在清洁电力领域扮演重要角色，助力多个应用中的发电、输电和电力的有效利用，涵盖家用电器、移动设备、计算机和无数工业用途。

每年，诸如 PI 的 PowiGaN 氮化镓技术与 EcoSmart 能效方法论等革新节省了数十亿千瓦时（kWh）的电力。此外，还使先进的处理器每年减少了数十亿个电子元件的需求。基于对其贡献的认可，由 Cleantech 集团和 Clean Edge 赞助的清洁技术指数已将 PI 的股票纳入其中。此外，PI 的 Green Room（"绿室"）是国际能效基准的参考。

PI 将 GaN 市场的首要增长催化剂视为效率。这带来了次要的益处，如热量减少、小型化和成本降低。推动电力市场发展的主因是效率和价格。监管措施和对更轻、更小电源适配器的市场需求加速了对效率的追求。就成本而言，PI 发现对于高端电源适配器，GaN 是最具成本效益的选择，能最大限度地减少复杂拓扑结构所需的额外散热片和开关需求。

要充分挖掘 GaN 的潜力，需要采取一种以系统为导向的新方法。传统设计为了克服 Si 的局限而生，但对于具有近乎理想开关属性的 GaN 来说并不适用，包括快速开关时间和极低的栅极和输出电容。

这一认识促使 PI 开发出了像 InnoSwitch 反激式电源 IC、HiperPFS-5 功率因数校正系列和 LytSwitch-6 LED 驱动器等产品，涵盖了从移动充电器到 LED 照明的各种应用需求。

同样，PI 对 SiC 采用了系统中心战略，选择 GaN 还是 SiC 取决于电压要求。尽管 PI 在针对 800V 车载应用的 1700V 产品中使用 SiC，但在 400V 车载案例中，GaN 则成为首选。

PI 的产品系列还包括 Si 产品，并不限于 GaN。他们不仅仅聚焦于宽禁带器件的增长，而是将其置于整个电源市场的广阔背景下来考量。

对于 PI 而言，选用宽禁带半导体还是常规 Si 半导体主要取决于所需外壳尺寸。这让设计师能够评估可用的热预算，然后决定是使用基础 Si 设计、复杂 Si 设计，还是简单的 GaN 设计。

GaN 的魅力在于其经济高效的开关能力。不同于 Si，为了达到类似的效果，Si 需要谐振拓扑，而 GaN 不需要。这节省了成本，因为谐振需要更多的开关。鉴于其成功的记录、韧性以及成本效益，PI 倾向于使用简单的 GaN 反激模型，并强调其适应性。

在半导体封装方面，PI 将 GaN 或其他开关集成到全面的电源解决方案中。这种整体的方法允许为从小型电源到 LED 驱动器的各种子系统打造最优化的封装。PI 遵循其基本理念，优先考虑引脚较少、体积较小的封装，同时符合爬电规定。

PI 是封装进步的坚定拥护者。其 Fluxlink 技术，无需磁体或光电耦合器就能实现隔离屏障上的高带宽反馈传输，并承诺具有更快的负载瞬态反应。这是一种利用标准设备和技术的创新。

有效的热管理对于高功率宽禁带器件的寿命至关重要。PI 强调散热片接地的重要性，确保足够的焊接金属暴露。他们的设计往往带有接地端子，以缓解 EMI 问题。此外，利用 GaN 相对于铝等材料的成本优势，PI 倾向于加大 GaN 晶体管尺寸，从根本上产生较少的热量，而不是采用后期设计的热解决方案。

PI 坚信，考虑到 GaN 近似理想的开关属性，它应在高达 1200V 的应用中占据主导地位。如果技术进步允许，GaN 最终甚至可能取代 SiC，随着其能力的增强，也可能撼动 IGBT 的地位。

11.15 纳微半导体（Navitas Semiconductor）

2014 年成立的纳微半导体（Navitas Semiconductor）专注于生产尖端的 GaN 和 SiC 半导体。这些先进材料正在通过提高效率、优异性能、小巧、经济实惠且环保的方式改变功率器件行业。Navitas 这一名字取自拉丁语中代表"能量"的词汇，强调了其对可持续能源创新的承诺，同时为预计到 2026 年将达到 220 亿美元规模的功率半导体行业注入活力。

作为先锋级的功率半导体实体，Navitas 推崇其 GaNFast 功率 IC。这些器件结合了 GaN 的功率能力和监控、控制及安全机制，从而实现快速充电、高功率密度并显著节约能量。其互补 GeneSiC 功率器件则为坚固、高电压、大功率的 SiC 应用做好准备。Navitas 的目标领域包括电动汽车、太阳能、储能、家电与工业设备、数据中心以及消费电子，目前已拥有超过 185 项已被授予或申请过程中的专利。截至 2022 年 8 月，公司已发货超过 1 亿颗 GaN 芯片和 1200 万颗 SiC 芯片，支撑起业内首个为期 20 年的 GaNFast 保证。值得注意的是，Navitas 也是首家取得 CarbonNeutral（碳中和）认证殊荣的半导体企业。

Navitas 指出现役的 Si 功率器件已有 40 年的历史，相比之下，被誉为现代材料和创新材料的 GaN 和 SiC 被预测到 2027 年将抢占将近 30％的市场份额。推动宽禁带半导体增长的关键要素包括：

- 政府推动淘汰车辆中的内燃机。宽禁带功率器件可提高充电速度，减轻体积和重量，降低总拥有成本，尤其是在长途卡车运输行业中。
- 对于移动设备，宽禁带半导体可实现超快充电，同时保证轻便和紧凑。
- 太阳能行业优先考虑效率和成本削减。
- 数据中心专注于立法效率标准（如欧盟的"Titanium＋"），电力支出，人工智能技术的激增，以及自动驾驶汽车，其中每单位的电力需求翻倍，甚至增至三倍。在这种情况下，使用宽禁带器件被证明更加经济有效。
- 家庭和商业部门正在朝着电气化的方向发展，政府立法等举措也在推动化石燃料家电的减少。

在探讨宽禁带半导体器件特有的封装细节时，Navitas 强调了减小引线电感的重要性，这对于高速开关下的 GaN 来说变得限制重重。因此，表面贴装和 Kelvin 连接等创新变得至关重要。尽管 GaN 和 SiC 在效率方面优于 Si，但它们的小尺寸却导致了更为严格的热量冷却路径。需要通过先进的封装方案，比如扩大焊盘和双面冷却来增加功率处理能力。

Navitas 强调了宽禁带半导体器件的潜力，展示了它们如何赋予新设计和理论概念生命，使其从学术理论转化为行业现实。这一点在主动钳位反激电路中得到了印证，这一概念于 1995 年由弗吉尼亚理工大学提出，但在 2018 年才通过 Navitas 的 GaN 功率IC 实现。

在 GaN 生产趋势方面，Navitas 认为横向 GaN-on-Si 将成为一系列集成 GaN 功率IC 的基础。由于硅衬底普遍存在，随后的外延生长使得能够在现有的大规模生产厂房中使用 350～500nm 级装备进行生产。这意味着改造旧制造中心的成本仅是建造新工厂的一小部分，即可实现显著的产能扩充。同时，SiC 晶圆的可负担性和可用性有了大幅改善。

截至 2023 年第三季度，Navitas 在 65W 快速充电器物料清单的价格上与常规 Si 匹配，同时通过 GaNFast 功率 IC 减半了大小和重量。在较高功率阈值下，Navitas 的解决方案提供了更高的效率，40% 的尺寸缩减，比传统 Si 更具经济性。在 2023 年的中国台湾 SEMICON 展会上，Navitas 推出了 GaNSafe 平台，主打最高效率、可靠性和易用性。GaNSafe 融合了集成 GaN 功率和栅极驱动保护功能，将 GaN 推向 1～22kW 的高功率范围，涵盖了数据中心、太阳能和电动汽车。

11.16 瑞萨电子（Renesas Electronics）

瑞萨电子（Renesas Electronics）致力于构建一个通过技术让我们的生活更轻松、更安全、更可持续发展的未来。作为微控制器市场的领导者，瑞萨运用其在嵌入式处理器、模拟、电源及连通性的专业知识，提供端到端的半导体解决方案。这些成功组合缩短了汽车、工业、基础设施和物联网应用的开发周期，使得可以迅速扩展到数十亿互联智能设备的数量级别,从而改善人们的生活质量。

根据瑞萨的观点,SiC 市场成长的主要驱动力和挑战如下:

- 对于 SiC 技术而言,关键推动力是在逆变系统中实现高功率密度,进而实现了系统层面的尺寸和重量缩小。SiC 允许高压运行,结合高频开关和高温操作,从而实现在逆变运行中低损耗和减少冷却需求。
- 在系统层面上,逆变器封装在尺寸和重量上的无源元件大大减少。
- 当前业界面临的重大挑战是供应链管理和产能规划。由于多家汽车客户几乎在同一时间转向 SiC,产能规划需紧密管理,避免出现过剩或短缺情况。

至于可能影响 SiC 市场成长的风险和不确定性,瑞萨认为主要来自以下几点:

- 高质量的 8 英寸晶圆和外延。
- 需要高良率(降低风险)的器件设计才能实现大批量生产。
- 容量不能过高或过低,需准确的市场预测和规划。
- 快速的技术路线图演进通常不是功率半导体行业的常态。
- SiC 器件在恶劣环境下的性能是维持产品在汽车和可再生能源应用生命周期中的关键。

在较高电压等级,如 1200V 的情况下,正如瑞萨所言,使用 SiC 功率器件设计中的优点通常超过了 SiC 较高的器件成本。SiC 的优点在更高频率下表现得更为明显。如果某些工作条件并非必要,则高价和额外设计的考量就不合理了。

瑞萨指出,使用 Si IGBT 时,由开关带来的 EMI 的问题相对较少。IGBT 对于许多用途(例如紧凑型车辆的牵引逆变器)来说已经足够好,因此,在这些情况下没有太多动力转用 SiC。

据瑞萨表示,相同封装中的 SiC 器件不能直接替换 Si IGBT。使用 SiC 带来的性能提升已经将封装技术推到了极限。最小化寄生电感需要 SiC 优化的封装比 Si 更小、更低矮,并且热效率更高。在传统的封装中安装芯片的情况下,SiC 技术并未得到优化,因为这些封装通常是为在较低频率下工作,具有较长上升和下降时间的要求所优化。对称设计在高频下由于 EMI 而表现不佳。

与封装紧密相关的就是热管理。各种热管理技术正在实施,以实现使用 SiC 技术的高功率密度系统的高效冷却。液冷散热器目前很受欢迎,但它们局限于冷却标准封装中的 SiC MOSFET,且需要集成热冷。然而,随着功率密度的增加,双面冷却越来越受欢迎。另一个正在探索的选项是用 Cu 金属化或 Cu 焊线代替 Al 焊线,以实现更高效的冷却。带 Pin-Fin 冷却板的直冷方式也是一种流行的方法。

瑞萨认为电动车辆目前是 SiC 功率器件的主要市场。公司预测,SiC 技术在未来几年将在可再生能源产业、充电基础设施和工业应用(包括电源)中日益普及。随着更多高压功率器件在 SiC 中商业化,该技术的发展速度将会加快。目前,已经有更多的制造商和分销商供应 750V 和 1200V 的 SiC 器件。将来,更高的电压节点(>1200V),特别是在可再生能源市场上,可能会被更普遍地接受。随着 SiC 生产成本下降,这项技术应该会在各个行业中找到更广泛的用途。

瑞萨确信,新技术或新材料应用在宽禁带器件生产中的趋势,可使 8 英寸晶圆生产能力的提升同时降低价格。此外,诸如尖端的平面栅和沟槽栅 SiC MOSFET 在内的拓扑结构技术的进步,将有助于在实际应用中提升功率密度。随着功率水平和开关频率的增加,新型芯片粘接工艺如烧结以及双面冷却等前沿封装技术必须确保有效的热管理。

11.17 罗姆半导体(Rohm Semiconductor)

罗姆半导体(Rohm Semiconductor)于 1958 年在日本京都(Kyoto,Japan)创立,起初是一家小型电子组件制造商。1967 年,公司业务扩展至晶体管和二极管的生产,并在 1969 年加入 IC 和其他半导体产品的行列。两年后(即 1971 年),罗姆打破日本传统商业模式,进军美国市场,在硅谷设立销售办事处和 IC 设计中心。凭借年轻员工的努力和热情奉献,业务蓬勃发展,引起业界瞩目。罗姆海外扩张很快成为其他公司的范例,最终被视为普遍的商业实践。

据罗姆所述,在功率器件行业中,对更高能效和更大功率密度的需求日益增长。电动和混合动力汽车、无线充电和 RF 系统等应用是 GaN 器件市场的主要推手。受 GaN 使用影响的主要行业包括电信、交通、工业和可再生能源。此外,GaN 在商用和通信设备中越来越受欢迎,主要是因为它能在重量和尺寸上实现节省。GaN 市场成长面临的主要挑战在于门极驱动的设计/控制,许多客户在此方面遇到困难,以及最小化寄生电感的 PCB 布局/设计。

对于 SiC 而言,市场规模增长的关键驱动因素是全球电气化进程以及向更高电压、更大功率和更好效率的应用转变。具体影响 SiC 市场的工业电力系统应用包括太阳能逆变器、储能系统、工业电源等等。然而,由于 SiC 固有的高昂成本,难以从 Si 获得额外市场份额,虽然在一些应用上可以在系统层面证明其合理性,但并非所有应用都是如此。

为了有效地使用 GaN,需要专用的栅极驱动和控制器。另外,高频开关下的寄生电感导致在设计 PCB 布局时必须采取不同的方法。广泛采用 SiC 的最大风险在于其成本。在电动汽车领域,例如,SiC 面临着竞争技术,如用于牵引逆变器的 Si IGBT 和用于车载充电机(OBC)的 Si 和 GaN 器件。因此,全 SiC 解决方案可能被认为过于昂贵。然而,罗姆依然乐观,因为更具成本效益的电动车将推动需求上升,加速电动汽车转型,从而支持 Si、SiC 和 GaN 的市场增长。在其他应用中,这取决于 SiC 能为系统创造多少价值。如果能源成本高,SiC 相对于 Si 的选择机会更大。如果系统小型化是必需的,同样道理也适用。

11.18 意法半导体(STMicroelectronics)

意法半导体(STMicroelectronics,ST)是一家为电子应用领域客户提供服务的全球半导体领导者。在 ST，有超过五万名半导体设计者和制造者，掌握着最先进的制造设施。

作为一家集设计、制造为一体的 IDM 厂商，ST 与 20 多万个客户和数千家合作伙伴合作，共同设计、建设产品、解决方案和生态系统，帮助他们应对挑战和机遇，满足创建一个更加可持续世界的需求。ST 的技术推动了智能出行、高效能源管理和大规模部署物联网和连接技术。该公司致力于到 2027 年实现碳中和目标。

SiC 和 GaN 带来了诸如提高效率、提升工作温度、增加功率密度以及更小体积等好处。另一方面，Si 目前享有更低的成本、更简化的生产工艺和更丰富的市场供应。对这些因素的权衡，需要考虑例如功率等级、产品定位、工作条件和经济效益。选择合适的材料以持续保持竞争力和推动科技进步，是 ST 基于各家公司策略和优先事项作出的市场营销和技术决策。

根据 ST 的说法，SiC 和 GaN 市场增长的关键推力是它们独特的电学性质和热性质。ST 通过创新型封装解决方案使高效率、高功率密度、安全的高温作业和紧凑结构成为可能，从而使 SiC 和 GaN 成为了汽车系统、可再生能源转换等领域应用的首选。

当前市场成长的挑战包括有限的制造能力、缺乏标准化以及设计和制造复杂度。这些问题正在通过研究开发投资、新的制造技术以及建立标准和最佳实践的合作来解决。ST 正在努力克服这些挑战并通过技术创新和合作推动市场成长，例如其用于 SiC 和 GaN 流程的制造设施。

各行各业向广泛电气化转型呈现出巨大机遇的同时，供应链中断、原材料价格波动、新兴技术竞争以及不断演变的规定可能是影响市场成长的潜在风险。ST 正在拥抱供应商多元化，投资研发优化材料成本，并通过建立合作关系应对这些挑战。

宽禁带器件封装的关键考虑包括高效热管理、可靠的电气绝缘、强大的机械稳定性以及对环境因素的防护。高效的热管理涉及有效散热，以防产生热相关问题；可靠的电气绝缘确保正常运作；强大的机械稳定性提升了结构完整性；对环境因素的防护保障了器件长寿命和可靠运行。这些问题可以通过创新的热概念、材料选择、设计优化以及严谨测试验证过程来解决。

ST 相信宽禁带器件在电力电子领域应继续显著发展。对高性能和节能设备的需求将继续推动持续发展和增长。

SiC 和 GaN 有望在可再生能源系统、电动车、航空航天、国防、海运、航空等行业扩大应用。

11.19 利普思半导体

利普思半导体汇聚了全球晶圆工艺、器件设计、模块封装设计、产品应用、营销及产品管理专家。主要产品包括面向新能源汽车和工业应用的高可靠性 SiC 和 IGBT 模块。产品应用于新能源汽车、智能电网、可再生能源、工业电机驱动、医疗设备、电源及其他场景和学科。

利普思半导体总部位于中国无锡，在日本设有研发中心。该公司采用创新封装材料和技术，为新能源车驱动系统和逆变器的小型化、效率和轻量化提供了完整的模块应用解决方案，以满足高性能、高可靠性的新能源汽车和高端工业功率半导体模块的需求。

据利普思半导体所述，全球净零排放倡议是推动 SiC 市场发展的主要动力，因为它促使几乎所有行业转向更加节能的实践，由此产生新计划和市场。另外，车辆电气化和可再生能源正驱动半导体行业生产更高效率的 Si 器件或宽禁带器件。

一些影响宽禁带市场增长的当前和未来挑战包括：
- 供需之间的巨大市场缺口；
- 专业人才的匮乏；
- 向新晶圆尺寸转移时的技术和生产难题；
- 在某些行业尚无足够的运营记录；
- Si 与 SiC 之间仍存在的价格差距。

另外，国际局势和可能出现的全球大流行也是可能影响 SiC 市场成长的潜在风险和不确定性因素。

就宽禁带器件与传统 Si 器件在特定设计中的取舍而言，利普思半导体认为，尽管表现出多种独特性质，目前许多 Si 和 SiC 器件仍被以相同方式进行封装。根据公司说法，两者都有合法权利存在，各有自己的市场。

举例而言，谈及汽车 IGBT 模块和 SiC 模块在同一封装中提供的状况，我们可以将其分配给不同细分市场：
- IGBT 更适合大众/商务电动汽车；
- SiC 功率模块适用于高端或豪华车型。

两种技术持续发展，因市场既需要低成本器件（如大量生产的电动汽车中使用的 IGBT 逆变器），又需要高成本的商务和豪华功率器件（特斯拉、梅赛德斯、保时捷等 SiC 基产品）。

关于宽禁带器件的封装，利普思半导体认为小型化和提高功率密度的趋势将继续下去，因为大多数行业都要求在更小的封装中实现更强功能和更高能效的产品。例如，SiC MOSFET 在任何现有汽车或工业设计中都没有发挥出全部潜力。即使这种材料能够在极端频率和温度下运行，现代 SiC 封装仍有太多缺点。未来，公司预计会有新材料用于外壳、基板和导体，这将能够促进宽禁带器件的研发。

高功率宽禁带器件的热管理，与封装密切相关，必须优化以保证可靠运行。

从封装角度来看，今天大多数 SiC 模块的操作温度范围受限于 175～220℃，这是上述问题导致的结果。有些外部冷却/散热解决方案使宽禁带器件能够在恶劣环境中提供可靠连续运行。但这却导致更大的面积——而这正是使用 SiC 的企业不希望看到的情况。

利普思半导体相信，未来几年内，宽禁带器件将在功率器件行业中继续进化。就在最近，他们来自 GE Research 的同事创下了一项纪录，展示了 SiC MOSFET 可以承受超过 800℃ 的温度。这表明了 SiC MOSFET 支持未来极端环境下应用的潜力。这一可能性将应用于航空系统中，无论是民用还是军用，以支撑太空探索和高超音速飞行器的新应用。我们可以期待未来越来越多的新应用将采用宽禁带技术。

至于宽禁带器件制造领域的新兴趋势，如新型工艺或材料，利普思半导体特别注意到了 SiC 市场已开始进入高压市场，出现了 3.3kV 芯片。鉴于 SiC 的巨大潜能，利普思半导体正在等待它突破 4.5kV 大关。

11.20　微芯科技（Microchip Technology）

微芯科技（Microchip Technology）是智能、互联和安全嵌入式控制解决方案的领先供应商。其全面的产品组合和易用的开发工具使客户能够创建最优设计，降低风险，同时减少总系统成本和缩短上市时间。来自工业、汽车、消费、航天与国防、通信和计算等多个领域的逾 12.5 万家客户受惠于公司的解决方案。微芯科技总部设在美国亚利桑那州钱德勒市，提供出色的技术支持、可靠交付和品质保证。

微芯科技将可持续性和万物电气化视为推动市场增长的主要驱动力，从电动交通到公用事业基础设施，都在推进这一进程。通过诸如可再生能源（风能和太阳能）及储能系统等解决方案，我们能够达成碳中和及净零排放的可持续发展目标。

制造工艺和外部因素，比如获取宽禁带半导体所需的晶圆和原材料，可能会影响市场成长。为了使电网更高效运行（智能电网），需要拥有更厚外延层和更少缺陷的外延片的高压器件。为了支持万物电气化而扩展电网基础设施（发电、输电、配电、消耗和存储）会带来额外的不确定性，各国政府的各种规定也是潜在的不确定因素之一。

使用像 SiC 这样的宽禁带半导体的优点包括更高效率、更高功率密度、较宽松的热管理需求，最终实现更高的性能和更低的整体系统成本。缺点则包括与 Si 器件相比较高的 SiC 器件成本、设计难题（例如栅极驱动和电压差异）、拥有宽禁带经验的工程师少，以及对于某些应用来说 Si 已足够好（没有改变的动力）。

关于封装，需要考虑的关键因素包括爬电距离、减少封装寄生电感和改善热性能（单面和双面冷却）。其他因素还包括更高水平的集成，如栅极驱动、控制和感应，降低功率回路中的寄生电感，减小栅极源回路中的寄生电感，以及增强在恶劣环境下的鲁棒性（例如 HV-H3TRB）。

高功率宽禁带器件的热管理必须针对可靠运行进行优化。根据微芯科技的说法，这可以通过降低芯片与散热片之间的热阻（例如，烧结、铜带、热膏），多芯片间电流的均衡有助于减轻热应力，提高可靠性。

随着其他行业利用与汽车相关的规模经济，这将为更广泛地应用于其他市场铺平道路。随着更多产品的出现，SiC 的颠覆潜力将增强，Si 将被取代（例如，在水/空气净化领域）。GaN 将继续在 100~200V 负载点变流器中取代 Si，并进一步渗透 600V 市场。SiC将在大于650V的电压下继续取代Si。在中压（3.3kV及以上）领域，IGBT将继续用于不需要高功率密度或效率的低性能系统。SiC将取代更高性能的系统，尤其是那些电池供电、直流电压大于400V的系统。

根据微芯科技的观点，宽禁带器件制造的新兴趋势包括更优化的封装和封装方式、现成晶体生长工具（体材料和外延）的可用性，以及嵌入式PCB封装。

很多微芯科技的客户认识到，系统级别的节省远远超过了Si和宽禁带器件之间的器件成本差异。SiC将保持其基于顾客价值的溢价，但随着工艺成熟和产量增加，将更接近成本均等。

11.21 安森美（onsemi）

安森美（onsemi）正通过推动颠覆性技术来帮助构建更美好的未来。公司专注于汽车和工业终端市场，正在加快超级趋势的变革，如车辆电气化和安全性、可持续能源系统、工业自动化以及5G和云基础设施。安森美通过研发智能电源和传感技术，解决世界上最复杂的问题，营造更安全、更清洁、更智慧的环境。

安森美管理着响应迅速且可靠的供应链，以及质量和企业社会责任项目。公司在主要市场拥有遍布全球的制造工厂、销售与市场办事处以及工程中心网络，总部位于美国亚利桑那州斯科茨代尔。

安森美具有强大的基础设施和广泛的网络，包括19个生产基地、43个设计中心和8个解决方案工程中心。

据安森美所述，宽禁带半导体市场成长的关键驱动力是高效运行、实现更高电压、多家供应商、产能提升、经验证的现场可靠性，以及降低器件成本。主要挑战包括新产能上线的时间性、在增产下维持高品质、保障未来发展所需供应链的安全，以及新技术（如沟槽栅）带来的可靠性影响。影响SiC市场增长可能的最大风险是能否将200mm晶圆的缺陷率降低到量产的水平。

在特定设计中使用宽禁带器件与传统Si器件之间的主要权衡在于价格与性能。由于衬底成本更高，SiC在未来一段时间内仍将是最昂贵的选择。但是，SiC也有巨大的性能优势。最终，重视性能抵消成本的应用将成为SiC的赢家。

除了物料清单比较之外，还需要对基于Si和SiC的系统进行系统级评估，以便评价两种技术的价格/性能特征。

关于封装，安森美指出，同等级别的SiC芯片比Si芯片明显更小。因此，封装的主要目标是有效移除SiC芯片结产生的热量。创建一条从SiC芯片结至冷却介质的较低热阻路径，能使封装器件最大限度地输送电流至系统。这最终增加了系统的功率密度并降低了每千瓦的成本。

为了提高器件封装的功率循环能力，封装的第二个关键部分是制定极其耐用的接口。

第三个关键是减少器件封装的寄生电感,从而降低电路中功率回路的寄生电感。降低的电感减少功率器件中的电压过冲,从而减少电压裕量的要求。在同一直流系统中,可能会使用额定电压较低且更具成本效益的器件。

热管理直接与封装相关,需在高功率宽禁带器件中得到优化,以确保可靠运行。根据安森美,以下三点可以应对热管理问题:

- 从芯片结到冷却介质的热路径必须具有更低的电阻。这对特定功率水平下降低最大结温、提高可靠性至关重要。
- 器件本身必须变得更加高效。低频应用(如牵引逆变器)需要较低的 $R_{DS(on)}$,导通损耗占主导地位;高频应用(如 PFC),动态损耗占主导,则需要更低的开关损耗。这些减少任一或两者也能降低最大结温,提高可靠性。
- 必须采用新颖的冷却方法来降低最大结温。

在未来几年,宽禁带器件将继续见证 RSP 下降,并作为 SiC 功率器件的关键焦点。这一优值考量了成本和一级性能影响,允许从缩减芯片尺寸中增加容量。

在宽禁带器件制造方面,迁移到 200mm 晶圆平台将是 SiC 生产的一个新兴趋势,这将满足未来的市场需求,允许探索新型制作工具包。

在大量应用中,当 SiC 的性能得以货币化时,SiC 已经在系统级成本上占据优势。SiC 将在器件级别接近甚至超越 Si 超结的成本。短期内,IGBT 在器件级别仍将具有成本效益。在这种情况下,重视 SiC 优越的开关和轻载效率的应用,即便其价格较高,也会青睐该材料。很多大量应用,如标准工业电机驱动,将继续使用 Si IGBT 平台。

11.22 Qorvo

Qorvo 的产品连接、保护和激发世界。Qorvo 为移动、基础设施、物联网、国防/航天和电源管理市场提供基础射频(RF)和电源技术及解决方案。其产品系列包括放大器件、分立晶体管、物联网控制器、频率转换器、低漂移滤波器、开关等。

除了接收机、贝塞尔滤波器、通线、功率放大器、调制器驱动器和相位移、衰减器、可编程电容阵列等控制器件,公司还提供光学解决方案。Qorvo 的产品被应用于物联网、移动、终端用户、网络基础设施和汽车应用中,通过第三方供应商分销产品。Qorvo 总部位于美国北卡罗来纳州格林斯伯勒,亚洲、欧洲和北美洲是其主要商业中心。

Qorvo 认为工业、数据中心和电动车市场是 SiC 市场的主要增长动力和障碍。最大的困难是在供应限制背景下达到足够的 SiC 材料供应,同时符合成本目标。第二个难点是快速开关器件的用户友好度。

在特定设计中使用宽禁带器件与传统 Si 器件之间的权衡体现在宽禁带半导体带给功率器件应用的三大益处:效率、功率密度和散热。然而,使用宽禁带功率器件伴随着风险,如附加电磁干扰和对更好布局和封装的需求。实验室之外,制造商使用宽禁带器件需发展其生产层面的专业技能，以确保成品的质量。

封装在功率器件产品中至关重要，因为它确保所有工作条件下的最佳性能并最小化器件的体积。据 Qorvo 所述，对于特定的宽禁带器件，封装的关键是降低电感和改进紧凑型芯片的热量排出。热管理与封装紧密相关，应在高功率宽禁带半导体器件中正确管理，以确保可靠运行。分立式封装的功率器件需要高度重复性的安装过程（尤其是在需要耗散高功率的情况下）和长期稳定性。功率模块的热管理相对直接，特别是带有基板的模块。对于标准封装和安装方法，Qorvo 认为将正常工作温度限制在结温 150℃，偶尔可达 175℃ 是优选方案。

关于未来几年功率器件领域宽禁带材料的发展，Qorvo 认为用 650～750V SiC FET 替换低 $R_{DS(on)}$ 值的 Si 超结 MOSFET 具有巨大潜力。1200V 的 SiC FET 适用于电动汽车和工业应用。宽禁带功率器件的新应用领域包括固态保护和用于太阳能的 2kV 器件。

对于宽禁带器件的制造，新兴的趋势是在替代单一结晶 4H-SiC 衬底的基础上，使用低电阻 3C-SiC 与键合 4H-SiC 外延层。它们提高了性能和成本，缓解了产能瓶颈，尤其是在 8 英寸晶圆上的情况。

关于器件、封装和模块的成本，Qorvo 认为对于 60mΩ 以下的 $R_{DS(on)}$，SiC FET 与超结 FET 的器件成本已经相当接近。这导致了 650～750V 范围内的显著增长，而改善的效率/系统成本则是一种额外奖励。对于更高电压，应用场景仍依赖于系统成本的节约，以证明 SiC 相对于 1200V IGBT 更高的器件成本具有合理性。

11.23 赛米控丹佛斯（Semikron Danfoss）

赛米控丹佛斯（Semikron Danfoss）是全球领先的功率器件产品专业公司。公司的创新解决方案为汽车、工业和可再生应用领域提供了更加高效和可持续的方式利用能源，大幅减少全球二氧化碳排放。

赛米控丹佛斯在创新、技术、产能和服务等方面大力投资，旨在实现行业领先的表现和可持续的未来。

2022 年，家族企业 Semikron 和 Danfoss Silicon Power 合并成为一家。在全球 28 个地点拥有超过 4000 名员工的赛米控丹佛斯为客户提供无与伦比的服务，其中包括德国、巴西、中国、法国、印度、意大利、斯洛伐克和美国在内的生产基地。公司在功率模块封装、创新和客户应用方面的综合经验超过 90 年。

据赛米控丹佛斯所述，宽禁带半导体市场的首要增长动力来自对效率的需求提升、能源成本上升（特别是在欧洲大陆），以及工业应用中的去碳化。此外，电网应用中总体系统成本的降低以及由更高开关频率带来的性能提升将刺激需求增长。汽车应用中因逆变器效能提升而导致的电动汽车续航里程增加也将显著增加需求。

一般而言，面临的挑战是 SiC 的供应情况。衬底工厂和大多数芯片加工设施都满负荷运转，产品处于分配状态。

据赛米控丹佛斯表示，所有主要供应商已经开始投资扩大产量，但这要到数年之后（预计到 2030 年）才能见效。此外，还有一些可靠性及退化问题需要通过广泛的测试或基于有限的现场经验，在供应链下游加以解决。

存在担忧的是，预期的良率和裸芯片成本目标无法实现，除此之外还有普遍的供货问题和早期阶段的有限产量。只有当器件价格达到目标时，SiC 才能获得财务上的回报，尤其是在汽车应用中。类似于太阳能产业中过度面板化的效应，如果电池变得更小、更便宜，SiC 给终端用户带来的好处可能会减少。

直到最近，高昂的 SiC 成本一直是其广泛应用的最大障碍。然而，由于技术进步和由汽车产业需求带来的规模化效应，这种情况发生了变化。在 DC/DC 变流器（如 DC 快充或车载充电器）等应用中，超过 1200V 的阻断电压下，SiC 无出其右。在工业驱动器中，如同汽车牵引逆变器一样，效率提升和额外范围（加上电费减少）是主要动机。由于优化的硅电压类别（950V），只有混合 SiC 器件的 ANPC 拓扑结构盛行（提高太阳能能量采集）。然而，作为 DC/DC 变流器的最大功率点跟踪（MPPT）完全由 SiC 实现。

关于封装，赛米控丹佛斯认为，在像 DC/DC 变流器这样的快速开关应用中，低寄生电感设计至关重要。这避免了超出芯片截止电压的峰值电压值，可以通过封装模拟设计获得。对于工业电机驱动而言，这一点不那么关键，因为这些逆变器通常在低于 $10kV/\mu s$ 的条件下开关（受电机绕组的限制）。

由于 SiC 的本质特性，如较高的杨氏模量和 CTE，相同封装技术下，SiC 芯片的功率循环能力较小（大约比 Si 低 60%）。先进的芯片粘接技术（例如烧结）、焊接系统（如 AlCu，或 Cu 结合 Danfoss 焊料缓冲层）或简单双面烧结（应用于赛米控丹佛斯的直接压接技术）都是克服这一点所需的。

SiC 的热管理可通过以下方式进行优化：

- 热界面材料的优化，通常占从芯片结到散热器总热阻的最大份额。
- 更高性能绝缘层材料（如氮化铝或氮化硅陶瓷）和顶部以及底部铜层厚度的优化。

关于宽禁带半导体的未来演进，该公司相信无论是牵引逆变器、车载充电器还是充电设施，汽车应用将全面转向 SiC。21 世纪推出的大部分电动汽车将使用 SiC 驱动。

在光伏逆变器和电池储能系统中，随着成本下降和对功率密度需求的提升，SiC 的使用将会增加。此外，高于 1700V 的新电压等级将有助于将复杂的三电平系统简化回易于控制的两电平拓扑结构，包括 1500V 直流额定的逆变器。

由于风能和 UPS 应用的超额需求，他们将需要协助定位最优工作点。一般而言，SiC MOSFET 无法良好地处理高尖峰过载电流。

电机驱动将成为另一个工业和商业区域 SiC 使用的重要推手，尤其在空调或热泵等领域。无论是带驱动还是不带驱动，超过 50% 的电力是由电机消耗的。对抗不断上涨的能源成本、脱碳需求和提高能效的一种简单方式就是在电机驱动中使用 SiC。节能效果足以弥补 SiC 功率模块的一些初始高投入，且回本期远短于标准电机驱动的预期寿命，既节省金钱又减少二氧化碳排放。

就成本而言，在未考虑系统层级或总拥有成本（包括功耗/损失）的前提下比较器件级别的任何价格都是不公平的。在器件级别，SiC 比 Si 贵，这一点在封装/模块级别没有改变。由于芯片缩小和技术的巨大进步，加之晶圆尺寸的增大，近年来 SiC 芯片的价格已大大降低。然而，SiC 芯片仍然比 Si 贵，这种状况将会持续。

在系统级别，较低的损耗减少了冷却所需的努力和成本。此外，像光伏逆变器等网联应用中的磁性部件可以做得更小、更便宜。

在电机驱动应用中，仅 SiC MOSFET 本身的低能耗就能在一年内实现投资回报，此后每年都能节省电费。

11.24 瑞能半导体

瑞能半导体在全球范围内保持强大影响力，运营中心遍布亚洲、欧洲和北美，并设有销售办事处和客户服务设施。2018 年，瑞能在中国江西省南昌市引入先进的可靠性与失效分析实验室，加强了基础设施建设。

凭借超过半个世纪的半导体设计与生产能力，瑞能打造了一系列顶级功率产品。这涵盖了 SiC 功率器件、晶闸管整流器、双向触发晶闸管、各类功率二极管、瞬态电压抑制器（TVS）和静电放电防护机制，以及 IGBT 及其相应模块。这类产品已在电信、计算、消费电子、智能家居设备、照明、汽车和电源管理等领域找到了自己的位置。

瑞能半导体致力于提升客户的生产效率和经济效益，同时倡导全球智能制造事业。根据瑞能分析，支撑 SiC 市场的几个因素包括低碳经济红利、效率提升、激增的功率密度、简化的电路拓扑以提高可靠性，以及系统电压的上升。然而，诸如宽禁带成本高昂、初步解决方案、应用专业知识不足、浪涌电流能力折中、封装表现以及宽禁带设计复杂性等挑战可能抑制这种增长。

外部因素，如化石燃料价格暴跌、碳中和步伐停滞等影响着环保优先级，以及宽禁带成本削减空间受限等因素也可能对 SiC 市场发展构成风险。

SiC 的高频属性提供了多种优势，比如减小感应元件尺寸、高效率带来的紧凑型散热器、轻巧小型产品的多功能性，以及增强电动车效率或减小电池尺寸。值得注意的是，SiC 在某些高压和高温使用案例上几乎是唯一选择。

谈到封装，瑞能强调了真正发挥 SiC 潜能所需封装的关键是其耐热性和导热性。基于 SiC 的应用本质上是紧凑的，这就要求更小、热效率高、坚固且低阻抗和低电感的封装。在铜线键合、铝包铜线键合、铜/铝带键合，以及氮化铝和氮化硅等绝缘材料的键合技术方面也有创新。此外，银/铜烧结焊接工艺和双面冷却、直冷水冷的封装方式正在受到青睐。

提升 SiC 器件热管理可通过采用降低封装热阻抗的材料，以及诸如条形或带状键合的技术实现。外部热管理可利用直接水冷，绕过热黏合剂或 PCB 相关的难题。

面向以 SiC 为核心的功率应用，鉴于系统电压和效率的激增，瑞能预见到光伏和储能领域将迎来繁荣。随着 800V 平台在电动汽车上逐渐普及，高压 SiC 器件变得不可或缺。同样地，EV 充电桩领域正蓄势待发，因其趋向满足 800V 电池要求且采纳更简单的高效率拓扑结构。同样，在电源领域，尤其是服务器、数据中心和电信领域，将从高效率的 SiC 器件中获得长久经济效益。正如瑞能的代表所说："8 英寸 SiC 晶圆和液相外延引起了我们的注意。这些技术可能极大削减目前 SiC 高昂的成本，这是阻碍其广泛采用的一大障碍。"

11.25　Wolfspeed

Wolfspeed 是一家全球性的 SiC 和 GaN 技术的设计商和生产商。公司提供市场领先的解决方案，致力于能源效率和可持续未来的实现。Wolfspeed 提供 SiC 材料、裸芯片、分立器件和功率模块，以及射频器件，应用于电动汽车、快速充电、5G、可再生能源和存储、航空航天和国防等领域。

据 Wolfspeed 所述，推动 SiC 市场的主要催化剂是供给增加和需求上涨。截至 2023 年 6 月，公司已承诺投资 65 亿美元扩大产能，并开始扩建其位于纽约州马西的 200mm 莫霍克谷工厂。这将是世界上首个"黑灯"（全自动化）SiC 晶圆厂。

在晶圆直径增大期间提升 SiC 产量可能颇具挑战。但 Wolfspeed 对其扩展能力充满信心，因为它已有激进的扩产计划，且已经历过从 2 英寸到 3 英寸、3 英寸到 100mm，以及 100mm 到 150mm 制造转型的过程。

Wolfspeed 认为，设计使用 SiC 功率器件涉及一些技术妥协。据该公司称，SiC 功率设计并不需要奇特的拓扑结构或控制方案；它们利用现有的 Si 功率拓扑结构，以更高的效率和速度传输功率。这让设计者能够大幅缩减磁性元件、电容器和散热器的大小，从而降低成本。

关于封装，Wolfspeed 认为传统的 IGBT 封装适用于 SiC；不过，使用 Kelvin 引脚可以显著改善系统效率。Wolfspeed 开发了符合业界标准的功率封装和独特产品，使最高效率和最低电感成为可能。

恰当的热管理在所有半导体设计中都是至关重要的。Wolfspeed 正基于其深厚的功率器件产品理解，拓展 Wolfpack 功率模块组合，包含带有高性能预涂敷热界面材料（Thermal Interface Material，TIM），从而使设计者能够释放最高性能。Wolfspeed 带有预涂敷 TIM 的模块让设计者相比标准热膏最多可降低结温达 40℃，或电流提升高达 60%。

关于未来几年宽禁带半导体在功率器件领域中的应用，Wolfspeed 预测，SiC 功率器件的应用将迅速扩展。电机客户正在他们的驱动器中采用 SiC，以促成此前无法实现的 IGBT 基础产品设计。伺服电机设计者正将其 MOSFET 集成到现有产品中，创造出输出翻倍且面积相同的全新系列。同样，低压驱动制造商正在研发嵌入式电机驱动，以取代传统设计中电机框架和驱动器被带有电缆的机柜隔开的方式。其设计工程师将功率器件直接集成到电机外壳上，这是因为 Wolfspeed 的 SiC 产品能在高达 175℃ 的温度下工作，而 IGBT 则不能。

Wolfspeed 继续投资产能和垂直整合，以支持宽禁带器件制造市场的发展。公司指出，几乎每一家 SiC 功率器件制造商都收购了一家公司来垂直整合其运营，在某些情况下，扩产计划才刚刚宣布。Wolfspeed 以其在 SiC 领域 35 年的历史为荣，并在其莫霍克谷工厂产能提升的同时，利用其杰出的材料专长为产品服务，而其他公司才刚刚破土动工。

参考文献

[1] W. J. Choyke, Silicon Carbide, vol. 1 (Springer).
[2] P. Friedrichs (ed.), Silicon Carbide. Growth, Defects and Novel Applications, vol. 1 (Wiley).
[3] B. J. Baliga, Wide Bandgap Semiconductor Power Devices: Materials, Physics, Design, and Applications (Elsevier).
[4] T. Kimoto, Fundamentals of Silicon Carbide (Wiley).
[5] M. Mukherjee (ed.), Silicon Carbide - Materials, Processing and Applications (InTech).
[6] E. O. Prado, An overview about Si, superjunction, SiC and GaN power MOSFET technologies in power electronics applications. Energies 15, 5244 (2022).
[7] M. Shur, SiC Material and Devices 1 and 2 (World Scientific).
[8] Technical articles of M. Di Paolo Emilio. https://www.powerelectronicsnews.com/author/maurizio/.
[9] F. (Fred) Wang, Characterization of Wide Bandgap Power Semiconductor Devices (The Institution of Engineering and Technology, London, United Kingdom).
[10] J. Yao, Working principle and characteristic analysis of SiC MOSFET. J. Phys.: Conf. Ser. 2435, 012022 (2023).
[11] Y. Zhong, A review on the GaN-on-Si power electronic devices. Fundam. Res. 2, 462-475 (2022).

第12章

功率器件的未来：代工服务

2023年8月，我踏上了前往中国台湾这个科技创新汇聚之地的旅程，有幸会见了三家塑造半导体行业未来的先锋企业的代表。

汉磊科技集团（Episil Group）总部位于中国台湾，正站在这个蓬勃发展的行业前沿。我与汉磊科技董事长徐建华（JH Shyu）进行了深入的交流，他详细阐述了公司对于专业晶圆制造服务的关注。这些服务，从晶体到硅（Si）工艺，无一不是根据客户独特需求精心定制的。徐先生特别强调了碳化硅（SiC）和氮化镓（GaN）制造时所面临的挑战，尤其是它们独特的硬度、透明度和易污染性等特性。从我们的对话中，我深刻感受到，汉磊科技对客户需求的深刻理解正是其在提供精确解决方案方面脱颖而出的关键。

在另一场富有启发性的对话中，我与世界先进半导体（Vanguard International Semiconductor，VIS）总经理尉济时（John Wei）和GaN项目负责人Shyh-Chiang Shen进行了交谈。他们二人生动地描绘了GaN和SiC在电子和电力系统领域的未来发展轨迹。他们表示，尽管GaN和SiC预示着革命性的应用，但初期却遭遇了来自传统保守行业的抵触。我们的讨论进一步深入到了业界对此的顾虑之中。从封装技术的演进到当前围绕GaN与SiC缺陷密度的持续讨论，世界先进半导体在面对这些挑战时所展现的细腻策略，无疑体现了其与时俱进的思考方式。

最后，我拜访了联颖光电（Wavetek Microelectronics）的首席技术官林嘉孚（Barry Lin），他阐述了对化合物半导体领域的独到见解。林先生强调，化合物半导体的多功能性在其广泛应用中得到充分体现，无论是在电子学、光子学还是其他更广泛的领域。他特别提及了联颖光电在处理铝基与金基后端工艺方面的独特专长，这凸显了该公司在应对化合物半导体制造领域挑战时的灵活应变能力。

在游历中国台湾的旅途中，与这些行业巨擘的会面令我深刻感悟到，诸如汉磊科技、世界先进半导体和联颖光电等企业，非但在半导体领域内披荆斩棘，更在为该领域塑造崭新的未来。这些企业所展现的敬业精神、创新能力与适应能力，正为通往先进未来技术的道路铺设基石。此行不仅让我收获满满，更坚定了我对半导体行业充满无限潜力与蓬勃生机的信念。

12.1 汉磊科技

在电子器件的广阔天地里，宽禁带半导体，尤其是 SiC 与 GaN，正成为技术革新的先锋。与 Si 材料相比，它们拥有更高的临界场强，因此在功率器件领域大放异彩，为提升能源效率与拓宽应用领域开辟了新路径。汉磊科技在这场技术革命中独占鳌头，专注于提供化合物晶圆代工服务，尤其在 SiC、GaN 及 Si 技术领域表现出色。近年来，SiC 与 GaN 因其卓越的宽禁带特性而备受关注。这些特性使它们在高压与高频应用中超越了 Si 材料，展现出非凡的实力。SiC 凭借其优异的热导率，在高功率应用中独占一席之地；而 GaN 则以其高性能与抗辐射能力，在空间应用如卫星等领域大放光芒。

"宽禁带半导体"这一称谓，源自它们宽广的能量带隙，这使它们与普通的 Si 半导体截然不同。更宽的能量带隙使宽禁带材料能够在更高的温度与电压下稳定工作，这对于追求效率与可靠性的功率器件而言，无疑是一大好处。

当然，向宽禁带材料的转变并非毫无挑战。电子产业在硅基制造上的巨额投资，见证了技术的不断演进。然而，要采用宽禁带材料，就必须采用独特的生产工艺与设备，这一过程既可能成本高昂，又可能耗时长久。此外，热膨胀系数失配等问题，在生产过程中可能会引发一系列复杂情况，导致晶圆变形，进而增加生产成本。更添复杂性的是，GaN 与 SiC 因其复杂的晶体结构，本身就难以生产，这在制造大尺寸、无缺陷晶圆时构成了严峻的挑战。

目前，汉磊科技的战略核心在于 SiC 器件的沟槽栅结构，旨在最大限度地减小其尺寸与导通电阻。

（1）需求引领应用风潮

宽禁带半导体需求激增的背后，一股强大的推动力源自各行业对脱碳化与能效提升的迫切渴望。功率器件依托宽禁带半导体的非凡能力，在实现这些目标的过程中发挥着核心作用。

宽禁带半导体器件的应用领域广泛而深远。例如，在电力系统领域，宽禁带半导体已成为太阳能与风能发电及储能系统中不可或缺的一环。它们助力绿色氢能源的高效电解生产，为电动汽车注入动力，驱动电力机车与公交车前行，满足住宅高效热泵的需求，并为不间断电源（UPS）与电机驱动等工业应用提供强劲支持。

徐先生表示，"早在两年前，我们已在这些应用中占据领先地位，随着我们的产品在可再生能源领域的广泛应用，电动汽车市场也已蓬勃发展，我们的生产线已经获得了 ISO 16949 与 VDA 6.3 认证。"

（2）工艺挑战与进展并存

宽禁带半导体的工艺过程涉及诸多精细步骤，包括外延层生长与器件制造。然而，要确保获得高质量的外延薄膜与功能性器件，还需克服一系列挑战。由于材料质量与晶圆加工方面的难题，与 Si 制造相比，单片晶圆上无缺陷器件的良率较低，从而抬高了每个功能性器件的成本。

(3) 外延生长工艺

外延生长工艺是制取高品质半导体薄膜的关键。此工艺的精髓在于将一层晶体沉积于衬底之上，使沉积原子与衬底晶体结构精准对接。特别是在 SiC 与 GaN 领域，该工艺对于实现理想的电子性能具有举足轻重的作用。

(4) GaN 薄膜外延生长面临的挑战

① 晶格失配与应力问题：GaN 与 Si 的晶格常数存在差异，导致在 Si 衬底上进行外延生长时，晶格难以完全匹配。这种失配现象会引发 GaN 薄膜中的应变与缺陷，从而对器件的性能与可靠性造成不良影响。

② 缺陷控制难题：外延层中出现的缺陷，如位错与堆垛层错，会严重损害材料的品质与器件的性能。GaN 易产生此类缺陷，这是实现高性能器件的一大障碍。

③ 厚度与掺杂均匀性要求：对于外延薄膜而言，确保每一层的厚度与掺杂浓度均匀分布是器件正常工作的基础。若均匀性不佳，将导致器件特性出现波动，影响整体性能。

(5) 应对挑战之策

半导体企业为攻克难关、制取高品质外延薄膜，纷纷采用了多样化的策略。

① 针对 SiC 外延：

a. 缺陷控制方面：企业不遗余力地投入研发，采用先进生长技术，力求将缺陷减少到最低程度。通过精细调控生长条件及后续处理工艺，可有效遏制缺陷的产生。

b. 厚度与掺杂均匀性方面：企业依靠精确的工艺控制与在线监测技术，确保晶圆上各处的厚度与掺杂分布均匀一致。其中包括对温度、气流以及衬底制备等环节的优化调整。

② 针对 GaN 外延：

a. 晶格失配与应力方面：部分企业采用引入缓冲层或调整生长条件等方法，以降低应变，提升硅衬底上 GaN 薄膜的质量。

b. 缺陷控制方面：企业采用如金属有机物化学气相沉积（MOCVD）等先进生长技术，并根据具体需求进行定制，以抑制缺陷的产生。同时，利用在线监测与实时反馈技术，在生长过程中进行灵活调整，进一步提升材料品质。

c. 厚度与掺杂均匀性方面：与 SiC 类似，GaN 外延也受益于精确的工艺控制与先进的监测方法，以确保各层厚度与掺杂浓度的均匀一致。

随着需求的不断增长，扩大宽禁带半导体生产规模面临着诸多挑战，其中高昂的材料成本和特定的制造工艺要求尤为突出。SiC 衬底作为成本构成中的重要一环，正通过激光切割、冷裂等创新技术手段来寻求解决方案。

在生产领域，SiC 技术取得了长足的进步。业界正积极探索激光切割、冷裂等前沿技术，旨在降低成本并提升生产效率。同时，从 150mm 向 200mm 衬底的转型，也有效降低了每片晶圆的成本。徐先生指出，尽管 200mm GaN 能通过更高效地利用晶圆面积来节约成本，但在向 200mm 转型的过程中，却面临着因热失配导致的翘曲问题，而且替代衬底或载体的成本也可能不菲。

与主流的 Si 技术竞争，尤其是在低压市场领域，更是充满了挑战。GaN 的优势在于中电压范围（约 650V），其性能在此区间内超越了其他材料。然而，要将 GaN 确立为高压应用中的可靠替代方案，仍需克服重重困难。此外，对于行业参与者而言，确保 GaN 在关键应用中的可靠性也是一项紧迫的任务。

"选择在不同材料间切换，需综合考虑成本、性能及可获得性等多重因素。各企业正根据自身独特情况，审慎评估最佳方案。采用氮化镓基氮化镓技术，虽在工艺上更为简便，但其衬底成本相较于 Si 却更为高昂。与 SiC 衬底不同，GaN 的难点在于晶圆制造过程中需缓解 Si 与 GaN 热膨胀系数失配问题，这一问题在 150mm 向 200mm 转型时尤为突出。"徐先生如是说。

宽禁带半导体的制造，涉及复杂的外延生长工艺，这是高性能器件的关键所在。目前，业界正通过先进的生长技术、工艺优化及实时监测等手段，逐一攻克晶格失配、缺陷控制以及厚度和掺杂均匀性等挑战。随着技术的不断进步，半导体企业正不断精进其制造方法，为更高效、更可靠的宽禁带半导体器件铺就道路。

"对设备及工艺参数进行实时统计过程控制，并结合丰富的经验优化工艺及反应器条件。"徐先生补充道，"SiC 衬底的成本较高。近期，专家们正致力于研发激光切割与冷裂等新技术，以提升生产效率并降低成本。最终，通过向更大尺寸衬底的转变，如当前从 150mm 向 200mm 的转型，可以降低单片成本。我相信，由于类似的工艺架构，Si 工艺工程师可以充分发挥他们在 150mm 至 200mm 转型的经验。"

（6）GaN 和 SiC：掺杂与导电性的探索

GaN 和 SiC 在电子与光电器件中扮演着举足轻重的角色。然而，要通过掺杂使它们达到预期的导电性，却是一项复杂而艰巨的任务，这主要源于以下几个方面的挑战。

① 独特的材料特性：作为宽禁带半导体，GaN 和 SiC 的电学性能极易受到掺杂原子的影响。

② 掺杂元素的融合问题：为了获得特定的导电性，需要引入特定的元素，但这往往会导致晶格缺陷和应变，进而影响材料的电学特性。

③ 均匀分布的难题：实现掺杂元素的均匀分布是至关重要的，但在加工过程中，高温环境很容易导致掺杂分布的不均匀。

④ 掺杂剂活化的困境：尽管引入了大量的掺杂剂，但并非所有掺杂剂都能转化为电活性状态。因此，提高掺杂活化率对于提升导电性至关重要。

⑤ 运行稳定性的挑战：GaN 和 SiC 器件常常需要在高温、强电场等恶劣条件下工作，这对掺杂原子的稳定性提出了严峻的挑战。

⑥ 腔室残留物的隐患：特别是在化学气相沉积系统中，残留的掺杂气体可能导致

腔室记忆效应，进而影响掺杂效果和器件性能的一致性。

⑦ 杂质管理的严格性：即使是微量的杂质，也可能对 GaN 和 SiC 的电学性能产生显著影响。因此，在生长和加工过程中，必须实施严格的杂质管理。

⑧ 工艺监督的重要性：对温度、气流等工艺参数的精确控制是至关重要的。即使是微小的变化，也可能导致材料性能的显著改变。

⑨ 测量的挑战：准确测量和表征 GaN 和 SiC 的掺杂和电学性能是一项艰巨的任务，因为传统的适用于硅的方法可能并不适用于这两种材料。

为了应对这些挑战，当前的工作重点集中在改进掺杂技术、优化生长流程以及采用实时监测方法上。这包括微调生长参数、探索新的掺杂材料来源、利用先进的测量技术，并制定策略以消除腔室记忆效应的影响。在此过程中，材料科学家、工程师与设备制造商之间的跨领域合作，对于提升 GaN 和 SiC 器件的制造水平具有至关重要的作用。

(7) 全球半导体格局与经济影响

宽禁带半导体的供应链深受国际局势的影响，例如各国对材料的出口限制等。由于宽禁带半导体在科技进步和经济增长中扮演着关键角色，因此降低成本和提高生产能力成为当前的重要任务。

(8) 宽禁带半导体的未来展望

随着全球对可再生能源和电动汽车的日益关注，对包括 SiC 和 GaN 在内的宽禁带半导体的需求急剧增长。企业正在制定战略以抓住这一机遇，同时强调生产的一致性和质量控制。然而，由于宽禁带半导体应用领域的广泛性，制定统一的标准仍然面临挑战。

(9) 宽禁带半导体成本的影响因素

宽禁带半导体广泛应用的主要障碍之一是其成本，尤其是 SiC 衬底的价格尤为昂贵。为应对这一挑战，业界正致力于供应商多样化，并促进市场竞争。随着更多供应商进入这一领域，预计价格将逐渐趋于合理，使得这些先进半导体的成本更加亲民。

随着电动汽车的日益普及，对高效宽禁带器件的需求也在不断增长。SiC 和 GaN 在提高电动汽车及其充电基础设施的能效方面发挥着关键作用。

(10) 宽禁带半导体制造的进展

为满足日益增长的需求，主要行业参与者正在扩大其产能。Wolfspeed 和 Infineon 等公司正在进行大量投资，以增加产量。他们的总体目标是实现规模经济，从而降低成本，并推动宽禁带器件在更多领域的应用。业界的共同努力预示着一个未来，届时电子器件将更加快速、明亮且节能。

12.2 世界先进半导体

对于已具备 Si 基础设施和专业知识的制造商而言，在向 GaN 转型以利用现有资源时，保持与 Si 技术的兼容性将为其带来显著优势。在 GaN 和 SiC 的生产过程中，外延生长是一项重大挑战，而衬底的选择，如硅或蓝宝石，则显得至关重要。硅基氮化镓（GaN-on-Si）能够依托现有的基础设施，但其电压处理能力有限，通常最高为650V。相比之下，QST衬底上的氮化镓（GaN-on-QST）能够实现更厚的外延层，适用于更高电压的应用场景，其潜在电压可能达到1200V甚至2200V。GaN-on-QST的击穿电压可达到2.2kV。对于1.2kV的器件而言，1.8kV的击穿电压裕量是最为理想的。为了制造出具有更高电压等级的硅基氮化镓器件，需要采用先进的制造技术和材料。同时，与晶圆尺寸、均匀性及良率相关的挑战也需要一一克服。如果工艺未得到优化，导致良率低或成本高昂，那么这项技术可能无法实现商业化应用。

在650V的电压范围内，电力电子领域的竞争异常激烈，其中SiC是一个重要的竞争对手。为了获得市场的青睐，硅基氮化镓必须在1200V的电压等级上展现出相对于SiC的独特优势。许多专家根据材料的固有特性判断，相信硅基氮化镓能够实现这一目标。研究人员仍然对GaN的潜力抱有希望。然而，由于传统电力电子行业较为保守，因此未来氧化镓（Ga_2O_3）等新型材料的采用速度可能会相对较慢。为了获得广泛的接受度，Ga_2O_3必须能够消除相关顾虑，并证实其可靠性。

GaN直接在Si衬底上生长通常被视为一种成本效益高且更为简便的方法。衬底的选择对成本影响重大，其中SiC衬底的价格较Si更高，这是成本敏感型电力电子领域需要重点考虑的因素。在射频集成电路等特定应用中，尽管碳化硅基氮化镓（GaN-on-SiC）的成本较高且工艺复杂，但由于其卓越的性能表现，仍然备受青睐。现有的硅基础设施使得硅基氮化镓在许多应用场景中成为首选方案，但这也限制了衬底的厚度及其在低电压下的应用范围，最高电压通常不超过650V。综上所述，我们重点关注硅基氮化镓与QST基氮化镓在电压处理能力和衬底制备方面的优缺点。

（1）面对挑战

在硅衬底上制备GaN时，最大的难题在于衬底碎裂。尽管企业已采用更坚固的硅衬底，但破损问题依旧存在，迫使企业寻找替代衬底。这种破损现象成为了一个重大障碍，严重影响着GaN器件的生产与可靠性。

在扩展性和成本效益方面，向更大直径晶圆（如8英寸和12英寸）的转型会具有显著的生产优势。然而，这一转型也伴随着一系列挑战，包括应力管理以及现有技术和工具包的适应问题。企业在从6英寸晶圆向8英寸晶圆转型时，可能会面临材料质量、工具兼容性以及需要开发新工艺等难题。

在此背景下，一些企业正投资8英寸晶圆厂，以期从源头上充分利用大晶圆的优势。然而，这需要经历一个漫长且艰难的研发过程。GaN行业的制造挑战复杂多样，需要仔细考虑衬底选择、扩展性以及技术适应等多个方面。

GaN广泛应用的最大障碍在于解决可靠性问题，尤其是与动态导通电阻（$R_{DS(on)}$）和表面陷阱态相关的问题。为了克服这些障碍，标准化工作和持续研究至关重要。随着GaN技术的不断成熟，其在电子行业中的接受度也将逐渐提高。

（2）主要考量因素

在功率器件领域，半导体技术及其封装的若干重要方面值得深入探讨。

① 衬底选择：半导体器件常选用 SiC 与蓝宝石作为衬底，然而其供应的有限性和扩展性可能构成限制。QST 衬底（尤其是 12 英寸规格）在扩大生产方面展现出更高的灵活性。

② 封装技术：中国台湾被誉为半导体封装解决方案的中心，提供全方位服务，助力客户与合适的封装供应商建立联系，从而避免客户受限于特定的封装技术。

③ 标准化议题：功率器件领域在标准化方面存在不足，特别是在应用与系统需求层面。尽管器件可靠性已有相关标准，但封装与应用需求的标准化缺失可能导致成本上升。

④ 市场规模挑战：功率器件市场规模相对较小，也是其实现标准化的阻碍。市场需求进一步扩展方能推动标准化工作取得进展。

⑤ 成本问题：目前，SiC 等化合物半导体的成本高于传统硅器件，这或将成为其广泛应用的障碍。

（3）供应链与可再生能源

宽禁带半导体材料在功率器件和可再生能源领域具有潜在的变革性影响。SiC 和 GaN 等半导体的供应链涵盖了多种材料与工艺流程。对于 SiC，衬底是基础；对于 GaN，外延层则起着主导作用。然而，SiC 衬底的生产能耗较高，这对可持续性构成了挑战。相比之下，GaN 凭借其更高的能效潜力，在可再生能源系统中展现出广阔的应用前景，当然，这需要采用适当的电路设计和创新技术。

（4）驱动电路与 BCD 技术

对于宽禁带半导体而言，驱动电路的效率至关重要。将双极型 CMOS 与 DMOS（BCD）技术相结合，可以为 GaN 量身打造专门的驱动设计。目前，企业正在探索系统级封装（SiP）解决方案以优化成本。尽管技术上可行，但 SiP 并非总是最具成本效益的选择。

（5）应用领域与未来展望

宽禁带半导体将在电动汽车和光伏等领域发挥关键作用。SiC 在电动汽车市场中的份额持续增长，而 GaN 则因其紧凑性和高效性而成为电动汽车集成充电器的理想选择。在光伏领域，GaN 的应用仍在探索中，尤其是在高功率基础设施方面。GaN 在电力传输（Power Delivery，PD）充电器中的潜力也因其动态导通电阻特性而受到认可。专家指出，GaN 的这些特性使其非常适合快速充电应用，因为这类应用对设备规格的要求并不十分严格，且可以采用软开关方式实现。随着我们对这些动态问题的理解与控制能力的不断提高，可以预见 GaN 技术将拓展到更多应用领域。此外，GaN 的性能特性也使其成为空间电子的有潜力候选材料。

（6）材料选择之辩

关于 SiC、GaN 或其他材料的选择，目前仍存在争议。SiC 已经受益于更广泛的投资，但 GaN 的多功能性已经超越了功率器件的范畴。为了使 GaN 得到更好的发展，大量的投资与开发是必不可少的。同时，培养一支高素质的人才队伍也是至关重要的。教育机构必须向学生传授宽禁带材料、功率器件及相关领域的知识。此外，业界与学术界的合作对于为下一代提供所需的技能和半导体技术的重要性认识也是必不可少的。

12.3 联颖光电

化合物半导体因其由多种元素组成，而带来了一系列独特的挑战，这些元素固有地引入了由热力学驱动的材料缺陷。为了获得最佳的器件性能和可靠性，管理这些缺陷并使其最小化至关重要，这与硅材料相对较高的纯度和更优异的晶体特性形成了鲜明对比。

生产化合物半导体材料时，降低缺陷密度是至关重要的一环。这需要精确控制生长过程，以减少可能对最终器件产生负面影响的缺陷和不一致性。化合物半导体内部不同层和材料之间的失配可能会导致翘曲和应力等问题，这进一步强调了精确制造技术的重要性。

此外，还需考虑材料的特性，如 GaN 的自发极化，这会增加工艺的复杂性。尽管化合物半导体中缺陷是固有的，但它们也可以被用于特定目的。在整个工艺过程中，保持材料的质量对于维护材料的初始特性并确保高性能器件至关重要。

成功的化合物半导体工艺依赖于对缺陷密度、材料组成和掺杂的精细管理。模拟工具有助于预测结果，但特定的制造方法都是企业多年经验和研究的结晶，作为专有技术而严格保密。

虽然某些方面（如材料堆叠）的标准化可以为制造提供基础，但层厚和掺杂密度对器件性能的影响巨大。在控制工艺与保持材料特性之间找到平衡点，是一项需要精确性和专业知识的精细工作。

化合物半导体制造业在当下技术日新月异的时代，不懈追求卓越，致力于将缺陷降至最低、品质提升至极致，并推出尖端解决方案以满足严苛的技术要求。该领域的激烈竞争与持续创新，驱使各企业不断突破，勇于迎接生产高性能器件的重重挑战。

（1）化合物半导体中的功率器件

谈及化合物半导体的功率电子应用，我们需明确区分功率密集型应用与射频（RF）应用。化合物半导体凭借其独特的宽禁带，在功率应用中展现出显著优势，能够实现更高的击穿电压，从而满足高功率需求，尤其在高温环境下更是游刃有余。在这一领域中，SiC 与 GaN 堪称佼佼者，而 Ga_2O_3 也展现出未来可期的潜力。

当电压超过 1000V 时，SiC 的表现尤为出色；而在此电压以下，则是 GaN 的天下。然而，在 1000~1200V 之间，存在一个关键的交叉区域，SiC 与 Si IGBT 在功率器件领域展开了激烈的较量。

在这个交叉范围内，衬底的多样性变得尤为重要。业界已对硅基氮化镓与碳化硅基氮化镓进行了深入的探索与研究。其中，后者在汽车高压应用中展现出更为广阔的应用前景。得益于金属有机物化学气相沉积（MOCVD）生长技术的不断进步，以往限制硅基氮化镓技术在超过1000V电压下应用的难题已得以攻克。而究竟选择GaN还是SiC，则需综合考虑成本、可行性以及应用需求等多重因素。碳化硅基氮化镓虽性能出众，但价格可能相对较高；而硅基氮化镓则更加贴合成本敏感型市场的需求。

在汽车工业领域，采用碳化硅基氮化镓技术与成本效益更高的硅基氮化镓之间的竞争尤为显著，特别是在800~1200V的电压区间内。这两种技术的选择，需依据它们的性能表现、成本投入及整体的经济效益来综合考量。同时，Ga_2O_3也加入了这场技术竞赛，研究人员正致力于探索其性能的最佳发挥领域。技术的最终选定，需全面考虑成本、实施可行性及具体的应用需求。

氮化镓基氮化镓也展现出了卓越的性能优势，尤其在功率处理方面。然而，其商业化的推进却受到了成本因素和扩展性限制的阻碍。大规模生产氮化镓基氮化镓器件面临诸多挑战，尤其是衬底直径超出2英寸时。尽管氮化镓基氮化镓在某些高端应用领域颇具吸引力，但高昂的成本和扩展性问题却限制了其广泛的商业化应用。

（2）化合物半导体技术的全球视角

在化合物半导体技术的领域中，构建一个繁荣的生态系统对于成功至关重要。这一生态系统需要各要素间的协同合作，包括优质材料、先进制造工艺、创新设计能力以及高效的封装解决方案。封装在确保最终产品达到性能预期方面发挥着举足轻重的作用。

国际合作对于整合专业知识、资源与最新进展具有不可或缺的作用。为了使化合物半导体技术领域达到一定规模并取得成功，必须形成全球性的团结合作。协作、投资与战略规划，是构建未来化合物半导体创新的基础。

砷化镓（GaAs）材料的应用及其与Ga资源供应的关系，是这一生态系统中至关重要的方面。Ga作为GaAs生长过程中的关键成分，是一种有限的资源。考虑到GaAs衬底市场主要由几大供应商垄断，为了确保稳定的材料获取，建立一个可靠的供应链显得尤为重要。

（3）绿色能源行动

各行各业的企业正将节能目标纳入其社会责任之中。这反映了人们普遍认识到，降低能耗不仅在经济上是有益的，而且对于解决环境问题、减少碳足迹也是至关重要的。这些目标指导着企业优化能源使用、提高效率、减少浪费。

绿色能源的应用在企业与政府层面均得到了广泛的支持。各国政府正致力于向可再生及绿色能源转型，以期缓解气候变化带来的严峻挑战。尽管基础设施建设面临重重困难，但人们愈发认识到，在可行之处融入可持续实践的重要性。

在当今业界，节能目标的设定与绿色能源的践行成为了核心议题。各企业深刻认识到自身在推动能效提升、促进环境可持续发展以及构建绿色未来中的关键作用，并与政府的努力相呼应。尽管挑战依旧存在，但对这些目标的坚定承诺，是迈向更加可持续、更具环境责任感的商业环境方面迈出的重要一步。

(4) 独特性能与突破性应用的探索

GaN 与 SiC 材料的广泛应用，得益于它们独特的性能以及潜在的广泛市场渗透力。起初，这些材料凭借卓越的性能与成本考量，在细分市场中站稳了脚跟。然而，真正的转折点往往出现在颠覆性应用崭露头角之时，推动它们进入主流应用领域。一个典型的例子便是 GaN 在快充技术中的应用，这不仅提升了其市场知名度，更为其市场的进一步扩张奠定了坚实基础。

(5) 汽车电气化的革新

汽车电气化领域，包括电动汽车与混合动力汽车，为 GaN 与 SiC 提供了广阔的发展空间。GaN 在高频与高速应用中的卓越表现，使其在汽车电子控制系统中的电力电子领域具有极高的价值。而 SiC 则凭借其出色的耐高温性能与效率，成为电动汽车中功率变换的理想选择。这些材料正逐渐在汽车行业中崭露头角，从专业的高功率应用起步，逐步拓展至更广泛的汽车与可再生能源市场。

(6) 先进材料与可靠性的重要性

可靠性在成功集成如 GaN 和 SiC 等化合物半导体材料至多种应用中，起着至关重要的作用。这些材料因晶格失配导致的缺陷而具有固有的复杂性。然而，在过去十年中，在培育高品质 GaN 与 SiC 材料以及解决可靠性问题上，已经取得了显著的进步。外延生长技术得到了显著提升，多家公司开发了专有技术，以最大限度地减少缺陷并优化性能。对应变管理和晶格匹配的深入理解，进一步提高了器件的可靠性。

(7) 定制化封装的挑战

宽禁带材料，以其高电压和高功率能力而闻名，对封装解决方案有着不同于 Si 产业的特殊需求。与在低电压下工作的 Si 器件不同，宽禁带器件需要能够承受更高电压而不发生电击穿或产生电弧的封装。这要求我们对封装结构和布局进行全新的设计。此外，不同的外形尺寸和引脚间距也给绝缘能力和防止电火花带来了挑战。

(8) 标准化封装的探索

宽禁带领域缺乏标准化封装解决方案，这反映了其当前的市场发展阶段。该产业正处于"炒作周期"的上升期，各公司都致力于最大化利润并建立专有封装设计。竞争态势和对最优盈利的追求，导致了对标准化封装解决方案的抵触。

在探讨 GaN 功率器件与其驱动电路的集成时，D-mode（耗尽模式）与 E-mode（增强模式）的切换配置选择显得尤为重要。这两种模式各有其独特优势与集成挑战，且与特定的应用场景紧密相关。

① D-mode 集成。

大功率领域的佼佼者：D-mode（特别是共源共栅配置/级联结构）在大功率应用中展现出卓越的性能。这得益于其有效处理高电流水平和宽电压范围的能力。

温度稳定性强：与 E-mode 器件相比，D-mode 器件在电流驱动能力和性能上受温度影响较小，表现出更强的稳定性。

驱动复杂性增加：D-mode 器件通常需要产生负电压，这涉及电荷泵电路以产生所需的栅极电压,从而增加了集成的复杂性。

匹配与协作至关重要:在级联配置中,电容匹配问题成为集成的关键。电路设计师与技术专家之间的紧密协作是优化性能的必要条件。

② E-mode 集成。

高频应用的理想选择:E-mode 器件因其快速的切换能力而更适合高频应用,例如直接驱动配置中的应用。

需考虑温度相关性:E-mode 器件可能具有某些与温度相关的特性,在不同环境下稳定运行时需加以管理。

直接驱动简化流程:E-mode 器件通常可直接由栅极信号驱动,无需复杂的电荷泵电路,从而简化了集成流程。

匹配与协作不可或缺:E-mode 器件与驱动电路之间的电容匹配对于确保可靠运行至关重要。设计师与技术专家的紧密协作是确保匹配准确和性能卓越的关键。

③ 挑战。

电容匹配的挑战:功率器件与驱动电路之间的电容匹配至关重要,这是避免性能问题以及防止器件受损的关键。

温度因素的考量:D-mode 和 E-mode 器件都具有与温度相关的特性,为了确保在不同操作条件下性能的稳定,需要对这些特性进行妥善管理。

复杂性与协作的重要性:由于匹配要求、温度方面的考虑以及需要选择适当的栅极驱动技术,集成的复杂性增加。不同团队之间的协作对于成功集成至关重要。

④ 新兴应用与未来趋势。

针对特定应用的解决方案:选择 D-mode 还是 E-mode 进行集成,取决于具体的应用需求、功率等级以及性能目标。

高功率与高频领域:D-mode 器件和 E-mode 器件分别有望在高功率和高频应用中占据一席之地。

持续创新的力量:随着集成技术的不断进步和技术的演变,与匹配、温度依赖性以及驱动复杂性相关的挑战可能会得到更有效的解决。

总之,在将 GaN 功率器件与驱动电路进行集成时,必须根据应用需求仔细考虑不同模式(D-mode 或 E-mode)。这两种模式各有其独特的优势和挑战,选择哪种模式取决于功率等级、频率以及温度敏感性等因素。设计师与技术专家之间的紧密合作是实现最佳集成和性能的关键。随着技术的进步和应用的发展,集成流程预计将变得更加精细和标准化。

(9)宽禁带半导体产业

在半导体产业风云变幻的当下,SiC 与 GaN 技术正日益受到瞩目。这两种宽禁带材料,既为业界企业与晶圆厂带来了挑战,也孕育着无限的机遇。

SiC 与 GaN,各具独特性质,分别适用于高功率与高频率的应用场景。然而,由于它们特性的显著差异,其制造工艺与工具集也大相径庭。SiC 的制造,需要采用与 Si 工艺截然不同的专用设备与特殊流程。

在晶圆代工服务与研发投入方面，各企业往往依据自身优势进行取舍。硅基技术的传统大厂，可能会选择投资 GaN 技术，利用现有的基础设施与专业知识，拓展至宽禁带材料的新领域。而 SiC 的独特性质，则促成了专注于提升效率与可靠性的专业制造设施与流程的诞生。

随着产业的不断发展，部分企业可能会继续加大对 SiC 与 GaN 技术的投资力度。选择何种技术，取决于企业的专业知识、市场需求以及战略目标等多种因素。此外，为了在某些特定应用中实现最优性能，这两种技术的混合集成也可能成为未来的探索方向。

产业界对 SiC 与 GaN 的关注，反映了高功率与高频率应用日益增长的重要性。然而，随着市场的逐渐成熟与饱和，成本效益可能会成为首要考虑的因素，从而推动全行业封装标准的建立，类似于智能手机充电器标准的演进趋势。

教育体系与文化因素，对各国半导体产业的影响不容小觑。中国台湾凭借对半导体教育的高度重视，以及在晶圆制造方面的卓越声誉，已成为该领域的重要力量。中国台湾的影响力不仅局限于硅基技术，更已延伸至化合物半导体产业，展现了其在多个半导体领域的出色表现。

中国台湾对半导体产业的坚定承诺，在竞争激烈且日新月异的行业中已深入人心，不断推动着创新与技术的进步。材料生长技术和衬底技术的革新正在重塑业界格局，使得高性能、高电压器件得以实现，而材料与衬底的选择则基于性能、成本以及特定应用需求等多重考量。

结语

电力电子技术，这一常被公众所忽视的领域，实则蕴含着解决全球紧迫气候危机的关键潜力。其重要性在于对宽禁带半导体的应用，GaN 和 SiC 材料已经彻底改变了能源变换、管理和储存系统的面貌。当我们深入探究功率器件的世界，并审视它与这些创新材料的紧密联系时，不难发现，这项技术正在铺就一条通向更加可持续、更加环保的未来的希望之路。

要深刻理解功率器件的深远影响，就必须认识到它在提高能效方面的核心作用。电力电子技术涉及用于电能控制和转换的电子电路的设计与应用，它如同一座桥梁，连接着电网、可再生能源和各类消费级设备。通过提升能源变换与管理的效率，功率器件能够显著减少 CO_2 排放。

GaN 和 SiC 这两种宽禁带半导体，则成为了这一领域的变革者。与传统的 Si 半导体相比，它们具有诸多优势：能够在更高的温度、电压和频率下运行，同时保持出色的性能。其较低的功率损耗和更高的效率，意味着能源消耗的减少，进而降低了 CO_2 的排放。

我衷心希望，本书对功率器件及其与 GaN 和 SiC 相关性的深入探索，能够激发读者的思维活力。目前，我还在编纂关于这两大技术的新版内容，因此诚挚邀请各位提出宝贵意见。即将推出的新版将包含两部专著，重点介绍设计领域的最新进展，并融合该行业企业的杰出贡献。

对于渴望进一步了解的读者，以下推荐的文献将为您提供深刻见解。特别是 *GaN Transistors for Efficient Power Conversion* 一书，它将带您深入了解 GaN 在功率器件领域的巨大潜力，该书的第三版可通过在 EPC 官网的出版物中查阅。在 SiC 领域，*SiC Material and Devices* 由 World Scientific 出版，是不可或缺的宝贵资源。此外，由英国工程与技术学会（IET）出版的 *Characterization of Wide Bandgap Power Semiconductor Devices* 一书，也同样值得一读。若想在电力电子领域打下坚实基础，由 Springer 出版的 *Fundamentals of Power Electronics*，一直是可靠的选择。

在气候变化日益紧迫的今天,功率器件与宽禁带半导体的应用如同希望的灯塔。它们不仅在减少 CO_2 排放方面发挥着至关重要的作用,更是加速向更可持续、更环保的未来转型的关键力量。积极变革的潜力,蕴含在我们共同利用这些技术、推动创新、迈向更清洁、更绿色世界的集体努力之中。